集成电路基础与实践技术丛书

智能电子产品设计与制作
（第2版）

周灵彬　巫群洪　刘成尧　何少尉　编著

電子工業出版社

Publishing House of Electronics Industry

北京·BEIJING

内 容 简 介

本书是浙江省高职院校"十四五"重点立项建设教材。智能电子产品是以单片机/嵌入式系统为智能化核心的电子产品。"智能电子产品设计与制作"已成为高校电类专业的核心课程。

本书基于 Proteus 8.15 进行电子产品全流程开发，精选设计了 12 个典型的智能电子产品，具体为自动感应门控制系统、十字路口交通灯控制系统、自动翻盖垃圾桶控制系统、模拟汽车外灯控制系统、玩具电子琴、简易计算器、智能台灯控制系统、数控直流稳压电源、可报时电子时钟、简易电池测量仪、AI 语音播报温湿度检测系统、蓝牙通信 LED 点阵屏。每个项目至少使用一个传感器，使产品更智能。本书项目以国产 STC51 系列单片机作为产品的智能化核心，但设计方案对以 MCS-51 为内核的单片机同样适用。

本书可作为高等职业教育电类相关专业、技术应用型大学相近专业的教材，也可作为电子类工程技术人员的参考书。

图书在版编目（CIP）数据

智能电子产品设计与制作 / 周灵彬等编著. --2 版.
北京 ：电子工业出版社，2025. 2. --（集成电路基础与
实践技术丛书）. --ISBN 978-7-121-49618-9

Ⅰ. TN602

中国国家版本馆 CIP 数据核字第 2025ZF9441 号

责任编辑：刘海艳
印　　刷：三河市双峰印刷装订有限公司
装　　订：三河市双峰印刷装订有限公司
出版发行：电子工业出版社
　　　　　北京市海淀区万寿路 173 信箱邮编　100036
开　　本：787×1092　1/16　印张：18.5　字数：485.44 千字
版　　次：2020 年 9 月第 1 版
　　　　　2025 年 2 月第 2 版
印　　次：2025 年 2 月第 1 次印刷
定　　价：69.00 元

凡所购买电子工业出版社图书有缺损问题，请向购买书店调换。若书店售缺，请与本社发行部联系，联系及邮购电话：（010）88254888，88258888。

质量投诉请发邮件至 zlts@phei.com.cn，盗版侵权举报请发邮件至 dbqq@phei.com.cn。

本书咨询联系方式：lhy@phei.com.cn。

前　言

　　智能是人类与其他生物区别的重要标志，如高级的认知能力、抽象思维、创造力、语言交流、社会组织和学习能力、制造并使用工具等。人类不仅研究自身智能，也研究其他生物的特长并加以学习，进而创造出各种智能的电子产品、仪器、设备，成为人们生活、工作的好帮手，如智能手机、意念控制耳机、智能血压计、自动驾驶汽车等。

　　智能电子产品具有以下特征：首先，具备类似人类大脑的 CPU，一般是单片机/嵌入式系统；其次，通过传感器感知、采集所需信息；最后，在软件程序控制下对信息进行处理、分析并做出决策，具有自适应能力。为了达到智能的工作状态，智能电子产品还具备交互功能，如简单的按键或采用语音、手势等方式输入信息，以声、光、字符、图像、语音等方式输出信息；必要时还需增加通信能力，如蓝牙、Wi-Fi 等。

　　本教材着眼于智能电子产品设计、制作两方面，理论与实操一体：首先借助计算机仿真技术高效实现设计，应用 Proteus 8.15 版的软件进行电路设计→程序设计→实时仿真→测试、调试→PCB 设计；接着制作实物产品，并调试成功。十多年来，我们秉承"仿真"是"认识客观世界的除理论、实验之外的第三种方法"，致力于将"仿真"引进教学、竞赛及产品开发中，成功实现了"理、仿、实融合""教、学、做一体"的教学改革，由此获得了浙江省教学成果奖。

　　本教材在第 1 版的基础上，做了以下改进，意图使每个项目更智能化、更产品化。

　　（1）加入传感器，项目更智能

　　基本上每个项目都加入了至少一个传感器，能更智能地感知外界。采用的传感器有微波雷达传感器、震动传感器、人体热释电传感器、声音传感器、光传感器、红外避障传感器、温湿度传感器等。

　　（2）项目更产品化，遵循 CDIO 理念的五步教学范式训练电子设计工程师

　　从实际产品中提炼教学项目，且以产品开发的完整流程开展项目，归纳出"析、设、仿、做、评"的五步教学范式。每个项目都进行完整的电子产品开发流程训练：分析、设计、仿真测试、PCB 设计、实物作品制作及测试自评。

　　（3）立德树人，技能素养同行

　　① 通过虚实融合训练技能，提升学习能力；每个项目都包括仿真设计和实物作品制作，由设想到现实，想而做，做而成，所见即所得！不仅有无损且安全高效的仿真开发，还有落地有形的成功作品。

　　② 在项目实施中融入了结构化思维、全局思维、逻辑思维、辩证及目标导向等思维训练，提升思维品质。

　　③ 在真实的电子产品的情景中内化素养，提升修养。将思政教育润物无声地融入每个项目，在每个项目的标题及拓展任务上明确点出素养主旨，前后呼应。

　　（4）更便捷的语音交互功能

　　融入多个各有特色的语音模块，提供多样化产品案例。例如，有成本低廉的词语拼成语句的语音播报模块，有文字转语音的可播报任意语音的模块，也有可对话的 AI 语音模

块，为需要语音的产品提供多样化的参考案例。

（5）已建有配套的学银在线开放课程，支持移动学习

第 2 版的配套课程升级为微课，已发布在超星平台上，搜索"智能电子产品设计与制作"课程，即可找到。

本书使用国产芯片 STC8952 单片机作为智能电子的核心，与其他 MCS-51 内核的单片机兼容。

本书项目 1、项目 6、项目 7、项目 9～项目 12、附录由周灵彬编写，项目 2、项目 3 由巫群洪编写，项目 4、项目 5 由何少尉编写，项目 8 由刘成尧编写。全书由周灵彬策划、统稿和定稿。广州风标教育技术股份有限公司对项目案例的电路板进行了标准化设计与制作，可提供各个项目的硬件套件。详情可查看视频 1.9。

感谢广州市风标电子技术有限公司（Proteus 中国大陆总代理）总经理匡载华高工、梁树先经理，宁波祈禧电器股份科技有限公司总经理方曙光高工、孙维根部长等的大力支持与帮助。感谢一些网络上公开资料的提供者。

由于作者水平有限，书中难免有错误和不妥之处，恳请读者批评指正。

非常欢迎读者朋友与我们交流，可致信邮箱 zlb163com@163.com。

本书配有 PPT 课件，请到华信教育资源网（www.hxedu.com.cn）下载。

编著者

目　　录

项目 1　开门见山——自动感应门控制系统 ·· 1
  1.1　产品案例 ·· 1
  1.2　项目要求与分析 ·· 2
  1.3　任务 1：认识雷达感应 ··· 2
  1.4　任务 2：设计显示模块——见山 ·· 3
  1.5　任务 3：设计电机开/关门模块 ··· 7
  1.6　任务 4：播放语音——你好，一路生花 ·· 10
  1.7　任务 5：综合设计与仿真测试 ··· 10
  1.8　任务 6：PCB 设计 ·· 13
  1.9　任务 7：作品制作与调试 ·· 17
  1.10　拓展设计——平安归来 ··· 18
  1.11　技术链接 ··· 18

项目 2　各行其道——十字路口交通灯控制系统 ··· 22
  2.1　产品案例 ·· 22
  2.2　项目要求与分析 ·· 22
  2.3　任务 1：系统电路设计 ··· 23
  2.4　任务 2：数码管显示模块程序设计与仿真测试 ·· 26
  2.5　任务 3：系统程序设计与仿真测试 ·· 29
  2.6　任务 4：PCB 设计 ·· 33
  2.7　任务 5：作品制作与调试 ·· 37
  2.8　拓展设计——应急变通 ·· 38
  2.9　技术链接 ·· 39

项目 3　动手圆梦——自动翻盖垃圾桶控制系统 ··· 44
  3.1　产品案例 ·· 44
  3.2　项目要求与分析 ·· 44
  3.3　任务 1：舵机控制 ··· 45
  3.4　任务 2：系统电路设计 ··· 49
  3.5　任务 3：系统程序设计与仿真测试 ·· 50
  3.6　任务 4：PCB 设计 ·· 53
  3.7　任务 5：作品制作与调试 ·· 57
  3.8　拓展设计——及时清理 ·· 58
  3.9　技术链接 ·· 59

项目 4　安全告知——模拟汽车外灯控制系统 ·· 63
  4.1　产品案例 ·· 63
  4.2　项目要求与分析 ·· 63

4.3　任务1：系统电路设计 ·· 64

4.4　任务2：系统程序设计与仿真测试 ····································· 66

4.5　任务3：PCB设计 ··· 69

4.6　任务4：作品制作与调试 ··· 73

4.7　拓展设计——迷雾点灯 ··· 74

4.8　技术链接 ··· 75

项目5　乐音扬扬——玩具电子琴 ··· 81

5.1　产品案例 ··· 81

5.2　项目要求与分析 ·· 82

5.3　任务1：系统电路设计 ·· 82

5.4　任务2：系统程序设计与仿真测试 ····································· 84

5.5　任务3：PCB设计 ··· 93

5.6　任务4：作品制作与调试 ··· 96

5.7　拓展设计——创变求新 ··· 97

5.8　技术链接 ··· 98

　　5.8.1　串行全彩LED点光源WS2812B ··································· 98

　　5.8.2　12首歌曲的儿童音乐芯片介绍 ··································· 99

项目6　心中有数——简易计算器 ··· 100

6.1　产品案例 ··· 100

6.2　项目要求与分析 ·· 100

6.3　任务1：系统电路设计 ·· 101

6.4　任务2：系统程序设计与仿真测试 ····································· 103

6.5　任务3：PCB设计 ··· 113

6.6　任务4：作品制作与调试 ··· 116

6.7　拓展设计——持之有度 ··· 117

6.8　技术链接——字符型LCD液晶显示模块 ···························· 117

项目7　节能护眼——智能台灯控制系统 ···································· 121

7.1　产品案例 ··· 121

7.2　项目要求与分析 ·· 122

7.3　任务1：文字语音播报 ·· 123

7.4　任务2：系统电路设计 ·· 126

7.5　任务3：系统程序设计与仿真测试 ····································· 128

7.6　任务4：PCB设计 ··· 133

7.7　任务5：作品制作与调试 ··· 136

7.8　拓展设计——提效计时 ··· 138

7.9　技术链接 ··· 138

　　7.9.1　感人模块：红外热释电HC-SR501 ······························ 138

　　7.9.2　距离感知：可调主动式红外距离感应器JH-BZ001 ·········· 139

　　7.9.3　声音传感器模块 ··· 140

   7.9.4 感光模块 ··· 141

   7.9.5 触摸开关 ··· 141

项目 8 饮水思源——数控直流稳压电源 ································· 143

 8.1 产品案例 ··· 143

 8.2 项目要求与分析 ··· 143

 8.3 任务 1：认识、测试 DAC TLC5615 ······························ 144

 8.4 任务 2：系统电路设计 ·· 148

 8.5 任务 3：系统程序设计与仿真测试 ································· 150

 8.6 任务 4：PCB 设计 ·· 152

 8.7 任务 5：作品制作与调试 ·· 156

 8.8 拓展设计——精进不休 ·· 156

 8.9 技术链接——三端可调稳压器 LM317 ····························· 158

项目 9 惜时守时——可报时电子时钟 ································· 161

 9.1 产品案例 ··· 161

 9.2 项目要求与分析 ··· 161

 9.3 任务 1：认识、测试时钟芯片 DS1302 ···························· 162

 9.4 任务 2：系统电路设计 ·· 169

 9.5 任务 3：并联数码管显示测试 ····································· 169

 9.6 任务 4：系统程序设计与仿真测试 ································· 172

 9.7 任务 5：PCB 设计 ·· 177

 9.8 任务 6：作品制作与调试 ·· 179

 9.9 拓展设计——时而修正 ·· 180

 9.10 技术链接 ·· 181

   9.10.1 制作 6 位并联数码管的封装及分配引脚 ················· 181

   9.10.2 纽扣电池座尺寸 ···································· 182

   9.10.3 测试语音播报 ····································· 182

项目 10 量化生活——简易电池测量仪 ································ 186

 10.1 产品案例 ·· 186

 10.2 项目要求与分析 ··· 186

 10.3 任务 1：系统电路设计 ·· 187

 10.4 任务 2：系统程序设计与仿真测试 ································ 189

 10.5 任务 3：PCB 设计 ··· 192

 10.6 任务 4：作品制作与调试 ··· 194

 10.7 拓展设计——不拘一格 ··· 195

 10.8 技术链接 ·· 196

   10.8.1 12 位模数转换芯片 TLC2543 简介 ···················· 196

   10.8.2 制作 4 位并联数码管的封装 ZSEG-4 ·················· 199

项目 11 你问我答——AI 语音播报温湿度检测系统 ················· 201

 11.1 产品案例 ·· 201

11.2　项目要求与分析 ································· 201

11.3　任务 1：系统电路设计 ························· 202

11.4　任务 2：LCD12864 测试 ······················ 204

11.5　任务 3：DHT11 测试 ·························· 209

11.6　任务 4：设计、测试语音问答 ················· 213

11.7　任务 5：系统程序设计与仿真测试 ············· 216

11.8　任务 6：PCB 设计 ···························· 219

11.9　任务 7：作品制作与调试 ····················· 222

11.10　拓展设计——呼应有礼 ······················ 223

11.11　技术链接 ·································· 224

　　11.11.1　DHT11 简介 ·························· 224

　　11.11.2　LCD12864 简介 ······················ 228

　　11.11.3　设计六脚自锁开关（外形 8mm×8mm）的封装 ····· 230

项目 12　天涯比邻——蓝牙通信 LED 点阵屏 ······ 232

12.1　产品案例 ·································· 232

12.2　项目要求与分析 ····························· 232

12.3　任务 1：16×16 点阵显示 ······················ 233

12.4　任务 2：蓝牙模块测试与配对 ················· 239

12.5　任务 3：汉字点阵码发送端电路设计 ··········· 243

12.6　任务 4：系统程序设计与仿真测试 ············· 244

12.7　任务 5：PCB 设计 ···························· 249

12.8　任务 6：作品制作与调试 ····················· 252

12.9　拓展设计——无线畅连 ······················· 253

12.10　技术链接 ·································· 253

附录 A　智能电子产品 Proteus EDA 基础 ········· 257

A.1　Proteus EDA 概述 ···························· 257

　　A.1.1　基本结构体系 ························· 257

　　A.1.2　软件大门—— 🏠主页 ·················· 258

　　A.1.3　公有的工程命令、应用命令按钮 ········· 258

　　A.1.4　原理图设计窗口及其特性 ··············· 258

　　A.1.5　PCB 设计窗口及其特性 ················· 261

　　A.1.6　Proteus EDA 基本流程 ················· 263

A.2　Proteus EDA 快速入门——LED 流水灯设计与制作 ····· 263

　　A.2.1　跟着向导新建电路工程 ················· 263

　　A.2.2　原理图设计 ························· 265

　　A.2.3　程序设计、编译、加载 ················· 268

　　A.2.4　软、硬件协同仿真 ··················· 270

　　A.2.5　PCB 设计 ···························· 271

　　A.2.6　3D 视图、PCB 输出 ··················· 276

　　A.2.7　实物制作 ··························· 278

附录 B   STC15W4K32S4 简介 ··· 279

附录 C   STC 单片机的代码下载 ··· 281

   C.1   下载 STC 单片机的代码下载软件 ·· 281

   C.2   连接硬件 ··· 282

   C.3   确认串口 ··· 282

   C.4   运行下载软件 ·· 282

   C.5   下载软件的其他功能 ·· 284

参考文献 ··· 286

项目 1　开门见山——自动感应门控制系统

自动感应门（以下简称感应门）适合安装在人流量较大、需要频繁进出的场所，如商场、超市、医院、机场、地铁站、酒店、办公楼、学校等，以提高出入口的通行效率，减少人员拥堵；还适合安装在一些需要保持洁净环境的场所，如实验室、食品加工厂、医院手术室等，避免人员接触门把手等物品，减少交叉感染的风险。

1.1　产品案例

常用的平移门和弧形门如图 1-1 所示。

（a）平移门　　　　　　　　　　　　　（b）弧形门

图 1-1　平移门、弧形门产品案例

感应门的控制系统主要有感知与控制两部分。感应门常用的感知传感器有红外传感器、超声波传感器、微波雷达传感器、重量传感器、电容传感器等。

① 红外传感器：感应门中常用的一种传感器，主要通过感应红外线信号来检测人体或物体的移动。红外传感器的优点是检测范围广，灵敏度高，响应速度快，但会受到温度、光照等外界因素的干扰，容易出现误检等情况。

② 超声波传感器：利用超声波波形信号来检测人体或物体的移动。超声波传感器的优点是检测距离远、稳定性好，对外界光照、温度等环境因素的影响较小；缺点是超声波传感器需要进行定期清洁，避免尘埃等杂物对传感器产生干扰。

③ 微波雷达传感器：一种高频电磁波传感器，通过发射微波并感知微波的反射信号来判断周围物体的位置和距离。微波雷达传感器不受光线、灰尘、烟雾等干扰，感应灵敏度高。

④ 重量传感器：主要安装在感应门的门垫下方。当人或物经过门口时，门垫上的重量传感器会感应到重量的变化，并通过信号传递到门体内部的控制器，门就能自动打开或关闭了。

⑤ 电容传感器：通过检测门周围的电场变化来检测门前是否有人或物，从而实现门的感应开/关。电容传感器防潮、防尘能力较强，能在潮湿、尘土飞扬的环境中稳定工作。

1.2　项目要求与分析

1. 目标与要求

本项目将设计与制作一款简化的自动感应平移门控制系统，选择微波雷达传感器，电机用小型的步进电机进行教学替代，控制逻辑与实际产品一样，教学目标、项目要求与建议教学方法见表 1-1。

表 1-1　自动感应平移门控制系统的教学目标、项目要求与建议教学方法

	知识	技能	素养
教学目标	① 了解感应门控制原理； ② 理解步进电机原理与控制方法； ③ 理解简单的语音播报方法	① 掌握雷达、步进电机、LED、语音芯片等接口电路设计； ② 学会应用程序设计； ③ 能开关控制语音； ④ 能正确完成自动感应门控制系统的 PCB 设计	① 跨出去，开眼界，启智慧； ② 打开书，学智能电子； ③ 开篇立志，勇于革新，改变自我； ④ 技术改变生活，科技强国富民
项目要求	当感应到有人靠近时，自动开门，同时有语音播报"你好，一路生花！"，且点亮 LED 勾勒出"山"的轮廓；当人离开时，自动关门		
建议教学方法	析—设—仿—做—评		

2. 自上而下进行项目分析

根据项目要求，划分功能模块，构建系统框架，如图 1-2 所示。虚线框内为拓展部分。

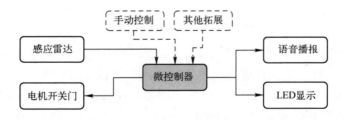

图 1-2　自动感应门控制系统框架图

鉴于系统的复杂性与可重组性，先对雷达感应、LED 显示、电机开关门和语音播报四个模块分别进行设计，再进行项目综合设计。

1.3　任务 1：认识雷达感应

本项目采用如图 1-3 所示的雷达模块 RCWL-0516，其引脚说明见表 1-2。RCWL-0516 是一款采用多普勒雷达技术，专门检测物体移动的微波感应模块，具有灵敏度高，感应距离远，可靠性强，感应角度大，供电电压范围广等特点，广泛应用于各种人体感应照明和

防盗报警等场合。感应距离大约为 5～7m，质量约为 2.1g，主要特征如下：

① 采用专用信号处理控制芯片 RCWL-9196。

② 工作电压范围为 3.6～18V。

③ 宽耐压范围为 3.3～28V。

④ 与传统红外感应 PIR 相比，具有穿透探测能力。

⑤ 探测距离可调，在模块的 R-GN 处接电阻，探测距离变小。接 1MΩ 电阻，探测距离约 5m。重复触发时间可调，默认约 2s，在模块上 C-TM 处焊电容可调大触发时间，如接 103、104、224、105，触发时间分别是约 5～8s、30～40s、60～70s、300～350s。

⑥ 可输出 3.3V 电源。

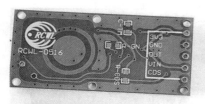

图 1-3　雷达模块 RCWL-0516

表 1-2　RCWL-0516 雷达模块引脚说明

序号	名称	引脚定义
1	3V3	3.3V 电源输出
2	GND	地
3	OUT	输出：检测到有移动物体时输出高电平为 3.3V。低电平时为 0V
4	VIN	输入电压：3.3～28V
5	CDS	使能：低于 0.7V，OUT 输出一直是低电平；高于 0.7V，正常工作。 CDS 脚外接光敏电阻，白天关闭检测功能

Proteus 中没有雷达模块仿真模型，且雷达模块感应到有移动对象时输出高电平，无移动对象时输出低电平，所以感应信号就是 0、1 的数字量，在仿真时暂时以按键电路替代雷达模块。设计时应注意：

① 感应面正前方不得有任何金属遮挡。模块安装元器件的正面为正感应面，反面为负感应面。负感应面的感应效果稍差。

② 感应面的前后方要预留 1cm 以上的空间。

③ 模块与安装载体平面尽可能平行。

④ 模块不能在同一区域内大规模应用，否则会出现相互干扰，单个个体之间间距应大于 1m。尽量避免面对面安装雷达模块。

⑤ 模块的感应面建议距离产品 3～5mm，否则会影响感知距离。

⑥ 远离磁场干扰。

⑦ 避免模块附近有其他光照物，如应急灯、导向灯等干扰光源。

1.4　任务 2：设计显示模块——见山

扫码看视频

如图 1-4 所示，将 LED 拼成山的形状，以三种花样显示：

① D1～D13 一一亮起，如生命历程；

② 由下而上一一亮起，如克艰奋进；

③ 由上而下一一亮起，如功成而归，畅快愉悦。

图 1-4 中，LED 为共阳式连接，即阳极接正电源，阴极分别与单片机引脚连接，以斜体字的网络标号表达连接关系，如 **_P00_** 表示与 P0.0 引脚连接。D1～D8 依次连接 P0.0～P0.7；D9～D13 依次连接 P2.0～P2.4。电路中所需的元器件参考图 1-5。

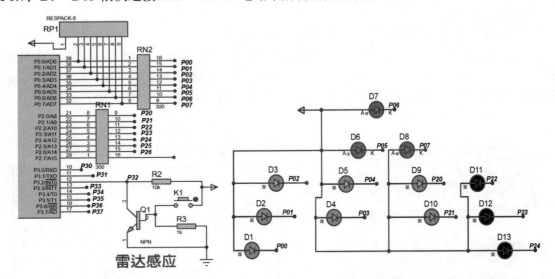

图 1-4　"山"的具体连接电路及 LED 显示（点击图中 K1 模拟有人靠近，控制 LED 显示）

1．程序设计

"山"的花样程序工程结构如图 1-6 所示。

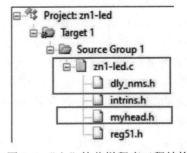

图 1-5　电路中所需的元器件　　　　　图 1-6　"山"的花样程序工程结构

在 Proteus、Keil 或其他软件开发工具中，创建工程 zn1-led、源程序 C 文件、头文件等，如 zn1-led.c、myhead.h、dlynms.h。

（1）myhead.h

```
#ifndef __myhead_H__
#define __myhead_H__
```

```
#include <reg51.h>
#include <intrins.h>
typedef  unsigned char U8 ;
typedef  unsigned int U16;

#endif
```

（2）dly_nms.h

```
#include "myhead.h"
#ifndef __dly_nms_H__
#define __dly_nms_H__

#define  NOP  _nop_( )

// 12MHz:198,1ms
void Dly_nms( U16 time )          //变量 time 定义为无符号整型，是 16 位二进制位数
{ U8  i;                          //变量 i 定义为无符号字符型，是 8 位二进制位数
 for( ; time>0; time--)
   { for(i=0; i<198; i++)
       { NOP; NOP; }
    }
}
#endif
```

（3）LED 显示程序

```
/*    文件保存为 zn1-led.c
  以三种花样显示：感应到有人靠近，即当 isperson=0 时，LED 动态显示；且启用 T0，定
时间隔约 250ms 显示一个状态。三种花样，共 29 个状态。
  */
#include "dly_nms.h"
sbit  isperson=P3^2;

void t0_init( );

void main( )
{ Dly_nms(1000);
  Dly_nms(100) ;
  t0_init( );
  while(1)
  {     isperson=1;
        if(isperson==0)
            { TR0=1;  }
        Dly_nms(500) ;
   }
}

void t0_init( )
{ EA=1; ET0=1;
  TMOD=0X01;
```

```
    TH0=0x3c;
    TL0=0xb0;
}

void t0f_led( ) interrupt 1              //12MHz，50ms
{
    static U8 cnt=0,ctime=0;
    TH0=0x3c;
    TL0=0xb0;
    ctime++;
    if(ctime==5)                         //约250ms
    { ctime=0; cnt++;
        if(cnt==30)                      //250ms*30=7.5s
            { cnt=0; TR0=0;}
        switch (cnt)
        {   case 1: P0 =0xfe;  break;
            case 2: P0 =0xfc;  break;
            case 3: P0 =0xf8;  break;
            case 4: P0 =0xf0;  break;
            case 5: P0 =0xe0;  break;
            case 6: P0 =0xc0;  break;
            case 7: P0 =0x80;  break;
            case 8: P0 =0x00;  break;

            case 9:  P2 =0xfe; break;
            case 10: P2 =0xfc; break;
            case 11: P2 =0xf8; break;
            case 12: P2 =0xf0; break;
            case 13: P2 =0xe0; break;
            case 14: P2 =0xc0; break;                    //动态一

            case 15: P0 =0xfe; P2 =0xef; break;
            case 16: P0 =0xfc; P2 =0xf3; break;
            case 17: P0 =0xf8; P2 =0xe3; break;
            case 18: P0 =0xf0; P2 =0xe1; break;
            case 19: P0 =0xe0; P2 =0xe0; break;
            case 20: P0 =0x40; P2 =0xe0; break;
            case 21: P0 =0x00; P2 =0xe0; break;          //动态二

            case 22: P0 =0xbf; P2 =0xff; break;
            case 23: P0 =0x1f; P2 =0xff; break;
            case 24: P0 =0x0f; P2 =0xfe; break;
            case 25: P0 =0x07; P2 =0xfc; break;
            case 26: P0 =0x03; P2 =0xf8; break;
            case 27: P0 =0x01; P2 =0xf0; break;
            case 28: P0 =0x00; P2 =0xe0; break;
            case 29: P0 =0xff; P2 =0xff; break;          //动态三
        }
    }
}
```

2．仿真测试

① 编辑编译以上程序并生成目标代码文件 zn1-led.hex。

② 在 Proteus 的电路中双击单片机，打开单片机编辑属性栏，添加目标代码文件 zn1-led.hex `Program File:` `Objects\zn1-led.hex`　，设置时钟频率为 12MHz `Clock Frequency:` `12MHz`。

③ 单击仿真按钮 ▶ 启动仿真。

点击图 1-4 所示电路中的按钮 K1，模拟雷达感应到有人靠近并输出高电平，经电路处理后，使单片机 P3.2 脚为低电平，控制系统开始控制 LED 动态显示。

1.5　任务 3：设计电机开/关门模块

扫码看视频

1．电路设计

本项目中选择步进电机，能即转即停。本节讲解的电机开/关门模块仅涉及逻辑控制，故选择 5V 的 4 相 5 线步进电机 24BYJ48。自动感应门控制逻辑示意图如图 1-7 所示。电机逆时针转动时开门，顺时针转动时关门。步进角设置及步进电机驱动电路如图 1-8 所示。电机驱动测试效果设计为：开门，停 3s；关门，停 3s；而后循环。

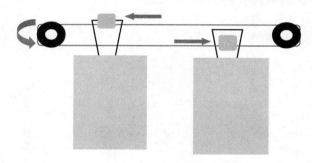

图 1-7　自动感应门控制逻辑示意图

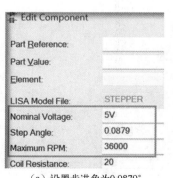

（a）设置步进角为0.0879°

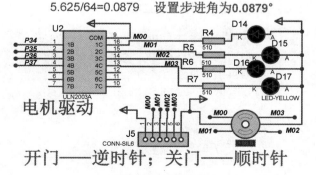

（b）步进电机驱动电路

图 1-8　步进角设置及步进电机驱动电路

电机测试程序的工程结构如图 1-9 所示。

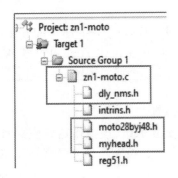

图 1-9   电机测试程序的工程结构

2. 程序设计

在 Proteus、Keil 或其他软件开发工具中，创建工程 zn1-moto、源程序 C 文件 zn1-moto.c，用到的头文件参考 1.4 节。

（1）电机测试主控程序设计 zn1-moto.c

```c
// 电机驱动测试效果设计为：开门，停 3s；关门，停 3s；而后循环。
#include "moto28byj48.h"
 //仿真中步进角为 0.0879°，1024 个脉冲转过 90°
U16 const Nmb_puls=1024;

void main()
{  motport=0x0f;              //电机信号灯灭
   Dly_nms(3000);
   while(1)
   {    motof( Nmb_puls) ; Dly_nms(3000);
        motobk( Nmb_puls ); Dly_nms(3000);
   }
}
```

（2）电机驱动头文件 moto28byj48.h

```c
#ifndef __moto28byj48_H__
#define __moto28byj48_H__
#include "dly_nms.h"
 #define motport P3

U16 angle=0;
U8 pulsedate=0;
 //正转，逆时针
void motobk( U16 Nmb_puls );
void motof( U16 Nmb_puls );
U8 code steppulse[5]={0,0x10,0x20,0x40,0x80};
```

```
void motof(U16 Nmb_puls)
{  U8 tmp;
   pulsedate=0;
   for(angle=0;angle<Nmb_puls;angle++)
   {    if (++pulsedate==5)
              pulsedate=1;
       tmp=motport;
       motport=(tmp&0x0f)|steppulse[pulsedate];
        Dly_nms(2);
   }
    motport=0;
}
//反转，顺时针
void motobk(U16 Nmb_puls)
{    U8 tmp;
    pulsedate=5;
    for(angle=0;angle<Nmb_puls;angle++)
    {    if (--pulsedate==0)
            pulsedate=4;
       tmp=motport;
       motport=(tmp&0x0f)|steppulse[pulsedate];
       Dly_nms(2);
    }
    motport=0;
}
#endif
```

3. 仿真测试

编辑编译以上程序并生成目标代码文件 zn1-moto.hex。点击图 1-4 所示电路中的按钮 K1，模拟有人靠近，雷达感应到并输出高电平，经电路处理后，使单片机 P3.2 脚为低电平，控制步进电机逆时针转动，实现开门功能。当人离开后，步进电机顺时针转动，实现关门功能。

认真测试开/关门模块各项功能，并填写表 1-3。

表 1-3 开/关门模块仿真测试记录

判断条件： 有人靠近吗？	判断条件： 门是开还是关？	控制	测试结果 （正确则打勾√）	若有问题，试分析并 解决
无	开	关门，顺时针转， 转到 90°		
无	关	不动		
有	开	不动		
有	关	开门，逆时针转， 转到 0°		

1.6　任务 4：播放语音——你好，一路生花

因只需要播放一两句话，故选择一款简单的低成本语音芯片，如图 1-10 所示。主要特性如下：

图 1-10　语音芯片引脚

① 工作电压为 2.2～5.5V，适用范围很宽。

② 输出方式为 PWM，推荐使用 8～16Ω 范围内的任何喇叭（建议 0.25～1W）。

③ 可根据所需选择时长为 10s、16s、32s、65s、87s、115s。

④ 可选择 8 脚的 DIP8 或 SOP8 封装芯片，或者裸片。

因为此处只播放一段语音，故用如图 1-11 所示的测试电路即可。任何时候按 K2 都会发出声音，同时 LED 亮；停止工作的时候，LED 熄灭；保持按下 K2，则可以一直更换不同的声音，松开 K2，则会播放最后指向的这段声音；任何时候按下 RST 将停止正在播放的声音。

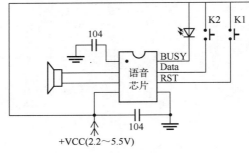

图 1-11　语音芯片测试电路

因此，用一个单片机的引脚控制语音芯片的 DATA 脚，输出高电平则播报一句语音。

注意：不能同时按下 DATA 和 RST（单片机控制的时候，也不能同时出现高电平）。单片机控制的时候也需要注意，如果有一个按键先按下，并一直保持，则会使后来触发的其他按键无效。

多段的语音播放，将在项目 9 中介绍。

1.7　任务 5：综合设计与仿真测试

1．实际的电路原理图

将图 1-4、图 1-8（b）、图 1-11 整合在一起，如图 1-12 所示。

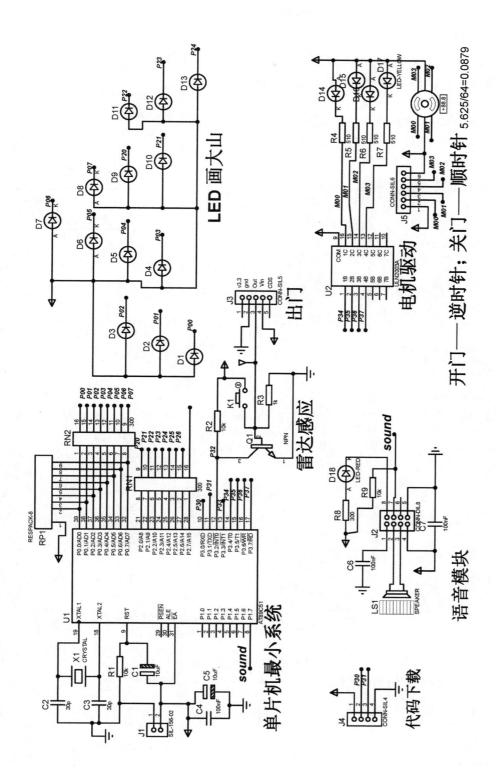

图 1-12　自动感应门控制系统综合的电路原理图

2. 综合程序

将雷达感应、LED 显示、电机驱动开/关门、语音播放的各部分程序综合，便是本项目的控制程序。自动感应门控制程序的工程结构如图 1-13 所示。

在 Proteus、Keil 或其他软件开发工具中，创建工程 zn1-moto-led、源程序 C 文件 zn1-moto-led.c，其中包含的头文件参考 1.4 节和 1.5 节。

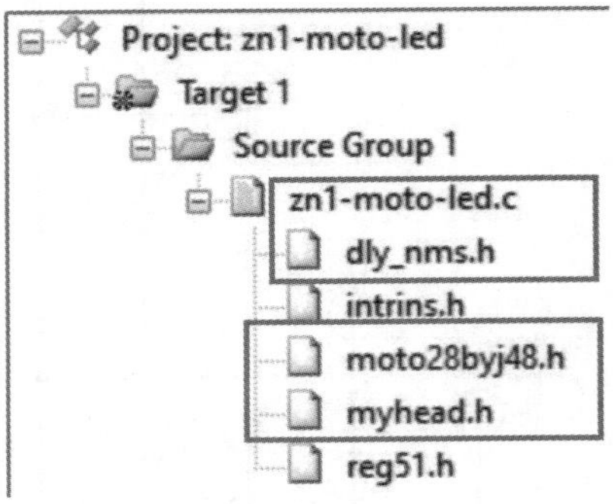

图 1-13　自动感应门控制程序的工程结构

```c
#include "moto28byj48.h"
//180/0.0879;  //计算转180°的总脉冲数
U16 const Nmb_puls=2048;
#define motport P3
bit   gate_state=0;  // 门的状态: 门开为1,
                                门关为 0
sbit  isperson=P3^2;  //0 为有人, 1 为无人
sbit  sound =P1^7;
#define gateon  1
#define gateoff  0
void  t0_init( );

void main( )
{ motport=0x0f;              //电机信号灯灭
  Dly_nms(3000);
  sound=0;                    //关闭声音
  t0_init( );

  while(1)
  {     motport=0x0f;
        if((isperson==0)&&(gate_state==gateoff))
          { sound=1;TR0=1;
            motof(Nmb_puls ) ;sound=0;
            isperson=1;
            gate_state=gateon;
            Dly_nms(9000); //9s
          }
        if((isperson==1)&&(gate_state==gateon))
            { motobk(Nmb_puls ); gate_state=gateoff;}
        Dly_nms(500);
  }
 }
void t0_init( )                            //参考 1.4 节
{……}
void t0f_led( ) interrupt 1                //参考 1.4 节
{……}
```

3. 综合仿真测试

① 电路中所有的接插件无须仿真。双击接插件，如图 1-14 所示设置所有接插件都不参与仿真 ☑ Exclude from Simulation 。

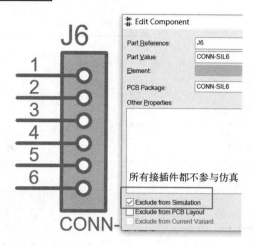

图 1-14　设置接插件不参与仿真

② 编辑编译以上程序并生成目标代码文件 zn1-moto-led.hex。

③ 对单片机加载代码文件 zn1-moto-led.hex。

④ 单击仿真按钮 ▶ 启动仿真，并填写表 1-4。

表 1-4　自动感应门控制系统综合仿真测试记录

有人吗？	门是开还是关？	控制	LED 状态	测试结果（正确则打勾√）	若有问题，试分析并解决
无	开	关门，转过（　　）°	不亮		
无	关	不动	不亮		
有	开	不动	不亮		
有	关	开门，转过（　　）°	流动		

1.8　任务 6：PCB 设计

扫码看视频

1. 设计准备

（1）某些元器件不参与 PCB 设计

电机不参与 PCB 设计；模拟有人靠近的按键 K1 不参与 PCB 设计，如图 1-15 所示。

（2）合理设置封装

如图 1-16～图 1-18 所示，设置 LED、三极管、语音芯片的封装。另外，喇叭的封装设置为 speak。

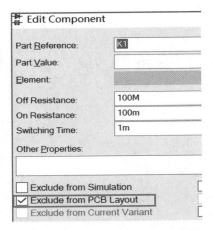

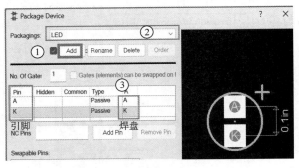

图 1-15 设置按钮不参与 PCB 设计   图 1-16 设置 LED 封装

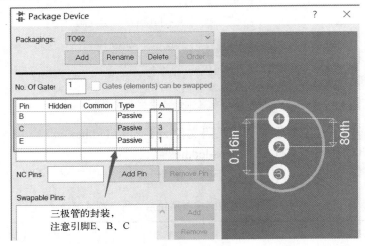

图 1-17 设置三极管的封装

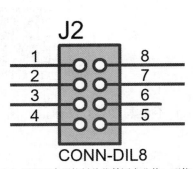

（a）原理图中用接插件代替语音芯片，不能
仿真，只为PCB设计准备

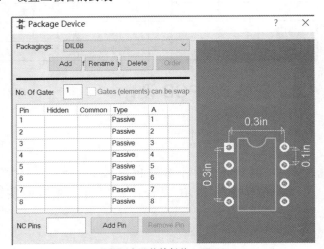

（b）语音芯片的封装：DIL08

图 1-18 设置语音芯片的封装

单击设计浏览器按钮，打开如图 1-19 所示的元器件列表，可查看元器件编号、类型、值、封装等信息。图 1-19 中画框元器件的封装都要仔细设置。以下三种情况需注意：

① 元器件未出现在设计浏览器的列表中，原因是缺少编号 Part Reference: | 无编号 。

② 设计浏览器的列表中出现 missing，原因是缺少封装。

③ 设计浏览器的列表中出现 none，原因是有编号，但勾选了 ✅ Exclude from PCB Layout 。

提醒：在 Proteus 7 中，若已连入电路中的元器件禁止设置封装，则在空白处放置相应元器件，再设置封装；但在 Proteus 8 中，没有这个限制。再次用设计浏览器查看封装，确保应该出现在 PCB 上的元器件都有正确的封装。

Reference	Type	Value	Package
D15 (LED-YELLOW)	LED-YELLOW	LED-YELLOW	LED
D16 (LED-YELLOW)	LED-YELLOW	LED-YELLOW	LED
D17 (LED-YELLOW)	LED-YELLOW	LED-YELLOW	LED
D18 (LED-RED)	LED-RED	LED-RED	LED
D19 (LED-RED)	LED-RED	LED-RED	LED
J1 (SIL-156-02)	SIL-156-02	SIL-156-02	SIL-156-02
J2 (CONN-DIL8)	CONN-DIL8	CONN-DIL8	DIL08
J3 (CONN-SIL5)	CONN-SIL5	CONN-SIL5	CONN-SIL5
J4 (CONN-SIL4)	CONN-SIL4	CONN-SIL4	CONN-SIL4
J5 (CONN-SIL6)	CONN-SIL6	CONN-SIL6	CONN-SIL6
LS1 (SPEAKER)	SPEAKER	SPEAKER	SPEAKER
Q1 (NPN)	NPN	NPN	TO92
Q2 (NPN)	NPN	NPN	TO92
R1 (10k)	RES	10k	RES40
R2 (10k)	RES	10k	RES40
R3 (1k)	RES	1k	RES40

图 1-19　在设计浏览器中查看封装等信息

2．布局、布线、3D 预览

（1）设置布局、布线等规则

① 单击 PCB 设计按钮，弹出 PCB 设计工作标签页。

② 单击规则设置按钮，参考图 1-20，选择电源线 POWER 为 T40，即 40th；选择信号线 SIGNAL 为 T25，即 25th；双面布线。若在底层单面布线，个别布线可能会失败，需要手工将其布在顶层。

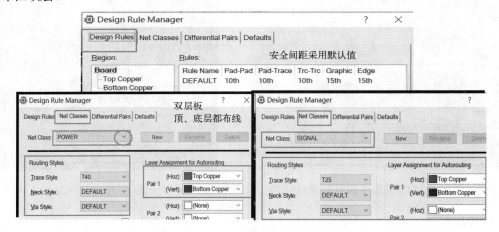

图 1-20　线宽等规则设置

（2）布局、3D预览

布局时应先放置核心元器件单片机，最小系统中的电阻、电容等应围绕单片机进行布局，特别是振荡电路中的晶振、滤波电容紧挨着单片机的振荡引脚。考虑到操作的便捷性，接插件尽量布局在电路板周边。为了达到与目标一致，显示"山"形效果，LED的布局形状及顺序必须与原理图一致。

布局时往往以手动布局为主，可根据需要，自动布局部分元器件，单击布局按钮 进行相应操作。PCB的布局结果如图1-21所示。

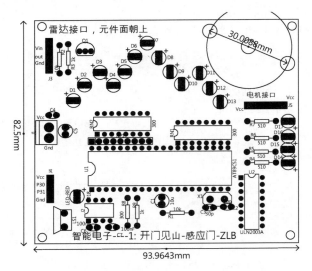

图1-21　自动感应门控制系统PCB的布局结果

单击3D预览按钮 ，进行3D预览，如图1-22所示。

（3）布线及完善

单击布线按钮 ，各参数采用默认值进行布线，最终的PCB版图如图1-23所示。

图1-22　自动感应门控制系统PCB的3D预览图

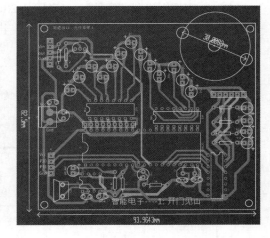

图1-23　自动感应门控制系统最终的PCB版图

在PCB图上，设置一些文本标识，可参考图1-24进行操作。

① 单击选择按钮 。

② 选择放置对象的层。文本一般放置在顶层丝印层 Top Silk ；板四角的安装孔等开槽、开孔放置在板框层 Board Edge 。

③ 选择放置的对象，如圆、直线或文本等。

④ 单击尺寸线按钮，沿纵横两个方向放置尺寸线。

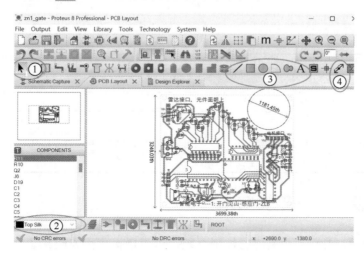

图 1-24　放置文本等标识的步骤

3. 输出生产文件

单击 PCB 设计窗口中的菜单 Output→Generate Gerber/Excellon Output，输出生产文件。具体操作参考 A.2.6 节。

1.9　任务 7：作品制作与调试

将 PCB 生产文件压缩包送制板厂，加工出 PCB，如图 1-25 所示。自动感应门控制系统运行时的照片如图 1-26 所示。参考表 1-5 进行实物测试、排除故障，直至成功。

扫码看视频

扫码看视频

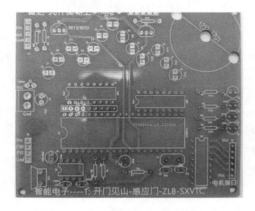

图 1-25　自动感应门控制系统的 PCB

图 1-26　自动感应门控制系统运行时的照片

表 1-5　自动感应门控制系统实物测试记录

测试内容	方法、工具	测试结果 （完成则打勾 √）	若有问题，试分析并解决
检查电路板	目测，万用表等		
元器件识别与装配	目测，万用表等		
焊接	电烙铁、万用表等		
检查线路通、断	万用表等		
代码下载	工具：单片机、下载器。 代码文件：zn1-moto-led.hex。 下载方法参考附录 C		
功能测试，参考表 1-4	电源、万用表等		
其他必要的记录			
判断单片机是否工作：工作电压为 5V 的情况下，振荡脚电平约为 2V，ALE 脚电平约为 1.7V			
给自己的实践评分：		反思与改进：	

1.10　拓展设计——平安归来

① 尝试设计双向感应开/关门的控制系统，进门播报"平安回家了"。

② 尝试加设中间、端点两处限位。

③ 考虑安全防夹设计，如图 1-27 所示。

④ 尝试设计超市入口的单向自动感应门（见图 1-28）的控制系统：入门时，感应开门；出门时不开，并有提醒信息。

图 1-27　感应门防夹人

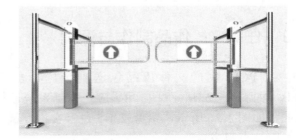

图 1-28　超市入口的单向自动感应门

1.11　技术链接

1. 一款自动感应门控制盒实际产品

查看自动感应门控制盒实际产品（见图 1-29），更真切地认知其结构及原理。电机转动，同步带上的牵引器连接玻璃门夹，从而带动门开或关。

2. 28BYJ48 步进电机简介

步进电机是将电脉冲信号转换成相应角位移或线位移的电动机。每输入一个脉冲信号，转子就转动一个角度或前进一步，其输出的角位移或线位移与输入的脉冲数成正比，转速与脉冲频率成正比。28BYJ48 电机是 4 相 5 线步进电机，如图 1-30 所示。

"28"指的是电机最大外径；"B"指的是步进电机；"Y"指的是永磁式电机；"J"指的是减速型电机；"48"表示可以 4 拍或者 8 拍。

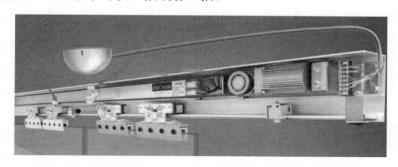

图 1-29 自动感应门控制盒实际产品

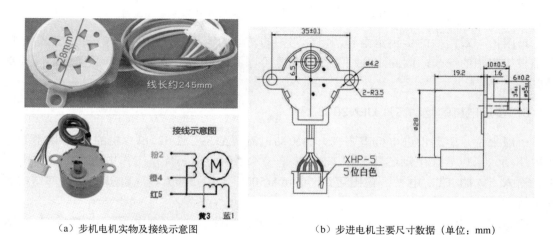

（a）步机电机实物及接线示意图   （b）步进电机主要尺寸数据（单位：mm）

图 1-30 28BYJ48 步进电机

（1）主要参数

额定电压：5V，但也有 12V、24V 的额定电压。

相数：4 相，表示电机内部有 4 个绕组，绕组越多控制得越精细。

减速比：1/64，此外，还有 1/16、1/32 的减速比可选择。

步进角：5.625°/64，每个脉冲会使电机转子转动 5.625°。由于电机内部有齿轮减速器连接，转子转 64 圈，输出轴才转一圈，所以需要 64×64=4096 个脉冲才能使输出轴转一圈。

驱动方式：通常为 4 相八拍。

直流电阻：在 25℃时为 300(1±10%)Ω。此值因需要或厂家等原因有所不同。

最大空载启动频率：约 600Hz。

最大空载运行频率：约 1000Hz。

线圈温升：通常小于或等于 40K（在 120Hz 时）。

噪声：约 35dB。

注意：以上参数可能会因电机制造商或具体产品型号的不同而有所变化。因此，在实际应用中，建议参考电机的具体规格书或联系制造商以获取准确参数。

（2）驱动方式

四相步进电机按照通电顺序的不同，可分为单四拍、双四拍、八拍三种工作方式。单四拍和八拍驱动方式如图 1-31 所示。

连线序号	导线颜色	分配顺序			
		1	2	3	4
5	红	+	+	+	+
4	橙A	⊖			
3	黄B		⊖		
2	粉C			⊖	
1	蓝D				⊖

（a）单四拍

连线序号	导线颜色	分配顺序							
		1	2	3	4	5	6	7	8
5	红	+	+	+	+	+	+	+	+
4	橙A	⊖	⊖						⊖
3	黄B		⊖	⊖	⊖				
2	粉C				⊖	⊖	⊖		
1	蓝D						⊖	⊖	⊖

（b）八拍

图 1-31　步进电机单四拍和八拍驱动方式

单四拍与双四拍的步距角相等，但单四拍的转动力矩小。八拍工作方式的步距角是单四拍与双四拍的一半，因此，八拍工作方式既可以保持较高的转动力矩，又可以提高控制精度。

3．步进电机的驱动芯片 ULN2003

一般来说，驱动步进电机需要较大的驱动电流。AT89C51/52 单片机的 I/O 口不能直接被驱动，所以要加驱动芯片。ULN2003 是较常用的驱动芯片，工作电压高，工作电流大，输入 5V 的 TTL 电平，输出可达 500mA/50V。ULN2003 芯片引脚图及内部结构如图 1-32 所示。

ULN2003 是高耐压、大电流复合晶体管阵列，如图 1-32（b）所示，由 7 个硅 NPN 复合晶体管组成，内部还集成了一个消除线圈反电动势的二极管，可用来驱动继电器，主要特性如下：

① 额定集电极电流（单个脚输出）为 500mA，输出电流最大为 0.6A；

② 最高输出电压为 50V；

③ 有输出钳位二极管；

④ 输入电压最大为 30V，输入兼容各种类型的逻辑（TTL、CMOS）；

⑤ 用于继电器驱动；

⑥ 可与 ULN2001A 系列（ULN2001A、ULN2002A、ULN2003A 和 ULN2004A）互换。

如图 1-32（c）所示，每一对达林顿管都串联一个 2.7kΩ 的基极电阻，在 5V 的工作电压下它能与 TTL 和 CMOS 电路直接相连，具有高电压输出，用于开/关感性负载的共阴极钳位二极管。单一达林顿管的集电极电流是 500mA。将达林顿管并联可获得更高的电流能力，可直接驱动继电器或固体继电器，也可直接驱动低压灯泡、LED 显示器，还可用作线性驱动和逻辑缓冲器。通常单片机驱动 ULN2003 时，上拉 2kΩ 的电阻较为合适。接非感性负载（灯泡、电阻、电容等）时，COM 引脚应该悬空。接感性负载（电机、电感等）时，COM 引脚接到负载的电源正极即可。

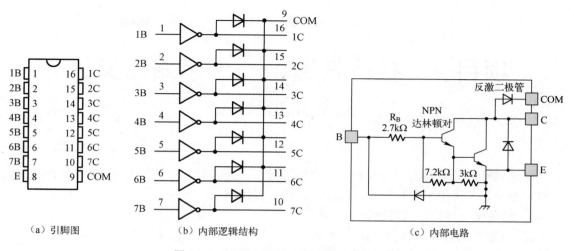

（a）引脚图　　　　　　　（b）内部逻辑结构　　　　　　（c）内部电路

图 1-32　ULN2003 芯片引脚图及内部结构

项目 2　各行其道——十字路口交通灯控制系统

交通信号灯是马路上必备的设施，主要通过红、黄、绿三色的灯光按照一定的时间间隔和顺序变化来优化车辆和行人的通行，具体作用如下：

① 避免交通堵塞，提高道路通行效率。

② 引导车辆行驶，在复杂的道路网络中，指示车辆按照特定的方向行驶，避免车辆交叉、碰撞，提供车辆行驶的参考方向，维护交通秩序。

③ 保护行人安全，在人行横道或者经过车辆拥挤的路口，设置行人信号灯，用红、绿两种颜色来指示行人是否可以安全通过马路，确保行人在通行时获得足够的时间和安全保障，减少交通事故的发生。

2.1　产品案例

常见的十字路口交通灯的布局如图 2-1 所示，有红灯、绿灯、黄灯，也有倒计时显示在数码管上，还有直行、左转箭头等。

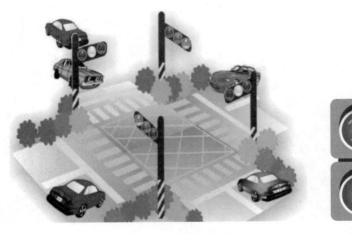

图 2-1　十字路口交通灯的布局

2.2　项目要求与分析

扫码看视频

1. 目标与要求

本项目将设计与制作一款简化的十字路口交通灯控制系统，控制逻辑与实际产品一样，教学目标、项目要求与建议教学方法见表 2-1。

表 2-1 十字路口交通灯控制系统的教学目标、项目要求与建议教学方法

	知识	技能	素养
教学目标	① 理解十字路口交通灯的时序逻辑； ② 理解并联数码管的显示； ③ 了解车流感知的方法	① 掌握十字路口交通灯控制系统电路设计； ② 学会应用程序设计； ③ 能查阅资料，创设拓展功能； ④ 能完成十字路口交通灯控制系统 PCB 设计	① 遵守交规，爱惜生命； ② 应急处理，适当变通； ③ 有序思维，有序做事； ④ 技术改变生活
项目要求	设计一个十字路口交通灯控制系统，南北绿 12s，东西红 15s；南北黄 3s；南北红 15s；东西绿 12s，东西黄 3s；如此循环		
建议教学方法	析—设—仿—做—评		

2. 自上而下进行项目分析

根据项目要求，划分功能模块，构建系统框架，如图 2-2 所示。虚线框内为可拓展部分。

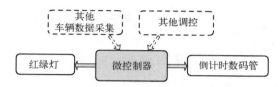

图 2-2 十字路口交通灯控制系统框架图

鉴于系统的复杂性与可重组性，先设计数码管显示模块，再进行项目综合设计。

2.3 任务 1：系统电路设计

扫码看视频

十字路口交通灯控制系统完整的电路设计如图 2-3 所示。

单片机引脚资源分配：给南北方向的红灯、黄灯、绿灯及东西方向的红灯、黄灯、绿灯分配单片机引脚；可以分散在空闲的 I/O 口上，也可集成在一组 I/O 口，如 P2；南北、东西方向计时分别采用 2 位的并联共阳数码管，考虑到两个方向统一动态扫描计时显示，它们的段码端分配在 P0 口，各自的位码端分配在 P1 口。一般 P3 口留作通信及中断、计数等。

注意：图 2-3 中粗斜体字为网络标号。

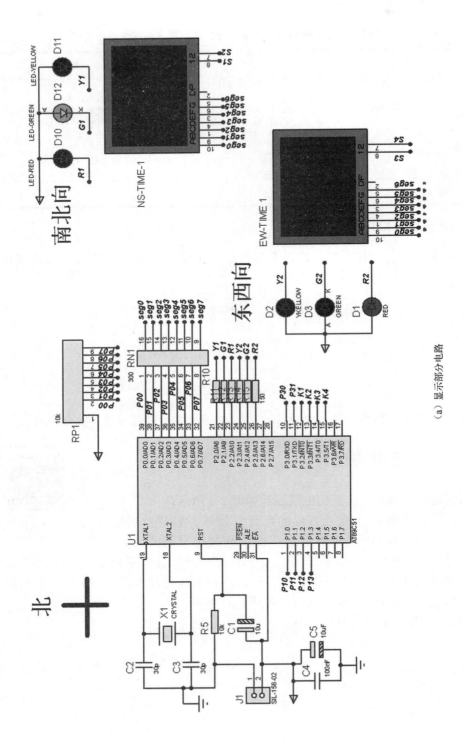

（a）显示部分电路

图 2-3 十字路口交通灯控制系统完整的电路设计

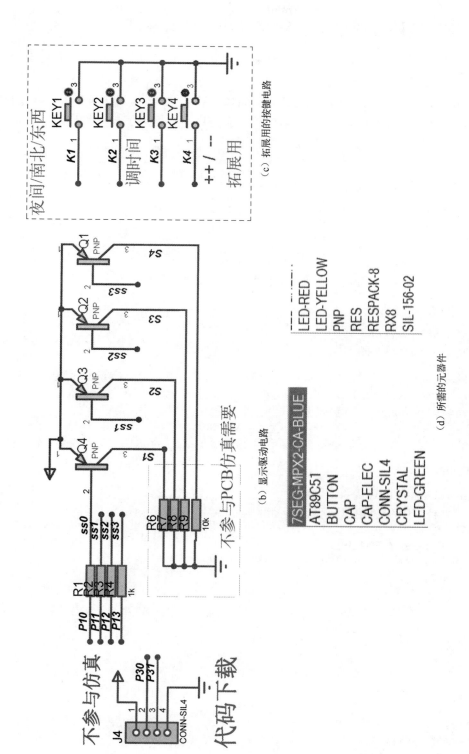

（b）显示驱动电路

（c）拓展用的按键电路

（d）所需的元器件

图 2-3　十字路口交通灯控制系统完整的电路设计（续）

扫码看视频

2.4　任务 2：数码管显示模块程序设计与仿真测试

1．程序设计

在 Proteus、Keil 或其他软件开发工具中，创建工程 seg7-4test、程序文件 myhead.h、dly_nms.h、seg7_4.h、seg7-4test.c。Keil 中数码管显示模块程序的工程结构如图 2-4 所示。

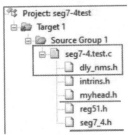

图 2-4　数码管显示模块程序的工程结构

（1）myhead.h

```
#ifndef __myhead_H__
#define __myhead_H__

#include <reg51.h>
#include <intrins.h>
typedef  unsigned char U8;
typedef  unsigned int U16;
#endif
```

（2）dly_nms.h

```
#include <intrins.h>
#define NOP _nop_()
#ifndef _Dly_nms_h__
#define _Dly_nms_h__
void Dly_nms( unsigned int time)   //11.059MHz ,1ms
{ unsigned char i;
  for(;time>0;time--)
   { for(i=0;i<182;i++)
       {NOP;}
    }
}
#endif
```

（3）数码管显示头文件 seg7_4.h

```
//seg_dis.h      4 位数码管扫描显示
#ifndef _seg7_4_h__
#define _seg7_4_h__

#include "myhead.h"
#include "dly_nms.h"
```

```
#define Segport P0                              //段码控制口 P0
#define Bitport P1                              //位码控制口 P2
//共阳数码管显示码 0～F，灭
U8 code dis_code[]={0xC0,0xF9,0xA4,0xB0,0x99,0x92,0x82,
      0xF8,0x80,0x90,0x88,0x83,0xC6,0xA1,0x86,0x8E,0xff,0xbf};
//共阳数码管位码，它们的前面加三极管来反相，从左到右扫描显示一次
      U8 data bit_select[]={0xfe,0xfd,0xfb,0xf7};
//入口参数：待显示的数据，出口参数，无
void Segdisplay(U8 *dis_data)
{   U8 i;                                        //循环次数
   for(i=0;i<4;i++)                              //各位依次扫描显示
   {       Segport=dis_code[*dis_data++];        //送段码
           Bitport=bit_select[i];                //送位码
           Dly_nms(4);                           //延时
           Segport=0xff;                         //消隐
           Bitport=Bitport|0x0F;                 //消隐
   }
}
#endif
```

（4）显示主程序 seg7-4test.c

```
//seg7-4test.c
#include "myhead.h"
#include "dly_nms.h"
#include "seg7_4.h"
#define ledport P2

U8 dis[4]={1,3,6,9 };
U8 dis_1[4]={5,4,8,0 };
//主函数
void main()
{   U8 k;
   //依次循环显示 dis[]、dis_1
   while(1)
   {   for(k=0;k<80;k++)
       Segdisplay(dis);
       for(k=0;k<80;k++)
       Segdisplay(dis_1);
   }
}
```

2．仿真测试

①　电路中所有的接插件无须仿真。双击接插件，在弹出的对话框中勾选 ☑ Exclude from Simulation 。

②　编辑编译以上程序并生成目标代码文件 seg7-4test.hex。

③　双击单片机，打开单片机编辑属性栏，添加目标代码文件 Program File: 程序\Objects\seg7-4test.hex ，设置时钟频率为 11.059MHz Clock Frequency: 11.059MHz 。

④　单击仿真按钮 ▶ 启动仿真。仿真结果如图 2-5 所示，显示了程序中设置的两个数组的内容 5480、1369。

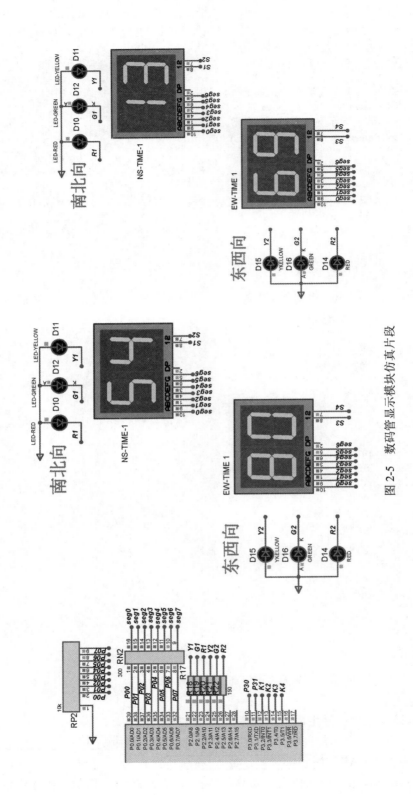

图 2-5　数码管显示模块仿真片段

扫码看视频

2.5　任务 3：系统程序设计与仿真测试

1．程序构思——流程图设计

本项目程序设计主要是实现东西、南北两个方向轮流通行的时序。视觉上就是两个方向的数码管轮流不等值地同步倒计时，红灯、绿灯、黄灯的切换。一般绿灯时长+黄灯 3s=红灯的时长。主程序只负责倒计时显示，计时数据在定时中断中更新，红灯、绿灯、黄灯的状态也在定时中断中更新。十字路口交通灯控制系统程序的工程结构如图 2-6 所示，主程序流程如图 2-7 所示。

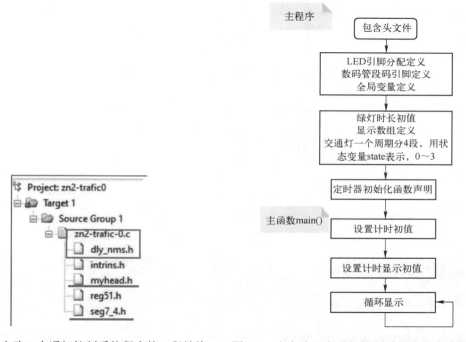

图 2-6　十字路口交通灯控制系统程序的工程结构　　　图 2-7　十字路口交通灯控制系统主程序流程图

2．程序设计与仿真测试

（1）工程结构

在 Proteus、Keil 或其他软件开发工具中，创建工程 zn2-trafic、源程序 C 文件 zn2-trafic.c。其他头文件参考 2.4 节。定时中断程序的流程如图 2-8 所示。

（2）综合程序 zn2-trafic.c

```
//交通灯
#include "myhead.h"
#include "dly_nms.h"
#include "seg7_4.h"
#define ledport  P2
```

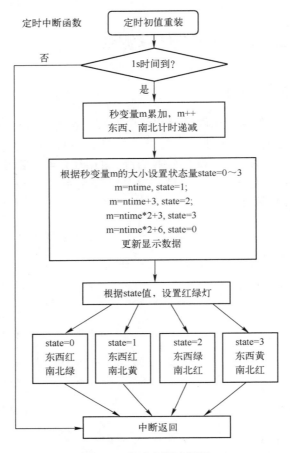

图 2-8　定时中断流程图

```
#define ntime  12

sbit ns_yellow=P2^0;
sbit ns_green=P2^1;
sbit ns_red=P2^2;
sbit ew_yellow=P2^3;
sbit ew_green=P2^4;
sbit ew_red=P2^5;
U8 nstime,ewtime;
U8 dis[4]={0,0,0,0 };
U8 state=0;
void t0_int(void );

//主函数
void main()
{    Dly_nms(100);
     ledport=0xff;              //初始化，所有显示关闭
     nstime=ntime;
     ewtime=ntime+3;
```

```
    t0_int( );
    dis[0] =nstime/10;              //初始显示数据
    dis[1] =nstime%10;
    dis[2] =ewtime/10;
    dis[3] =ewtime%10;
//南北绿 12s，黄 3s；东西红 15s；南北红 15s；东西绿，12s，黄 3s
    while(1)
    {    Segdisplay(dis);    }
}
 void t0_int(void )
{    TMOD=0X01;
    TH0=0X4C;
    TL0=0X00;
    EA=1;
    ET0=1;
    TR0=1;
}
void t0sv(void ) interrupt 1
{ static   U8  k=0,m=0;
    TH0=0X4C;
    TL0=0X00;
    k++;
    if(k==5)
    { k=0;m++; nstime--;ewtime-- ;

    if(m==ntime)
      { nstime=3; state=1;}
    else  if(m==ntime+3)
      { nstime=ntime+3;ewtime=ntime; state=2;}
        else if(m==2*ntime+3)
           {  ewtime=3; state=3; }
           else if(m==2*ntime+6)
               { m=0;nstime=ntime;ewtime=ntime+3;state=0;}
    dis[0] =nstime/10;
    dis[1] =nstime%10;
    dis[2] =ewtime/10;
    dis[3] =ewtime%10;
  switch (state)
     { case 0: ns_red=1;ew_yellow=1;ew_red=0; ns_green=0; break;
       case 1: ns_green=1; ns_yellow=0; break;
       case 2: ns_yellow=1;ew_red=1; ew_green=0;ns_red=0; break;
       case 3: ew_green=1;ew_yellow=0; break;
     }
  }
}
```

（3）综合仿真测试

① 电路中所有的接插件无须仿真，双击接插件，在弹出的对话框中勾选 ☑ Exclude from Simulation 。

② 编辑编译以上程序并生成目标代码文件 zn2-trafic.hex。

③ 对单片机加载代码文件 Program File: 　程序\Objects\zn2-trafic_1.hex 🔲 ，设置时钟频率为 12MHz Clock Frequency: 　12MHz 。

④ 单击仿真按钮 ▶ 启动仿真，并填写表 2-2。关于红绿灯显示的内容打勾，关于计时的内容写计时现象。

表 2-2　十字路口交通灯控制系统综合仿真测试记录

测试内容	1~12s	13~15s	16~27s	28~30s	31~42s	43~45s	若有问题，试分析并解决
东西绿							
东西黄							
南北红							
东西计时							
南北计时							
南北绿							
南北黄							
东西红							

东西红，南北黄时的仿真片段如图 2-9 所示。东西绿，南北红时的仿真片段如图 2-10 所示。

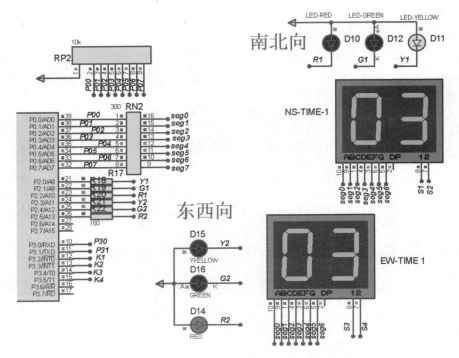

图 2-9　东西红，南北黄时的仿真片段

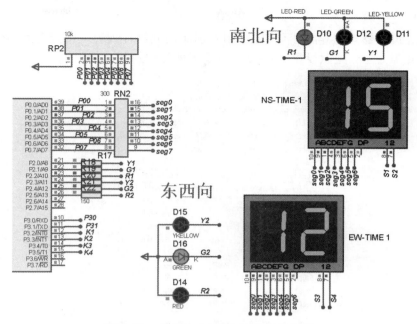

图 2-10　东西绿，南北红时的仿真片段

2.6　任务 4：PCB 设计

1. 设计准备

（1）补充元器件编号

参考图 2-11 对 2 位的并联数码管编号为 NS-TIME-1、EW-TIME-1。编号就像每个元器件的身份证号一样，不能重复，具有唯一性。对 4 个按钮编号为 KEY1、KEY2、KEY3、KEY4。

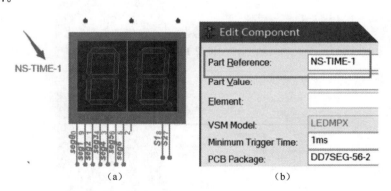

图 2-11　对数码管设置编号

（2）确认元器件是否参与 PCB 设计

确认对于应该出现在 PCB 上的元器件，不能勾选 ☐ Exclude from PCB Layout 。

而协助仿真的图 2-3（b）中的 R6～R9，不参与 PCB 设计。

（3）合理设置封装

单击设计浏览器按钮，打开如图 2-12 所示的元器件列表，可查看元器件编号、类型、值、封装等信息。注意设置图 2-12 中画框元器件的封装。

图 2-12　在设计浏览器中查看封装等信息

图 2-12 中的元器件都要设置正确的封装。参考图 2-13、图 2-14 设置 LED、三极管的封装。

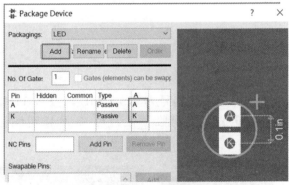

图 2-13　设置 LED 的封装

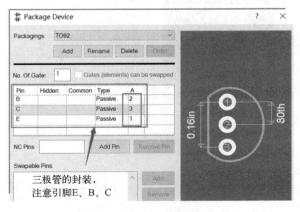

图 2-14　设置三极管的封装

参考图 2-15 设置按键的封装，该封装的制作见 2.9 节。为防止错误配置焊盘，应该对按键的两个引脚分配处于对角线上的两个焊盘。

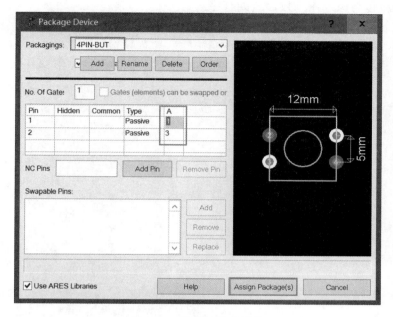

图 2-15　设置按键的封装

注意：若已连入电路中的元器件禁止设置封装，则在空白处放置相应元器件，再设置封装，设置封装后的元器件各引脚旁可能出现对应的焊盘编号，如图 2-16 所示。

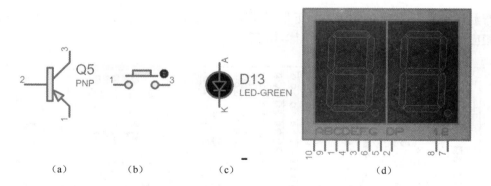

（a）　　　　　（b）　　　　　（c）　　　　　　　　　（d）

图 2-16　已设置封装的元器件引脚旁出现对应的焊盘编号

参考图 2-17 设置数码管的封装，该封装的制作见 2.9 节。

2．布局、布线、3D 预览

（1）设置布局、布线等规则
设置布局、布线等规则的步骤见图 1-20 及其相关内容。
（2）布局、3D 预览
布局时应先放置核心器件单片机，最小系统中的电阻、电容等应围绕单片机进行布局，特别是振荡电路中的晶振、滤波电容应紧挨着单片机的振荡引脚。考虑到操作的便捷性，接插件尽量布局在电路板周边。为了达到与目标一致，呈现十字路口的效果，LED 与数码管的布局应该与原理图一致，疏朗有序。

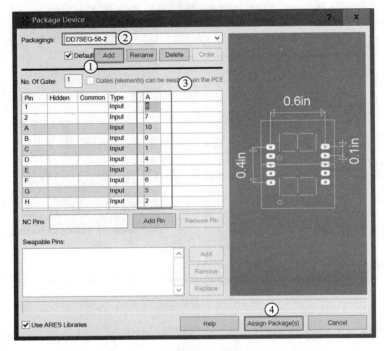

图 2-17　设置数码管的封装

　　布局时往往以手动布局为主，可根据需要，自动布局部分元器件，单击布局按钮进行相应操作。PCB 的布局结果如图 2-18 所示。

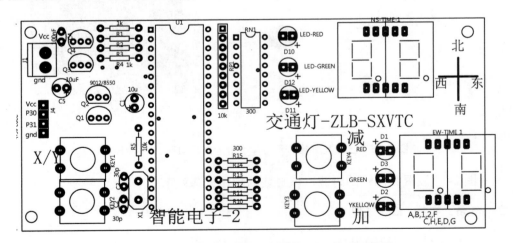

图 2-18　十字路口交通灯控制系统 PCB 的布局结果

　　单击 3D 预览按钮，进行 3D 预览，如图 2-19 所示。

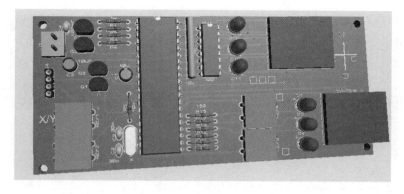

图 2-19　十字路口交通灯控制系统 PCB 的 3D 预览图

（3）布线及完善

单击布线按钮，各参数采用默认值进行布线，结果如图 2-20 所示。

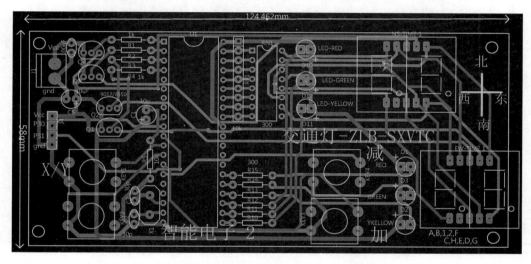

图 2-20　十字路口交通灯控制系统最终的 PCB 版图

如果要在 PCB 上绘制一些非电气图案，可参考图 1-24 及其相关内容。

3．输出生产文件

单击 PCB 设计窗口中的菜单 Output→Generate Gerber/Excellon Output，输出生产文件。具体操作参考 A.2.6 节。

2.7　任务 5：作品制作与调试

将 PCB 生产文件压缩包送制板厂，加工出 PCB，如图 2-21 所示。十字路口交通灯控制系统运行时的照片如图 2-22 所示。参考表 2-3 进行实物测试、排除故障，直至成功。

提示：也可根据 PCB 版图在洞洞板上制作本项目。

扫码看视频

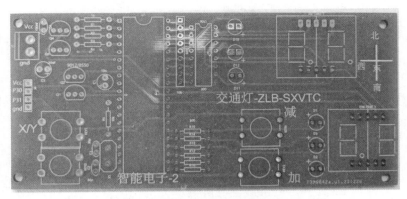

图 2-21　十字路口交通灯控制系统的 PCB

图 2-22　十字路口交通灯控制系统运行时的照片

表 2-3　十字路口交通灯控制系统实物测试记录

测试内容	方法、工具	测试结果 （完成则打勾 √）	若有问题，试分析并解决
检查电路板	目测，万用表等		
元器件识别与装配	目测，万用表等		
焊接	电烙铁、万用表等		
检查线路通、断	万用表等		
代码下载	工具：单片机、下载器。 代码文件：zn2-trafic.hex。 下载方法参考附录 C		
功能测试，参考表 2-2	电源、万用表等		
其他必要的记录			
判断单片机是否工作：工作电压为 5V 的情况下，振荡脚电平约为 2V，ALE 脚电平约为 1.7V			
给自己的实践评分：	反思与改进：		

2.8　拓展设计——应急变通

① 增加夜间模式，东西、南北双向都闪黄灯。

② 增加东西向或南北单向行驶模式。

③ 增加通行时长可调功能。

　　讨论方案 1：STC51 芯片只有两个定时/计数器，目前 T0 已用于定时。如何应用现有的资源实现调整倒计时初值？

　　讨论方案 2：采用 STC52 单片机，除与 STC51 兼容的 T0、T1 外，还有 T2，但 T2 与 P1.0 兼容，而 P1.0 目前是数码管扫描显示引脚。如何通过调整硬件、修改软件，实现调整倒计时初值？

　　④ 增加自动检测、记录、分析车流大小的功能，从而自动调整通行时长。

　　车辆检测器是信号灯控制系统不可或缺的一种传感器，常见的有微波雷达车辆检测器和地磁车辆检测器。微波雷达车辆检测器可以用于检测车辆的运动状态，其工作原理是利用微波信号来探测车辆是否到达或驶离交叉口，检测到车辆后传输给信号灯控制器，对交通流量进行分析处理。地磁车辆检测器则是通过地下地磁感应线圈探测车辆的存在，当车辆停到感应线圈上后，其磁场发生变化，将信号传递给信号灯控制器。

2.9　技术链接

扫码看视频

1. 制作四脚按键的封装

　　四脚按键（BUTTON）实物如图 2-23（a）所示。设其封装取名为 Z4PIN-BUT，其外形、尺寸如图 2-23（b）所示。

　　（1）放置焊盘

　　① 单击圆形通孔焊盘模式按钮，在对象选择器中就会列出各种圆形通孔焊盘，单击其中的 C-100-60，如图 2-24 所示。

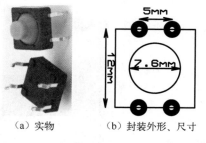

（a）实物　　（b）封装外形、尺寸

图 2-23　四脚按键实物及其封装外形、尺寸

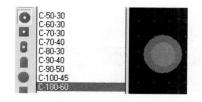

图 2-24　选择焊盘类型并放置

　　② 单击单位切换按钮 $\boxed{\text{m}}$，将坐标单位设置为公制。在要放置焊盘处按键盘字母"O"键，单击放置焊盘，焊盘的中心便是伪原点（0,0），如图 2-25（a）所示。

　　③ 右击焊盘选择 Replicate（复制）命令，按照图 2-25（b）进行复制参数设置。单击 OK 按钮，结果如图 2-25（c）所示。在空白处单击，退出复制后的选中状态。

　　④ 右击第一个放置的焊盘，选择 Replicate 命令，按照图 2-26（a）进行复制参数设置。单击 OK 按钮，结果如图 2-26（b）所示。在空白处单击，退出复制后的选中状态。

　　⑤ 右击第一个放置的焊盘，选择 Replicate 命令，按照图 2-27（a）进行复制参数设置。单击 OK 按钮，结果如图 2-27（b）所示。在空白处单击，退出复制后的选中状态。

　　（2）放置元器件轮廓框

　　① 单击 2D 图形按钮，进入放置 2D 方框模式。单击菜单 View→Goto Position，如

图 2-28（a）所示，设置相对于当前原点的定位坐标（−3.5mm,0），单击 OK 按钮，光标定位结果如图 2-28（b）所示。单击，开始绘制方框，移动光标，注视窗口右下方状态栏坐标变化，当坐标为（8.5mm,12mm）时再单击，如图 2-28（c）所示完成方框绘制。

（a）选择复制命令　　　　（b）复制参数设置　　　　（c）复制结果

图 2-25　水平复制焊盘

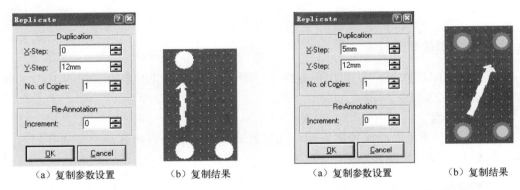

（a）复制参数设置　　　（b）复制结果　　　　　　（a）复制参数设置　　　（b）复制结果

图 2-26　垂直复制焊盘　　　　　　　　　图 2-27　对角线复制焊盘

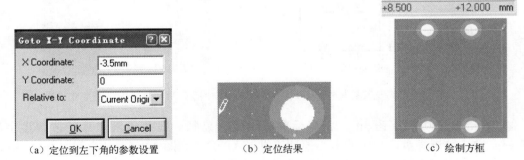

（a）定位到左下角的参数设置　　　（b）定位结果　　　（c）绘制方框

图 2-28　绘制封装的 2D 方框

　　② 单击 2D 图形按钮 ⬤，进入 2D 画圆模式。单击菜单 View→Goto Position，如图 2-29（a）所示，设置相对当前原点的定位坐标（2.5mm,6mm），单击 OK 按钮，光标定位在圆心。单击，开始画圆，移动光标，注视窗口右下方状态栏半径变化为 3.8mm[见图 2-29（b）]时，再单击，结果如图 2-29（c）所示，完成画圆。

　　（3）对焊盘编号

　　单击菜单 Tools→Auto Name Generator，打开如图 2-30（a）所示的自动命名生成器。因焊盘编号只有数字，无须前缀，所以 String 栏空白，Count 从 1 开始，单击 OK 按钮，单击左上角的焊盘，设置焊盘编号为 1，按逆时针单击其他焊盘，编号结果如图 2-30（b）所示。

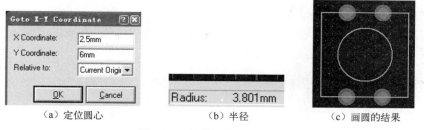

（a）定位圆心	（b）半径	（c）画圆的结果

图 2-29　绘制封装的 2D 圆

（4）放置元器件标注

先单击 2D 图形标记按钮，再单击对象选择器中的 REFERENCE，如图 2-31 所示，将 REF 放置在封装的上方。

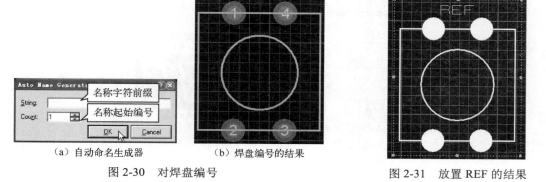

（a）自动命名生成器　　　　　（b）焊盘编号的结果

图 2-30　对焊盘编号

图 2-31　放置 REF 的结果

（5）封装命名并存入封装库

全选图 2-31（右击按住拉出包围全部设计的框），单击封装按钮，打开如图 2-32（a）所示的 Make Package 对话框，将封装命名为 Z4PIN-BUT 并存入封装库，还可进行 3D 预览[见图 2-32（b）]。最后，单击 OK 按钮完成封装制作。

（a）创建封装：设置封装名为 Z4PIN-BUT 并存入封装库　　（b）3D 预览

图 2-32　封装命名、入库

实际按键的 1、2 引脚是连通的，3、4 引脚也是连通的。电气连线及 PCB 设计时要注意这点。建议对角线分配焊盘，如此不易出错。

（6）原点说明

未设置原点的封装自动以第一个放置的焊盘中心为原点，在本项目中即为焊盘 2 的中心，即放置本封装时光标点在焊盘 2 的中心。

2．制作 2 位并联数码管的封装

系统库虽然提供了一种封装 DD7SEG-56，但与目前采用的不符，故需要自己制作。

一般数码管的字符高度分为 0.28in、0.36in、0.4in、0.5in、0.56in、0.8in 等，字高越大，显示的数字也就越大。

0.56in 2 位并联数码管如图 2-33 所示。

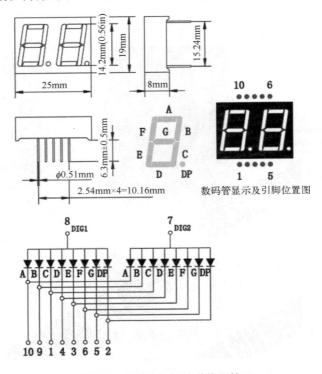

数码管显示及引脚位置图

图 2-33　0.56in 2 位并联数码管

注意：除特别说明外，允许公差为±0.25mm。每个引脚的斜度可能有±5°。

选用不同厂家、不同型号的数码管，封装及引脚分布可能不同，设计封装、配置原理图上的引脚与焊盘对应关系时要看仔细。

（1）分解现有封装并修改为需要的封装

选取库中的封装 DD7SEG-56，放置到编辑区，右击，如图 2-34 所示选择分解命令，参考图 2-35 对解体后的封装进行修改，删除四角多余的焊盘。

（2）给焊盘编号

从左下角起，按逆时针修改焊盘的编号为 1、2、…、10。

（3）放置原点、元器件编号位置标志 REF

① 先单击 2D 图形标记按钮 ⊕，再单击对象选择器中的 ORIGIN，在封装的左下角单击放置元器件原点 ⊕。

② 单击对象选择器中的 REFERENCE，在封装的左上角单击放置 REF，它决定了元器件放置在 PCB 上时其编号的位置。

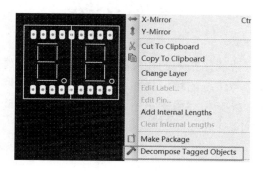

图 2-34　分解封装

③ 全选修改后的封装，右击，如图 2-36 所示选择打包封装命令 ▯ Make Package 。参考图 2-37 将封装入库。

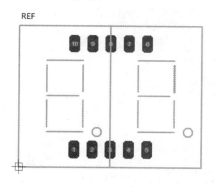

图 2-35　修改封装

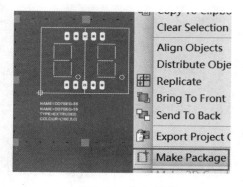

图 2-36　打包封装

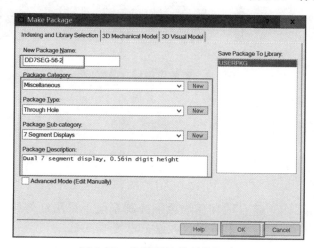

图 2-37　将数码管的封装入库

项目3 动手圆梦——自动翻盖垃圾桶控制系统

智能垃圾桶是一种具有智能化技术的垃圾桶，能够通过红外传感器、震动传感器等自动感应、分类和处理垃圾。与传统的垃圾桶相比，智能垃圾桶能够提高垃圾分类的准确性和效率，同时能够有效控制异味和细菌的滋生，保持室内空气的清新和卫生。智能垃圾桶通常还配备了 USB 充电设计。

3.1 产品案例

智能垃圾桶已成为家庭、办公室等各类场所的智能家居设备之一。一款感应式自动开、关盖垃圾桶如图 3-1 所示。

（a）

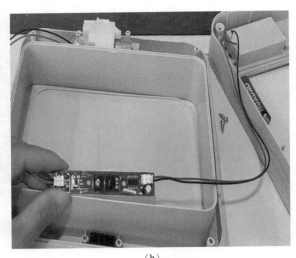
（b）

图 3-1 智能垃圾桶产品案例

扫码看视频

3.2 项目要求与分析

1. 目标与要求

本项目将设计与制作一款自动翻盖垃圾桶控制系统，采用红外感应、震动传感、舵机控制等技术，教学目标、项目要求与建议教学方法见表 3-1。

表 3-1　自动翻盖垃圾桶控制系统的教学目标、项目要求与建议教学方法

	知识	技能	素养
教学目标	① 了解红外避障传感器、红外巡迹传感器、震动传感器； ② 理解舵机的工作原理与控制方法	① 掌握红外传感器等接口电路设计； ② 学会应用程序设计； ③ 学会用 PWM 控制舵机； ④ 能正确完成自动翻盖垃圾桶控制系统的 PCB 设计	① 行胜于言，清垃圾美居室，扫一屋扫天下； ② 有产品意识，从产品的视角审视作品； ③ 工匠精神，精益求精； ④ 技术改变生活，科技强国富民
项目要求	设计一个自动翻盖垃圾桶控制系统：当感应到有人时或震动时，自动开盖；而后自动关盖。垃圾满时，能以声音警示		
建议教学方法	析一设一仿一做一评		

红外传感技术是近年来发展最快的技术之一。红外传感器目前已广泛应用于航空航天、天文、气象、军事、工业和民用等众多领域，起着不可替代的重要作用。

自动翻盖垃圾桶的核心是红外感应技术。利用红外线感应垃圾桶上方是否有遮挡物，然后控制舵机工作，将垃圾桶盖打开；无感应时，自动关盖；或用脚轻踢，也可自动开/关盖；还充分考虑了传感器故障时，可用手动按钮开盖。人、物不需接触垃圾桶，一定程度地解决了传统垃圾桶自动翻盖存在的卫生问题，并可尽量防止交叉感染。自动翻盖垃圾桶使用普通电池，具有耗电低、使用寿命长、密封性能好等优点。

2．自上而下进行项目分析

根据项目要求划分功能模块，构建系统框架，如图 3-2 所示。虚线框内为可拓展部分。

图 3-2　自动翻盖垃圾桶控制系统框架图

鉴于系统的复杂性与可重组性，先设计舵机控制模块，再进行项目综合设计。

扫码看视频

3.3　任务 1：舵机控制

扫码看彩图

1．认识舵机 SG90

本项目采用如图 3-3 所示的舵机 SG90。

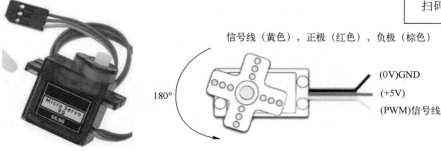

信号线（黄色），正极（红色），负极（棕色）

180°

(0V)GND
(+5V)
(PWM)信号线

图 3-3　舵机 SG90

舵机，即伺服电机，是一种位置（角度）伺服的驱动器，适用于那些需要不断变化并

可以保持角度的控制系统。目前，伺服电机在高档遥控玩具，如飞机模型、潜艇模型、遥控机器人中已经得到了普遍应用。舵机可以根据控制信号来输出指定的角度，主要用于需要输出某一控制角度的场合。同一型号的舵机常有几种角度范围可选：0～90°、0～180°、0～360°。

此处选择 0～180° 的 SG90 舵机，主要参数如下：

① 尺寸：21.5mm×11.8mm×22.7mm。

② 重量：9g。

③ 反应速度：0.12s/60°。

④ 工作扭矩：1.2～1.4kg·cm。

⑤ 使用温度：−30～+60℃。

⑥ 死区设定：5μs。

⑦ 工作电压：4.8～6V。

⑧ 位置等级：1024 级，脉冲控制精度为 2μs。

2. 舵机控制原理

单片机输出 PWM 脉冲来进行舵机的操纵。PWM 一般是周期为 20ms 的脉冲信号，以 0.5～2.5ms 的高电平脉宽来控制舵机的角度。

舵机输出轴转角只与脉宽时长绝对值有关，如图 3-4 所示。舵机的控制一般需要一个 20ms 左右的时基脉冲，该脉冲的高电平部分一般为 0.5～2.5ms。

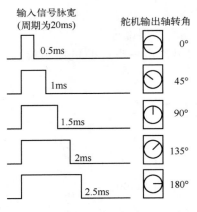

图 3-4　舵机转角与脉宽的关系

用 0.5～2.5ms 的脉宽来控制舵机角度：当脉宽小于 0.5ms 时，为死区，舵机不动，舵机输出轴转角保持 0° 或稍小于 0°；当脉宽等于 0.5ms 时，舵机输出轴转角为 0°；当脉宽等于 1ms 时，舵机输出轴转角为 45°；当脉宽等于 1.5ms 时，舵机输出轴转角为 90°；当脉宽等于 2ms 时，舵机输出轴转角为 135°；当脉宽等于 2.5ms 时，舵机输出轴转角为 180°；当脉宽大于 2.5ms 时，为死区脉宽，舵机不动，舵机输出轴转角保持 180° 或稍大于 180°。

3. 舵机控制电路

如图 3-5 所示，控制舵机的脉冲信号由单片机经三极管放大电流后驱动。

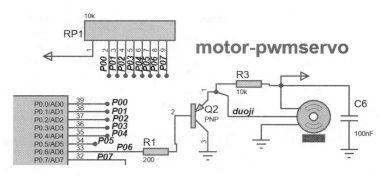

图 3-5　舵机控制电路

4．程序设计

以 51 单片机控制舵机为例，要模拟产生周期为 20ms 的 PWM 脉冲信号，利用定时中断定时 500μs，每触发 40 次中断为一个 PWM 的周期，在中断程序中控制引脚的输出高电平时长。

（1）myhead.h

```
#ifndef __myhead_H__
#define __myhead_H__
#include<reg51.h>
#include<intrins.h>
typedef  unsigned char U8;
typedef  unsigned int U16;
#endif
```

（2）Dly_nms.h

```
#include "myhead.h"
#define NOP  _nop_()
#ifndef _Dly_nms_h__
#define _Dly_nms_h__

void Dly_nms(U16 time)              //11.059MHz，1ms
{  U8 i;                           //变量 i 定义为无符号字符型，为 8 位二进制位数
   for(;time>0;time--)             //time 为无符号整型，为 16 位二进制位数
   { for(i=0;i<182;i++)
      { NOP;NOP; }
   }
}
#endif
```

（3）舵机控制程序 zn3-duoji.c

```
#include "myhead.h"
#include "dly_nms.h "

sbit SG90 = P0^6;                  //模拟 PWM 的输出引脚，用于控制舵机
```

```c
U8 cnt = 0;
U8 angle;
void duoji_test ( ) ;
void T0_Init(void) ;
//  1为0°，2为45°，3为90°，4为135°，5为180°
void main(void)
{   U8 k;
    Dly_nms(2000);          //开机前先缓冲2s
    T0_duoji_init();
    cnt = 0;
    angle = 1; SG90=1;
    duoji_test ( );
     Dly_nms(2000);
        while(1)
            {   for (k=5;k>1;k--)
                        { angle=k;
                         duoji_test ( );
                         angle=1;
                         duoji_test ( );
                        }
                }
}
//500μs@11.0592MHz
void T0_duoji_init(void)
{   TMOD = 0x01;            //设置定时器模式
    TL0 = 0x33;            //设置定时初值
    TH0 = 0xFE;            //设置定时初值
    TF0 = 0;              //清除 TF0 标志
    TR0 = 1;              //定时器 0 开始计时
    SG90=1;
    EA = 1;
    ET0 = 1;
     cnt=0;

}
//T0  500μs@11.0592MHz  500μs*40=20ms
void T0_duoji_PWM(void) interrupt 1
{   cnt++;
    TL0 = 0x33;
    TH0 = 0xFE;
    TF0 = 0;
    if(cnt < angle)
        { SG90 = 1;  }
    else
        { SG90 = 0;  }
    if(cnt == 40)
    { cnt = 0;
        SG90 = 1;
    }
```

```
}
void duoji_test ( )
{  T0_duoji_init( );
   Dly_nms(600);
   TR0=0; SG90 = 0;
   Dly_nms(2000);
}
```

5．仿真测试

① 编译生成的代码加载到 Proteus 电路中的单片机上，双击舵机打开属性编辑框，参考图 3-6 进行设置。

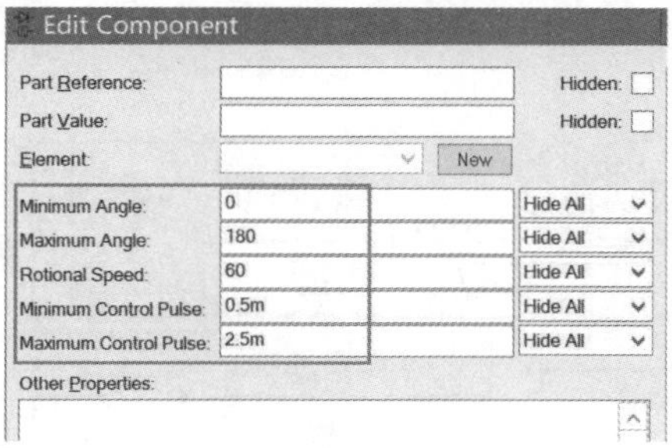

图 3-6   舵机仿真模型参数设置

② 启动仿真，舵机仿真片段如图 3-7 所示，观察并记录舵机的运行状态。试分析舵机运行现象与控制程序的对应关系，正确则打勾√。

angle=1，舵机转到 0°（   ）

angle=2，舵机转到 45°（   ）

angle=3，舵机转到 90°（   ）

angle=4，舵机转到 135°（   ）

angle=5，舵机转到 180°（   ）

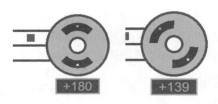

图 3-7   舵机仿真片段

扫码看视频

3.4 任务 2：系统电路设计

不论是感应或碰撞，还是手动开盖，对单片机只提供一个高低电平信号，故仿真时用按钮代替这些传感器，如图 3-8 所示。另外，还考虑到垃圾满时给出警示信号，垃圾满的检测同样用红外感应技术，但距离约为 1～2cm，故用红外巡迹模块。

注意：图 3-8 中粗斜体字为网络标号。

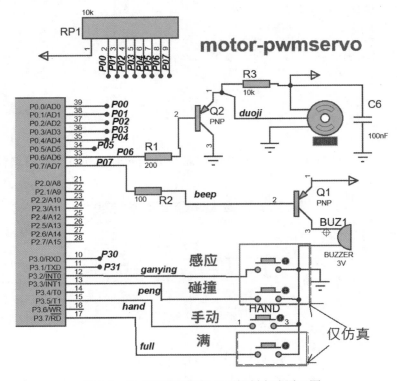

图 3-8　自动翻盖垃圾桶主要控制电路原理图

3.5　任务 3：系统程序设计与仿真测试

1. 程序设计

以下程序中包含的头文件 myhead.h、dly_nms.h 见 3.4 节。

考虑到系统是电池供电，所以节电很重要，且家用小垃圾桶一天的开关频率一般不足10 次，是一个低频系统，故在开盖、关盖后将其掉电以降低功耗。一旦感应到上方有遮挡物，以及感应到震动或碰撞，可触发外部中断将系统唤醒。

```
#include "myhead.h"
#include "dly_nms.h"

sbit SG90 = P0^6;              //舵机
sbit ganying = P3^2;           //感应
sbit peng = P3^3;              //震动
sbit beep = P0^7;              //发声
sbit hand_auto=P3^5;           //手动 t1
sbit full=P3^7;                //是否满
U8 cnt = 0;
U8 angle = 1;
```

```
U8 hand_act=0;
bit ganying_f,peng_f;
bit cover=0;                        //盖子状态：0 为关，1 为开
// 函数声明
void ex01_init( );
// void beepsv();                   // 自行扩展发声程序
void T0_duoji_init(void);
void T1_hand_init( );
void opencover();
void closecover();

void main( )
{   Dly_nms(400);
    ex01_init();
    T0_duoji_init();                //舵机
    T1_hand_init();
    closecover();
// 先调到 0°位置
    TF0 = 0;                        //清除 TF0 标志
    TR0 = 1;
    angle = 1;                      //舵机转到 0°
    cnt = 0;
    Dly_nms(400);TR0 = 0;
    while(1)
    {   if( (hand_act==1)&&(cover==0 ) )
            {   //可增加垃圾桶满的报警
                opencover(); PCON=1;
            }
        else if(    (hand_act==2)&&(cover=1 ) )
            {   hand_act=0;
              //可增加垃圾桶满的报警
                closecover(); PCON=1;
            }
        else if(((ganying_f==1)||(peng_f==1))&&(cover==0) )
            {   //可增加垃圾桶满的报警
                opencover(); ganying_f=0;peng_f=0;
                while ((ganying==0)||(peng==0))
                  { ; }
                ganying_f=0;peng_f=0;closecover(); PCON=1;
            }
    }
}
void opencover()    //开盖
{   cnt = 0;
    angle = 4;      //4 个 0.5ms，也就是 2ms，可以使舵机旋转到 135°的位置
    T0_duoji_init();
    Dly_nms(300);
    TR0=0; SG90 = 0;cover=1;
```

```
        Dly_nms(5000);
    }
    void closecover()                        //关盖
    {   cnt = 0;
        angle = 1;                           //1 个 0.5ms，使舵机旋转到 0°的位置
        T0_duoji_init();
        Dly_nms(600);
        TR0=0;SG90 = 0;cover=0;
    }
    //0.5ms@11.0592MHz                        //舵机使用定时器 0
    void T0_duoji_init(void)                 //T0 初始化
    {   TMOD &=0xf0;
        TMOD |= 0x01;                         //设置定时器模式
        TL0 = 0x33;                           //设置定时初值
        TH0 = 0xFE;                           //设置定时初值
        TF0 = 0;                              //清除 TF0 标志
        TR0 = 1;                              //定时器 0 开始计时
        ET0 = 1 ;
        EA = 1;                               //打开中断！
    }
    //  T1 计数，方式 2，FF，+1，手动模式触发中断，当作一个外部中断
    void T1_hand_init( void )                //T1 当作一个中断，手动开/关
    {   TMOD &=0x0f;
        TMOD |= 0x60;                         //设置定时器模式
        TL1=0xff;TH1=0xff;
        EA = 1; ET1 = 1;
        TR1=1;
    }
    void ex01_init()                         //外部中断 0、1 初始化，边沿触发
    {   EA=1;
        EX0 = 1;EX1=1;                        //打开外部中断
        IT0 = 1;IT1=1;                        //边沿触发
    }
    //timer0 的中断处理程序
    //中断程序一般写在 main 函数的后面
    //定时器 0 溢出时将触发此中断函数
    void T0_duoji_PWM() interrupt 1          //定时产生周期为 20ms 的 PWM 信号
    {   cnt++;
        TL0 = 0x33;                           //重新给初值！！
        TH0 = 0xFE;
        //生成 PWM 波
        if(cnt < angle)//cnt =1 时，爆表了一次，过了 0.5ms
           { SG90 = 1; }
        else
           { SG90 = 0; }
        if(cnt == 40){//每经过 40*0.5ms = 20ms，PWM 波经过一个周期
           {cnt = 0;
            SG90 = 1;      }
```

```
        }
    }
     void ganying_sv() interrupt 0      //外部中断 0，震动触发
    {    ganying_f = 1;  }
    void peng_sv() interrupt 2          //外部中断 1，碰撞触发
    {    peng_f = 1;    }
    void hand_sv() interrupt 3          //手动开盖，hand_act 为 1 则开，为 2 则关
    {   hand_act++;
        if(hand_act>2)
            hand_act=0;
    }
```

2. 仿真测试

① 电路中所有的接插件无须仿真，双击接插件，在弹出的对话框中勾选 ☑ Exclude from Simulation 。

② 编辑编译以上程序并生成目标代码文件 zn3-lajitong.hex。

③ 对单片机加载代码文件 Program File:　Objects\zn3-duoji.hex　🖳，设置时钟频率为 Clock Frequency:　11.059MHz 。

④ 单击仿真按钮 ▶ 启动仿真，并填写表 3-2。

表 3-2　自动翻盖垃圾桶控制系统仿真测试记录

判断条件：要开盖吗？	判断条件：盖子状态？	执行开/关盖？	仿真测试（正确则打勾√）	实物测试（完成则打勾√）	若有问题，试分析并解决
是，感应触发	开	不动			
是，感应触发	关	开盖，几秒后，自动关盖			
是，碰撞触发	开	不动			
是，碰撞触发	关	开盖，几秒后，自动关盖			
是，手动开盖	开	不动			
是，手动开盖	关	开盖			
否，手动关盖	开	关盖			

3.6　任务 4：PCB 设计

扫码看视频

1. 设计准备

（1）完善电路

各种传感器采用现在的模块，它们与单片机的连接都是通过接插件，参考图 3-9 完善电路。

注：图 3-9 中导线上粗斜体字为网络标号。

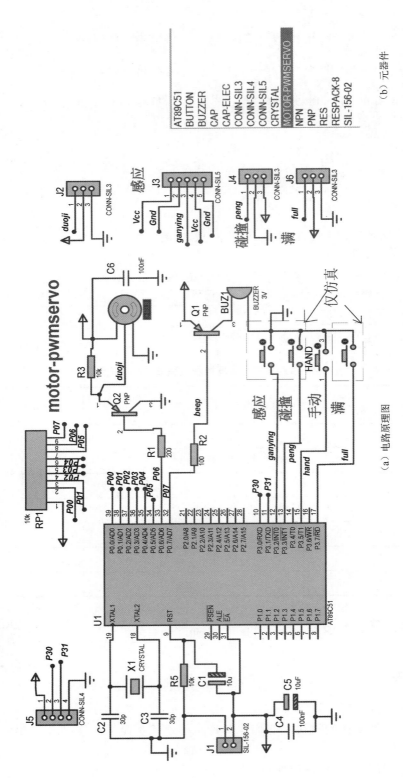

（a）电路原理图

（b）元器件

图 3-9　自动翻盖垃圾桶控制系统完整的电路设计

（2）确认元器件是否参与 PCB 设计

舵机不参与 PCB 设计；模拟感应、碰撞、垃圾满的按钮不参与 PCB 设计。参考图 3-10 进行设置。

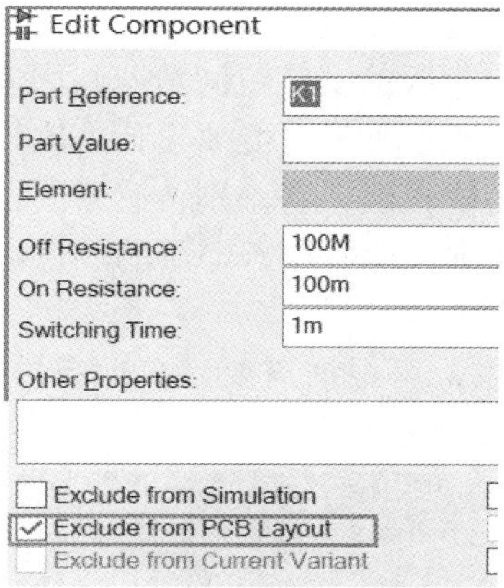

图 3-10　设置按钮不参与 PCB 设计

（3）合理设置封装

蜂鸣器的封装需要自行设计，参考 3.9 节。

按钮的封装采用 2.10 节制作的 4PIN-BUT。

参考图 3-11 设置三极管的封装为 TO92。

单击设计浏览器按钮，打开如图 3-12 所示的元器件列表，可查看元器件编号、类型、值、封装等信息。注意设置图 3-12 中画框元器件的封装。

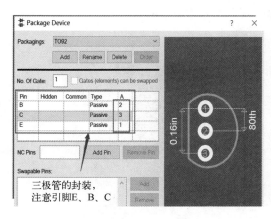

图 3-11　设置三极管的封装

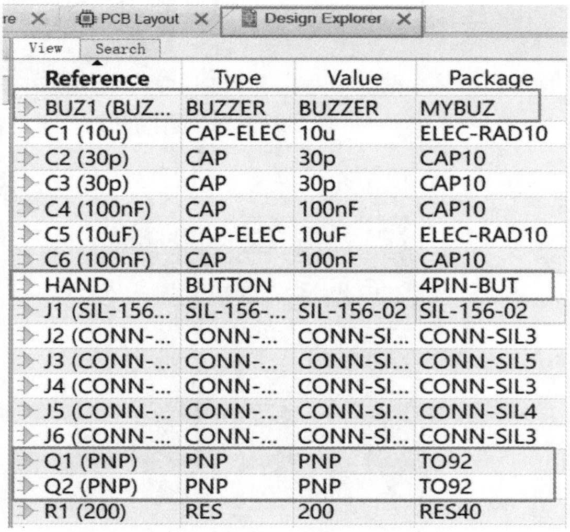

Reference	Type	Value	Package
BUZ1 (BUZ...	BUZZER	BUZZER	MYBUZ
C1 (10u)	CAP-ELEC	10u	ELEC-RAD10
C2 (30p)	CAP	30p	CAP10
C3 (30p)	CAP	30p	CAP10
C4 (100nF)	CAP	100nF	CAP10
C5 (10uF)	CAP-ELEC	10uF	ELEC-RAD10
C6 (100nF)	CAP	100nF	CAP10
HAND	BUTTON		4PIN-BUT
J1 (SIL-156...	SIL-156-...	SIL-156-02	SIL-156-02
J2 (CONN-...	CONN-...	CONN-SI...	CONN-SIL3
J3 (CONN-...	CONN-...	CONN-SI...	CONN-SIL5
J4 (CONN-...	CONN-...	CONN-SI...	CONN-SIL3
J5 (CONN-...	CONN-...	CONN-SI...	CONN-SIL4
J6 (CONN-...	CONN-...	CONN-SI...	CONN-SIL3
Q1 (PNP)	PNP	PNP	TO92
Q2 (PNP)	PNP	PNP	TO92
R1 (200)	RES	200	RES40

图 3-12　在设计浏览器中查看封装等信息

2．布局、布线、3D 预览

（1）设置布局、布线等规则

设置布局、布线等规则的步骤见图 1-20 及其相关内容。

（2）布局、3D 预览

布局时应先放置核心器件单片机，最小系统中的电阻、电容等应围绕单片机进行布局，特别是振荡电路中的晶振、滤波电容紧挨着单片机的振荡引脚。考虑到操作的便捷性，接插件尽量布局在电路板周边。

为了配合安装，必须考虑控制板的安装空间情况。因安装环境比较狭长，故 PCB 板形也是窄长的。为节省空间，电路板外形可能要设计得比较细长，即控制系统还要考虑可装配性。有些元器件安装在底层焊接面。有个别传感器因工作需要也安装在底层，底层的元器件在 PCB 上呈粉红色的轮廓，即底层丝印层的颜色；而在顶层元器件面的元器件轮廓是湖蓝色，即顶层丝印层的颜色。

布局时往往以手动布局为主，可根据需要，自动布局部分元器件，单击布局按钮🔲进行相应操作。PCB 的布局结果如图 3-13 所示。

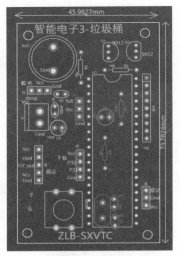

图 3-13　自动翻盖垃圾桶控制系统 PCB 的布局结果

单击 3D 预览按钮◀◀，进行 3D 预览，如图 3-14 所示。

（a）正面	（b）反面

图 3-14　自动翻盖垃圾桶控制系统 PCB 的 3D 预览图

（3）布线及完善

单击布线按钮◥，各参数采用默认值进行布线，结果如图 3-15 所示。

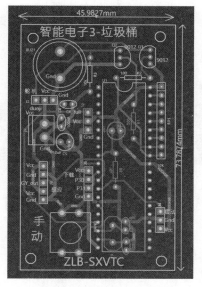

图 3-15   自动翻盖垃圾桶控制系统 PCB 的布线结果

如果要在 PCB 上绘制一些非电气图案，可参考图 1-24 及其相关内容。

3．输出生产文件

单击 PCB 设计窗口中的菜单 Output→Generate Gerber/Excellon Output，输出生产文件。具体操作参考 A.2.6 节。

3.7   任务 5：作品制作与调试

扫码看视频

将 PCB 生产文件压缩包送制板厂，加工出 PCB，如图 3-16 所示。自动翻盖垃圾桶控制系统的实物作品如图 3-17 所示。参考表 3-3 进行实物测试、排除故障，直至成功。

（a）正面

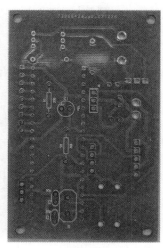

（b）反面

图 3-16   自动翻盖垃圾桶控制系统的 PCB

图 3-17　自动翻盖垃圾桶控制系统的实物作品

表 3-3　自动翻盖垃圾桶控制系统实物测试记录

测试内容	方法、工具	测试结果 （完成则打勾√）	若有问题，试分析并解决
检查电路板	目测，万用表等		
元器件识别与装配	目测，万用表等		
焊接	电烙铁、万用表等		
检查线路通、断	万用表等		
代码下载	工具：单片机、下载器。 代码文件：zn3-lajitong.hex。 下载方法参考附录 C		
功能测试，参考表 3-2	电源、万用表等		
其他必要的记录			
判断单片机是否工作：工作电压为 5V 的情况下，振荡脚电平约为 2V，ALE 脚电平约为 1.7V			
给自己的实践评分：	反思与改进：		

3.8　拓展设计——及时清理

① 增加垃圾满的报警功能。

② 增加开盖维持 5s 倒计时，用一位数码管显示，或是用 LED 灯条显示。

③ 参考图 3-18，自行进行其他创新。

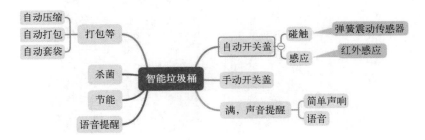

图 3-18　智能垃圾桶控制系统思维导图

3.9　技术链接

1．红外避障模块作为感应传感器

红外避障模块（见图 3-19）对环境光线适应能力强，具有一对红外线发射与接收管，发射管发射出一定频率的红外线，当检测方向遇到障碍物（反射面）时，红外线反射回来被接收管接收，经过比较器电路处理之后，绿色指示灯会亮起，同时信号输出接口输出数字信号（一个低电平信号），可通过电位器旋钮调节检测距离，有效距离范围为 2～30cm，工作电压为 3.3～5V，检测角度为 35°。检测距离可以通过电位器进行调节，顺时针调电位器，检测距离增大；逆时针调电位器，检测距离减小。红外避障模块具有干扰小、便于装配、使用方便等特点，可以广泛应用于机器人避障、避障小车、流水线计数及黑白线循迹等众多场合。红外避障模块电路如图 3-20 所示。

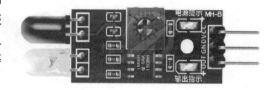

图 3-19　红外避障模块实物

因传感器使用主动红外线反射探测技术，所以目标的反射率和形状对探测距离有显著影响。传感器对黑色目标的探测距离小于对白色目标的，对小面积目标的探测距离小于对大面积目标的。

传感器模块输出端口 OUT 可直接与单片机 IO 口连接，也可以直接驱动一个 5V 继电器；模块上采用 LM393 比较器，工作稳定。可采用 3～5V 直流电源对模块进行供电。当电源接通时，红色电源指示灯点亮；具有 3mm 的螺丝孔，便于固定、安装；电路板尺寸为 3.2cm×1.4cm。

模块接口说明：

① VCC：外接 3.3～5V 电压（可以直接与 5V 单片机和 3.3V 单片机相连）。

② GND：外接 GND。

③ OUT：小板数字量输出接口（0 和 1）。

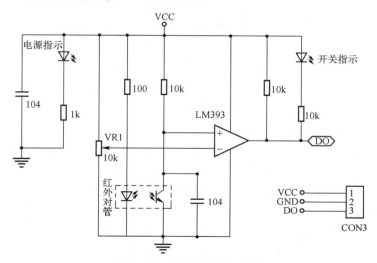

图 3-20　红外避障模块电路

2．震动传感器检测是否碰撞

（1）震动开关 SW-18010P

常开高灵敏度震动开关 SW-18010P 如图 3-21 所示，为密封弹簧型、无方向性震动感应触发开关，任何角度均可触发。开关在静止时为开路状态，当受到外力碰触而达到相应震动力时，或移动速度达到适当离（偏）心力时，导电接脚会产生瞬间导通状态；当外力消失时，开关恢复为开路状态。震动开关可用于各种震动触发作用的产品，如防盗报警、小车、玩具、鞋灯、发光礼品、电子积木等。

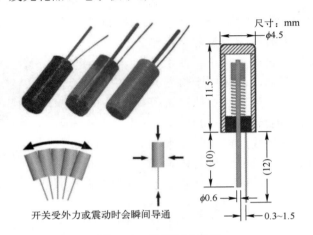

图 3-21　弹簧震动开关

（2）震动模块

用震动开关 SW-18010P 制成的震动模块如图 3-22 所示。尺寸为 3cm×1.6cm。

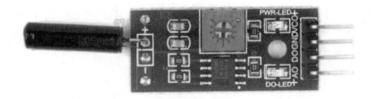

图 3-22　震动模块实物

① VCC：外接 3.3～5V 电压（可以直接与 5V 单片机和 3.3V 单片机相连）。

② GND：外接 GND。

③ DO：数字量输出接口（0 和 1）。

模块在无震动或者震动强度达不到设定阈值时，DO 输出高电平；当外界震动强度超过设定阈值时，震动开关瞬间导通，DO 输出低电平，绿色指示灯亮。DO 可以与单片机直接相连，通过单片机来检测高低电平，由此来检测环境的震动。

震动模块电路如图 3-23 所示。

使用注意：正确接线！正负接反易烧坏模块。模块在感应到小的震动时，触发时间会很短，不能驱动继电器，故不宜和继电器模块直接相连。

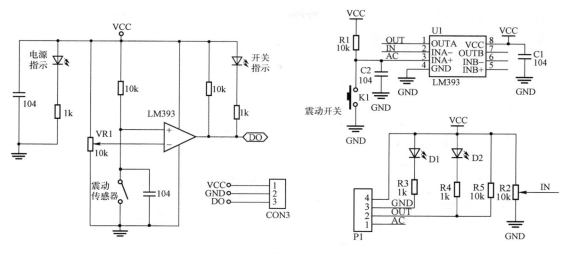

图 3-23　震动模块电路

3．红外 TCRT5000 循迹模块检测垃圾桶是否满

TCRT5000 循迹模块实物如图 3-24 所示，主要用于电度表脉冲数据采样、传真机和碎纸机纸张检测、障碍检测、黑白线检测等。

（a）　　　　　　　　　　　　　　　（b）

图 3-24　红外 TCRT5000 循迹模块实物

TCRT5000 循迹模块的检测反射距离为 1～25mm，故可用于检测垃圾桶是否满。工作电压为 3.3～5V，输出为数字开关量 0 和 1，PCB 尺寸为 3.2cm×1.4cm。

模块中主要用了 TCRT5000 传感器，红外发射二极管不断发射红外线；当发射出的红外线没有被反射回来或被反射回来但强度不够大时，红外接收管一直处于关断状态，模块的输出端为高电平，指示二极管一直处于熄灭状态；当被检测物体出现在检测范围内时，红外线被反射回来且强度足够大，红外接收管饱和，模块的输出端为低电平，指示二极管被点亮。

模块的接线方式：

VCC：接电源正极（3～5V）。

GND：接电源负极。

DO：TTL 开关信号输出，0 或 1。

红外 TCRT5000 循迹模块电路如图 3-25 所示。

4．设计蜂鸣器 12095 的封装

12095 蜂鸣器的封装尺寸如图 3-26 所示，两脚间距为 7.6mm，轮廓圆的直径为

12mm，且引脚的直径约 2mm。在制作封装时注意选择焊盘的孔径至少为 2mm（80th），如图 3-27 所示，可选 C-120-80，若无该焊盘，可自行创建。

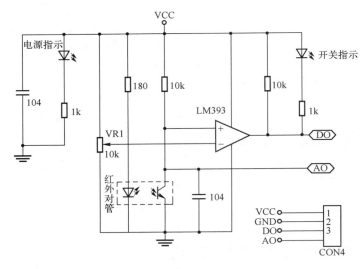

图 3-25　红外 TCRT500 循迹模块电路

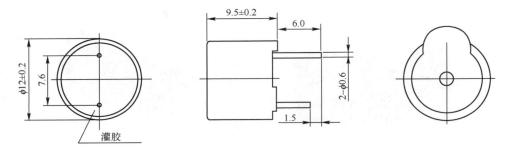

图 3-26　12095 蜂鸣器的封装尺寸（单位：mm）

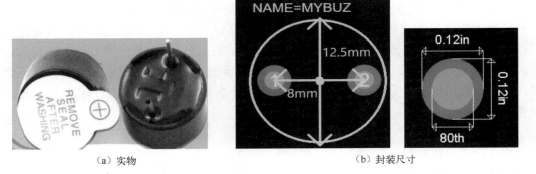

（a）实物　　　　　　　　　　　　　　（b）封装尺寸

图 3-27　蜂鸣器实物及设计的封装尺寸

项目4 安全告知——模拟汽车外灯控制系统

汽车外灯的作用主要是为了提高行车安全性，提醒其他车辆和行人注意避让，以及在恶劣天气条件下提供更好的视线。

4.1 产品案例

汽车外灯主要有转向灯、刹车灯、雾灯、近光灯、远光灯等，如图4-1所示。

图4-1 汽车外灯

转向灯：车辆转弯时点亮的重要指示灯，提醒前、后、左、右车辆和行人注意。

刹车灯：亮度强，用来提醒后车小心前车减速或停车，以防追尾。

雾灯：在雾天行车时提高能见度，确保迎面而来的车辆及时发现后安全会车。

近光灯：满足车辆在照明条件较为良好的路面行驶时进行补充照明。照射角度偏低，距离短，照射范围大。在夜晚没有路灯的道路以及在傍晚天色较暗或黎明曙光初现时开车，都务必打开近光灯；驾驶视线在大雾、下雪或下暴雨等恶劣天气情况下必然受遮挡，这时也应打开近光灯。

远光灯：满足车辆在照明条件极差的路面行驶时进行完全照明，但对行人以及来车驾驶员视野的影响巨大，所以只有在周围没有其他交通参与者且没有光线时方可使用。

4.2 项目要求与分析

1. 目标与要求

本项目将设计与制作一款简易的模拟汽车外灯控制系统，控制逻辑与实际产品一样，教学目标、项目要求与建议教学方法见表4-1。

扫码看视频

表 4-1 汽车外灯控制系统的教学目标、项目要求与建议教学方法

	知识	技能	素养
教学目标	① 理解转向灯的控制逻辑； ② 理解制作元器件封装的流程； ③ 了解其他车外灯的点亮条件	① 掌握汽车外灯控制系统电路设计； ② 学会应用程序设计； ③ 能查阅资料，创设拓展功能； ④ 能完成汽车外灯控制系统 PCB 设计	① 合理操控汽车外灯，告知他人行车意图，预防车祸，安全出行爱己爱人，珍惜生命； ② 有序思维，有序做事； ③ 技术改变生活，科技强国富民
项目要求	采用直流小电机模拟汽车发动机，具有起动、刹车、直行、左转、右转及相应的灯控、灯照功能。 ① 开车时，电机转，直行，所有灯灭；左转，左方灯闪烁亮；右转，右方灯闪烁亮。 ② 刹车时，电机停，后方两灯亮，前方两灯均不亮。 ③ 停车时，电机停，所有灯灭		
建议教学方法	析—设—仿—做—评		

2. 自上而下进行项目分析

根据项目要求，划分功能模块，构建系统框架，如图 4-2 所示。根据汽车直行及各种转向状态，开/关相应的外灯及控制电机的运转。

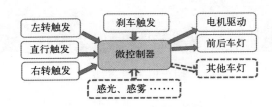

图 4-2 汽车外灯控制系统框架图

扫码看视频

4.3 任务 1：系统电路设计

汽车直行及各种转向状态由按钮合断来模拟。设置两个前灯、两个后灯；汽车动力系统用直流电机代替，但对电机需要增加驱动电路。完整的电路设计如图 4-3 所示。

单片机引脚资源分配：因外围元器件比较简单，引脚可自由分配。一般 P3 口留作通信及中断、计数等。

注意：图 4-3 中粗斜体字为网络标号。直流小电机的工作电流为 10～50mA，所以从单片机输出的控制信号需要增加驱动电路。本项目中采用并联非门扩大电流。

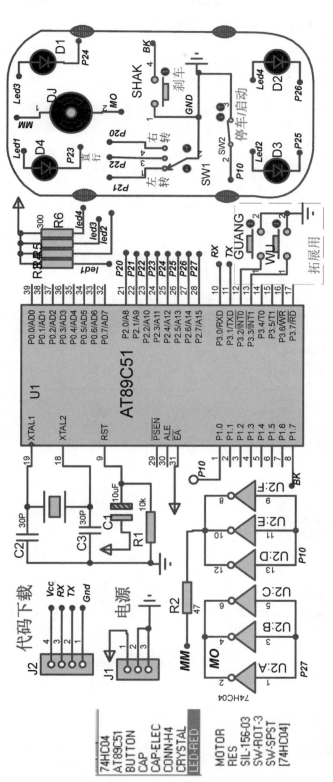

（b）原理图

图 4-3　汽车外灯控制系统完整的电路设计

（a）元器件

4.4 任务 2：系统程序设计与仿真测试

扫码看视频

1. 程序构思及头文件

汽车外灯控制系统在汽车启动后开始工作，电机转动并不断循环查看行车方向，从而确定灯亮的状态。汽车不启动，电机不动，一切转向无效。汽车外灯控制系统的软件构思如图 4-4 所示。

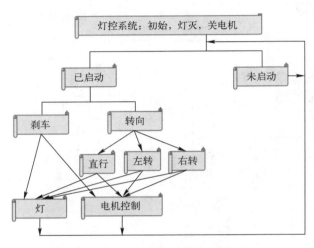

图 4-4 汽车外灯控制系统的软件构思

在 Proteus、Keil 或其他软件开发工具中，创建工程 zn4-qikongden、源程序 C 文件 zn4-qikongden.c，创建头文件 myhead.h、dly_nms.h。

主控程序中涉及的头文件如图 4-5、图 4-6 所示。

```
#ifndef __myhead_H__
#define __myhead_H__


#include<reg51.h>
#include<intrins.h>
typedef   unsigned char U8 ;
typedef   unsigned int U16;

#endif
```

图 4-5 头文件 myhead.h

```
2   #include  "myhead.h"
3   #define   NOP   _nop_()
4
5  #ifndef   _Dly_nms_h__
6   #define   _Dly_nms_h__
7
8   void Dly_nms(U16 time)
9  { U8 i;
10    for( ;time>0; time-- )
11      { for( i=0;i<182;i++ )
12          { NOP;NOP; }
13      }
14  }
15  #endif
```

图 4-6 头文件 dly_nms.h

2. 主控程序 zn4-qikongden.c

```
//汽车外灯控制装置，晶振 11.059MHz
#include "myhead.h"
#include "dly_nms.h"
```

```
sbit    star_stop   = P1^0;
sbit    turn_left   = P2^1;              //左转挡位
sbit    turn_right  =P2^0;               //右转挡位
sbit    run_strt    =P2^2;               //直行挡
sbit    left_front  =P2^3;               //输出控制 4 个方向灯
sbit    left_back   =P2^5;               //左后灯
sbit    right_front =P2^4;               //右前灯
sbit    right_back  =P2^6;               //右后灯
sbit    bkcar   =P1^7;                   //刹车
sbit    motor   =P2^7;                   //电机

//stop                                   //止动，关灯
void stop( )
{ left_front=1;
  left_back=1;
  right_front=1;
  right_back=1;
  motor=1;
}
void main( )
{ U8 keystate;
  stop( );
  star_stop=1;
  turn_left=1;                           //左转挡位
  turn_right=1;                          //右转挡位
  run_strt=1;
  while(1)
  { star_stop=1;
    _nop_( );
    while(star_stop==0)
    { if(bkcar==1)                       //非刹车
        { keystate=(~P2)&0x07;
          switch(keystate)
          { case 1:                      //右转
              { motor=1;
                left_front=1;left_back=1;
                right_front=~right_front;
                right_back=~right_back;
                Dly_nms(500); break;
              }
            case 2: //左转
              { motor=1;
                right_front=1;right_back=1;
```

```
                          left_front=~left_front;left_back=~left_back;
                          Dly_nms(500);break;
            }
        case 4://直行
        {       left_front=1;left_back=1;
                right_front=1;right_back=1;
                motor=1;break;
        }
    }
}
else   //刹车，关前灯，亮后灯
{  left_front=1; right_front=1;
   left_back=0;right_back=0;
   motor=0;
}
}
stop( );
}
}
```

3．仿真测试

① 电路中所有的接插件无须仿真，双击接插件，在弹出的对话框中勾选 ☑ Exclude from Simulation 。

② 编辑编译以上程序并生成目标代码文件 zn4-qikongden.hex。

③ 双击单片机，打开单片机编辑属性栏，加载目标代码文件 Program File: Objects\zn4-qikongden.hex ，设置时钟频率为 11.059MHz Clock Frequency: 11.059MHz 。

④ 单击仿真按钮 ▶ 启动仿真，并填写表 4-2。

表 4-2　汽车外灯控制系统仿真测试记录

操控状态	电机 动/不动？	灯的状态 （前、后、左、右灯 亮灭状态 ）	测试		若有问题，试分析 并解决
			仿真测试 （正确则 打勾√）	实物测试 （完成则 打勾√）	
汽车未启动，直行	不动	灭			
汽车未启动，左转	不动	灭			
汽车未启动，右转	不动	灭			
汽车启动，刹车	不动	灭			
汽车启动，直行	转动	灭			
汽车启动，左转	转动	两左灯闪			
汽车启动，右转	转动	两右灯闪			
汽车启动，刹车	不动	两后灯亮			

4.5 任务 3：PCB 设计

扫码看视频

1. 设计准备

单击设计浏览器按钮![图标]，打开如图 4-7 所示的元器件列表，可查看元器件编号、类型、值、封装等信息。有些元器件的封装不合适或缺失，需要自己制作，如图 4-7 中画框的元器件。元器件的封装制作参见 4.8 节。

注意设置图 4-7 中画框元器件的封装。

（1）补充元器件编号

参考图 4-3、图 4-7 对各个按钮、开关设置编号，如刹车按钮的编号为 SHAK，两个拓展按钮的编号分别为 GUANG、WU，电机的编号为 DJ。

Reference	Type	Value	Package	
U1 (AT89C51)	AT89C51	AT89C51	DIL40	
WU	BUTTON		BUT-2-SMT-6*3.7	
GUANG	BUTTON		BUT-2-SMT-6*3.7	
SHAK	BUTTON		BUT-6MM	自制封装
C3 (30P)	CAP	30P	CAP10	
C2 (30P)	CAP	30P	CAP10	
C1 (10uF)	CAP-ELEC	10uF	ELEC-RAD10	
J2	CONN-H4		CONN-SIL4	
X1	CRYSTAL		XTAL18	
D3 (LED-RED)	LED-RED	LED-RED	LED	
D2	LED-RED		LED	设置封装
D1	LED-RED		LED	
D4	LED-RED		led	
DJ (5V)	MOTOR	5V	SIL-156-02	
R6 (300)	RES	300	RES40	
R5 (300)	RES	300	RES40	
R4 (300)	RES	300	RES40	
R3 (300)	RES	300	RES40	
R2 (47)	RES	47	RES40	
R1 (10k)	RES	10k	RES40	
J1 (SIL-156-03)	SIL-156-03	SIL-156-03	3PIN-POWER	
SW1 (Z1D3CF)	SW-ROT-3	Z1D3CF	SWITCH1-3	自制封装
SW2	SW-SPST		SW-2-1	

图 4-7　在设计浏览器中查看封装等信息

编号就像每个元器件的身份证号一样，不能重复，具有唯一性。

（2）确认元器件是否参与 PCB 设计

确认对于应该出现在 PCB 上的元器件，不能勾选 ☐ Exclude from PCB Layout 。

本项目中的按钮、接插件、电机等都要出现在 PCB 上。

（3）设置元器件的封装

如图 4-7 所示，画框的元器件封装均需设置或是自行创建。例如，电机的封装就用接插件 sil-156-02 代替。

注意：若已连入电路中的元器件禁止设置封装，则在空白处放置相应元器件，再设置封装。设置封装后，元器件各引脚旁可能出现对应的焊盘编号。

参考图 4-8 设置 LED 的封装。参考图 4-9 设置启动按钮两脚拨动开关 SW2 的封装。

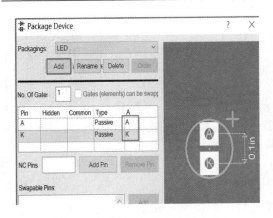
图 4-8　设置 LED 的封装为 LED

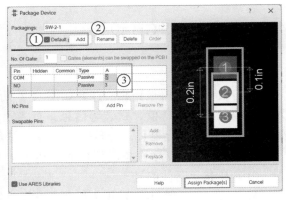
图 4-9　设置启动按钮 SW2 的封装为 SW-2-1

参考图 4-10 设置感光 GUANG、感雾 WU 两个按钮的封装为 BUT-2-SMT-6*3.7。

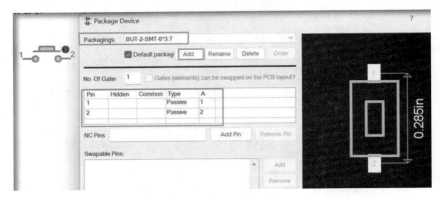

图 4-10　设置两个拓展按钮的封装为 BUT-2-SMT-6*3.7

参考图 4-11 设置刹车控制按钮 SHAK 的封装。该封装的设计请参考 4.8 节。

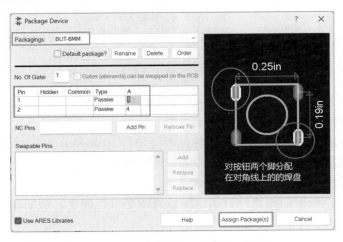

图 4-11　设置刹车按钮的封装为 BUT-6mm

参考图 4-12，设置三脚电源插座 J1 的封装。该封装的设计请参考 4.8 节。

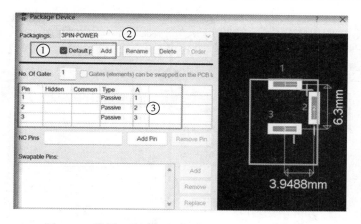

图 4-12　设置三脚电源插座的封装为 3PIN-POWER

参考图 4-13 设置单刀三掷开关 SW1 的封装。封装中焊盘由上到下的编号依次为 1～4。该封装的设计请参考 4.8 节。

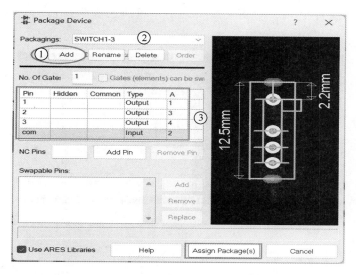

图 4-13　设置单刀三掷开关 SW1 的封装为 SWITCH1-3

2．布局、布线、3D 预览

（1）设置布局、布线等规则

设置布局、布线等规则的步骤见图 1-20 及其相关内容。

（2）布局、3D 预览

布局时应先放置核心器件单片机，最小系统中的电阻、电容等应围绕单片机进行布局，特别是振荡电路中的晶振、滤波电容紧挨着单片机的振荡引脚。考虑到操作的便捷性，接插件尽量布局在电路板周边。转向 LED 灯的布局形状及顺序必须与原理图一致。

布局时往往以手动布局为主，可根据需要，自动布局部分元器件，单击布局按钮进行相应操作。PCB 的布局结果如图 4-14 所示。

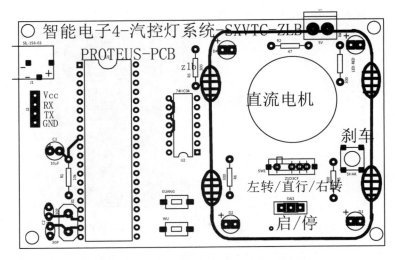

图 4-14　汽车外灯控制系统的 PCB 布局结果

考虑到小电机放置空间，需要合理安排小电机所占面积，占用直径 24mm 的圆，如图 4-15 所示。

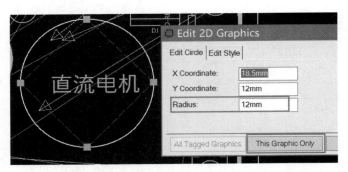

图 4-15　画圆，设置半径为 12mm

单击 3D 预览按钮 ，进行 3D 预览，如图 4-16 所示。

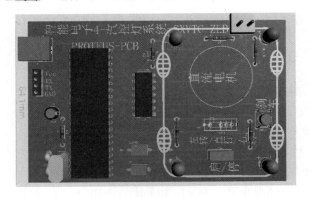

图 4-16　汽车外灯控制系统 PCB 的 3D 预览

（3）布线及完善

单击布线按钮 ，各参数采用默认值进行布线，结果如图 4-17 所示。

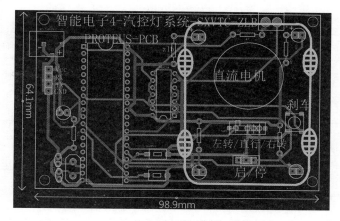

图 4-17 汽车外灯控制系统 PCB 的布线结果

如果要在 PCB 上绘制一些非电气图案，可参考图 1-24 及其相关内容。

3．输出生产文件

单击 PCB 设计窗口中的菜单 Output→Generate Gerber/Excellon Output，输出生产文件。具体操作参考 A.2.6 节。

扫码看视频

4.6 任务 4：作品制作与调试

将 PCB 生产文件压缩包送制板厂，加工出 PCB，如图 4-18 所示。
汽车外灯控制系统实物如图 4-19 所示。参考表 4-3 进行实物测试、排除故障，直至成功。

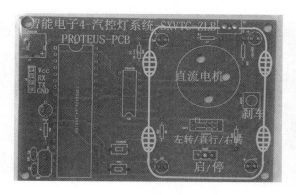

图 4-18 汽车外灯控制系统 PCB

图 4-19 汽车外灯控制系统实物作品

表 4-3 汽车外灯控制系统实物测试记录

测试内容	方法、工具	测试结果（完成则打勾√）	若有问题，试分析并解决
检查电路板	目测，万用表等		
元器件识别与装配	目测，万用表等		
焊接	电烙铁、万用表等		

续表

测试内容	方法、工具	测试结果 （完成则打勾√）	若有问题，试分析并解决
检查线路通、断	万用表等		
代码下载	工具：单片机、下载器。 代码文件：zn4-qikongden.hex。 下载方法参考附录 C		
功能测试，参考表 4-2	电源、万用表等		
其他必要的记录			
判断单片机是否工作：工作电压为 5V 的情况下，振荡脚电平约为 2V，ALE 脚电平约为 1.7V			
给自己的实践评分：	反思与改进：		

4.7　拓展设计——迷雾点灯

资料查阅与讨论：查阅车用"感知"元器件，探索自动驾驶汽车"看"路的奥秘。

① 自行查阅其他车外灯资料，尝试增加前探照灯，光线较暗时能自动打开。

② 尝试增加前后雾灯，大雾或能见度低时，自动打开雾灯。

汽车雾灯的主要作用是在雨雾天气等低能见度条件下，为其他车辆和行人提供更好的视线，帮助驾驶员提高自身及周围交通参与者的可见度，从而有效预防事故的发生。如图 4-20、图 4-21 所示，汽车雾灯分为前雾灯和后雾灯：前雾灯通常为明亮的黄色信号灯，提供高亮度的散射光源，具有较强的穿透力，能够穿透浓雾，起到照明和提醒对面车辆行人的作用；后雾灯则是发光强度较大的红色信号灯，使后方车辆和其他交通参与者容易发现。特别注意：雾灯应在适当的条件下使用，如在能见度小于 200m 的雨雾天气中。在正常情况下，如晴朗的夜晚，使用雾灯可能会对其他驾驶员造成干扰，影响安全。

（a）前雾灯

（b）后雾灯

图 4-20　前后雾灯示例

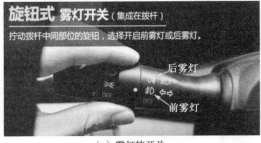

（a）雾灯的开关

（b）雾灯指示案例

图 4-21　雾灯的开/关及指示案例

4.8　技术链接

1．300 直流电机参数

一种 300 直流电机如图 4-22 所示。其他 300 直流电机工作电流参数可能不尽相同，在选用时要仔细看清楚。

图 4-22　300 直流电机

2．设计 3mm×6mm×2.5mm 二脚贴片微动按钮的封装

3mm×6mm×2.5mm 二脚贴片微动按钮实物如图 4-23 所示，封装尺寸如图 4-24 所示。参考图 4-25 制作其封装，贴片焊盘选择尺寸为 25mm×40mm 或 25mm×75mm。

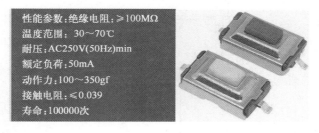

图 4-23　3mm×6mm×2.5mm 二脚贴片微动按钮参数及外观

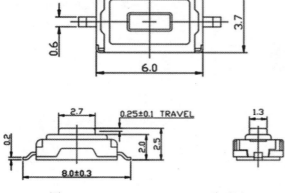

图 4-24　3mm×6mm×2.5mm 二脚贴片
微动按钮的封装尺寸（单位：mm）

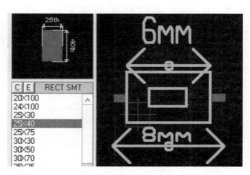

图 4-25　3mm×6mm×2.5mm 二脚贴片
微动按钮的封装制作

参考图 4-26 将贴片按钮的封装入库。

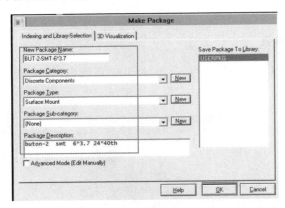

图 4-26　将 3mm×6mm×2.5mm 二脚贴片微动按钮的封装入库

3．设计通孔 6mm×6mm 四脚微动按钮的封装

通孔 6mm×6mm 四脚微动按钮的尺寸如图 4-27 所示。请参考图 4-28 自行创建封装。参考图 4-29 将封装入库。

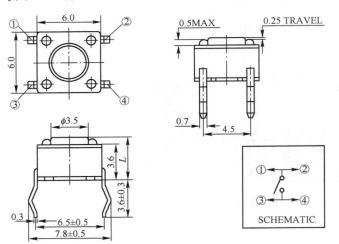

图 4-27　通孔 6mm×6mm 四脚
微动按钮的封装尺寸（单位：mm）

图 4-28　通孔 6mm×6mm 四脚
微动按钮尺寸图

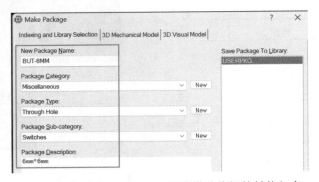

图 4-29　将通孔 6mm×6mm 四脚微动按钮的封装入库

4．制作单排三脚二挡拨动开关的封装

单排三脚二挡拨动开关 SS12D00G4 如图 4-30 所示。参考图 4-31 设计封装，引脚间距为标准的通孔间距 2.54mm，中间脚为公共脚。

（a）主要参数　　　　　　　（b）实物　　　　　（c）封装设计参考

图 4-30　单排三脚二挡拨动开关 SS12D00G4 及其参数

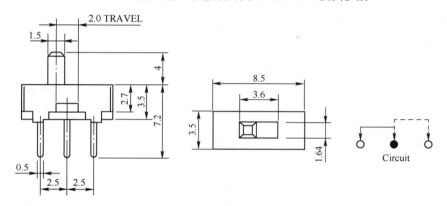

图 4-31　单排三脚二挡拨动开关 SS12D00G4 尺寸图（单位：mm）

参考图 4-32 将封装入库。

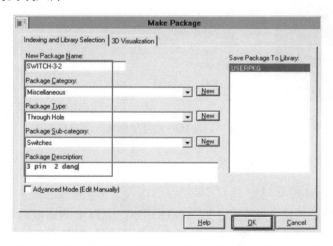

图 4-32　将单排三脚二挡拨动开关 SS12D00G4 的封装入库

扫码看视频

5．制作四脚三挡拨动开关（SW1）的封装

三挡开关型号多，不同型号的三挡开关引脚位置、焊盘尺寸、电气连接方式可能不一

样。购买开关、设计 PCB 时要注意开关封装及引脚电气连接。制作前要用万用表对开关引脚进行电气测试，并用量具对其引脚、焊盘等尺寸进行测量。图 4-33 所示是本项目使用的一种。具体封装制作可参考相关视频。封装命名 SWITCH1-3，参考图 4-34 将封装入库。

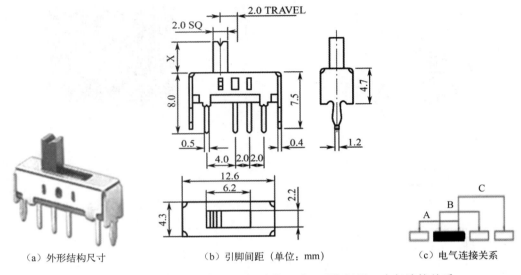

（a）外形结构尺寸　　　　　（b）引脚间距（单位：mm）　　　　　（c）电气连接关系

图 4-33　四脚三挡拨动开关的外形结构尺寸、引脚间距、电气连接关系

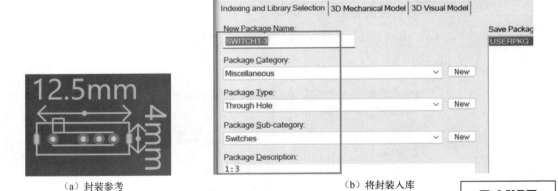

（a）封装参考　　　　　　　　　　　　　　（b）将封装入库

图 4-34　四脚三挡拨动开关封装参考及将封装入库

6. 制作电源插座 DC005 的封装

（1）电源插座的外形及尺寸

电源插座的外形及其相应封装尺寸如图 4-35 所示，引脚 4 为正极脚。实物如图 4-36（a）所示。根据图 4-35 中各尺寸，假设以当下方向左下角为相对原点，则各关键点的相对坐标如图 4-36（b）所示。接下来制作封装时就根据相对坐标来定位。特别注意插座的引脚是宽扁的，约为 3mm×0.8mm，即 120th×32th，这就决定了焊盘的孔的开关及大小。此扁平的焊盘暂且用孔径为 120th 的圆形焊盘代替。

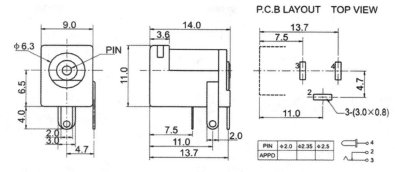

图 4-35　电源插座 DC005 的外形及其相应封装尺寸（单位：mm）

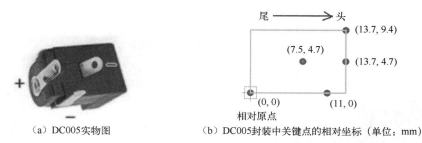

（a）DC005实物图　　　　　　（b）DC005封装中关键点的相对坐标（单位：mm）

图 4-36　电源插座 DC005 的实物及封装关键点定位

说明：因生产厂家不同，封装尺寸略有差别。

（2）创建名为 M3 的焊盘，制作封装

单击圆形通孔焊盘按钮 ◉，如图 4-37 所示，创建名为 M3 的焊盘，具体操作可参考相关视频。

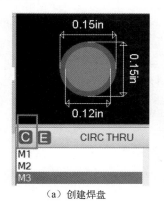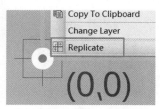

（a）创建焊盘　　　　（b）确定相对原点、复制焊盘　　　（c）输入焊盘相对坐标数据

图 4-37　设计电源插座封装的要点

（3）对焊盘编号

单击菜单 Tools→Auto Name Generator，打开如图 4-38（a）所示的自动命名生成器。因焊盘编号只有数字，无须前缀，所以 String 栏空白，Count 从"1"开始，单击 OK 按钮；将光标移到右侧的焊盘后单击，则焊盘上出现编号 1，依次单击其他焊盘，编号结果如图 4-38（b）所示。

（4）放置元器件编号的标记 REF，将封装入库

单击 2D 模式栏的 ✚，再单击对象选择器中的 REFERENCE，在封装的中间或上方单

击，放置编号的位置标记 REF，如图 4-39（a）所示。将图 4-39（a）全选（右击按住鼠标拉出包围全部设计的框，松开），单击 PCB 工具栏中的 ，打开如图 4-39（b）所示的 **Make Package** 对话框，在其中命名封装并将封装入库，单击 OK 按钮完成。图 4-39（c）为该封装的 3D 预览。

（a）自动命名生成器

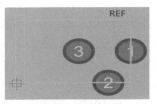
（b）焊盘编号的结果

图 4-38　对焊盘编号

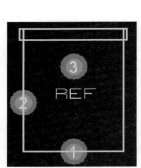
（a）元器件标注

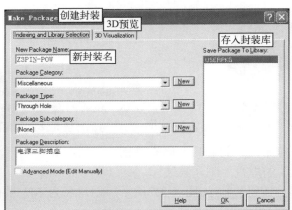
（b）命名封装并将封装入库等设置

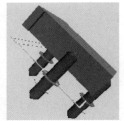
（c）封装的 3D 预览

图 4-39　放置元器件标注

（5）DC002-3.5mm 直流电源插头母座

若选用更小的电源插座，如 DC002，可参考图 4-40 自行制作其封装。

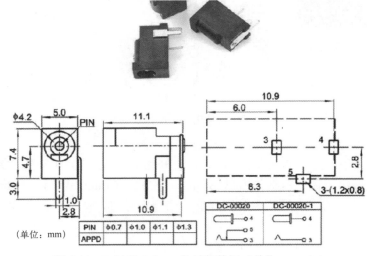

图 4-40　DC002-3.5mm 的封装数据（单位：mm）

项目 5　乐音扬扬——玩具电子琴

　　玩具电子琴是一种寓教于乐的玩具，可以培养儿童的音乐兴趣和创造力，同时可以锻炼他们的手眼协调能力并促进智力发展。

5.1　产品案例

　　常见的玩具电子琴如图 5-1 所示，是一种电子键盘乐器，属于电子合成器。玩具电子琴有丰富的音色和音效，可以模拟多种乐器的声音。有的玩具电子琴还可进行简单对话，如播放小狗的旺旺声，提问："这是什么声音？"让小孩去按有小狗图案的按键，若按对了，则发出"答对了，你真棒！"等语音。

(a)

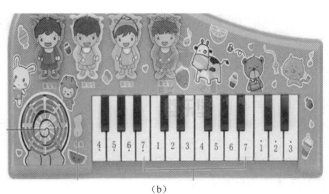

(b)

图 5-1　两款常见的玩具电子琴产品案例

扫码看视频

5.2　项目要求与分析

1. 目标与要求

本项目将设计与制作一款简化的玩具电子琴，控制逻辑与实际产品一样，教学目标、项目要求与建议教学方法见表 5-1。

表 5-1　玩具电子琴的教学目标、项目要求与建议教学方法

	知识	技能	素养
教学目标	① 理解电子元器件的发声原理； ② 理解一键多功能技术； ③ 了解音乐芯片、点光源 WS2812B	① 掌握玩具电子琴接口电路设计； ② 学会应用程序设计； ③ 能查阅资料，创设拓展功能； ④ 能正确完成玩具电子琴 PCB 设计	① 赏乐修心； ② 学有所用，学有所创； ③ 有序思维，有序做事； ④ 生活、技术与艺术相结合，创造美好生活
项目要求	① 设计一个玩具电子琴：有 8 个键，代表 DO、RE、MI、FA、SAO、LA、XI、高一阶 DO，按某键，发某音。 ② 有直接播放音乐的按键，共设计三首音乐供切换。 ③ 再设一按键，可切换 16 个 LED 的花样动态显示		
建议教学方法	析一设一仿一做一评		

2. 自上而下进行项目分析

根据项目要求，划分功能模块，构建系统框架，如图 5-2 所示。

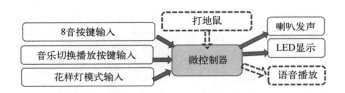

图 5-2　玩具电子琴系统框架图

系统分三类输入、两类输出。图 5-2 中虚线框内部分为拓展内容。

扫码看视频

5.3　任务 1：系统电路设计

玩具电子琴完整的电路设计如图 5-3 所示。

单片机引脚资源分配：8 音按键，分配在 P1 口；16 个 LED 分配在 P0 口、P2 口；P3 口一般留作通信及中断、计数等；喇叭分配在 P3.6 口；播放音乐、切换花样灯的按键分配在外部中断 P3.3 口、P3.2 口。

注意：图 5-3 中粗斜体字为网络标号。

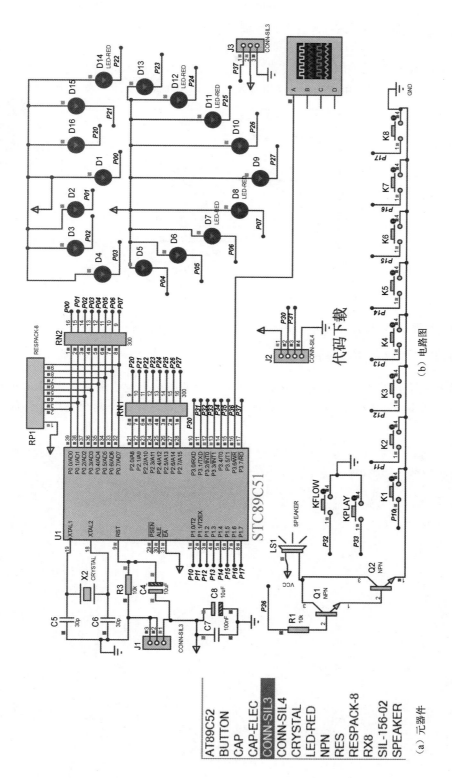

图 5-3　玩具电子琴完整的电路设计

（b）电路图

代码下载

（a）元器件

AT89C52
BUTTON
CAP
CAP-ELEC
CONN-SIL3
CONN-SIL4
CRYSTAL
LED-RED
NPN
RES
RESPACK-8
RX8
SIL-156-02
SPEAKER

5.4 任务 2：系统程序设计与仿真测试

在 Proteus、Keil 或其他软件开发工具中，创建工程 zn5-dianziqing，工程结构如图 5-4 所示。创建程序文件 zn5-dianziqing.c、nflow.h、music_data.h。

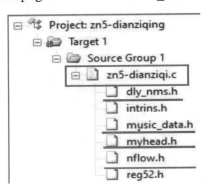

扫码看视频

图 5-4 玩具电子琴程序的工程结构

注：另将项目 4 中的 myhead.h、dly_nms.h 复制到当前工程中。

1. LED 显示花样程序设计 nflow.h

16 个 LED 灯被排列成一个爱心形状，以下设计了在这个爱心形状上实现 4 种动态光点显示效果：亮 LED1～LED16 的爱心亮起；一个亮点顺时针跑；两个亮点相伴起舞；多点闪烁共舞。

```c
#ifndef __nflow_H__
#define __nflow_H__

#include "dly_nms.h"
U8 num,num1;

U8 code ledtable[]={0x7f,0xbf,0xdf,0xef,0xf7,0xfb,0xfd,0xfe};
U8 code ledtable2[]={0x7f,0xbf,0xdf,0xef,0xf7,0xfb,0xfd,0xfe};

/*以下为 N 种流水灯的流动花式*/
void turn()                          //亮 LED1～LED16 的爱心亮起（4 次）
{   U8 tmp;
    for(num1=0;num1<4;num1++)
    {   tmp=0xfe;
        for(num=0;num<8;num++)
        {
                P0=tmp<<num;
                Dly_nms(200);
        }
        tmp=0x7f;
        for(num=0;num<8;num++)
```

```c
            {
                P2=tmp>>num;
                 Dly_nms(200);
             }
        P2=0xff;P0=0xff;                //关灯
    }
}
void back()                            //一个亮点顺时针跑
{
    for(num1=0;num1<4;num1++)
    {
            for(num=0;num<8;num++)
            {
                P0=ledtable[num];Dly_nms(200);
            }
            P0=0xff;
            num=7;
          while(num!=0xff)
          {
                P2=ledtable2[num];
                Dly_nms(200);
                num--;
            }
            P2=0xff;
    }
}
void qianhou()                         //两个亮点相伴起舞
{
    for(num1=0;num1<4;num1++)
    {
            for(num=0;num<8;num++)
            {
                P0=ledtable[num];
                P2=ledtable2[num];
                Dly_nms(200);
            }
            P0=0xff; P2=0xff;
         num=7;
            while(num!=0xff)
            {   P0=ledtable[num];
                P2=ledtable2[num];
                Dly_nms(200);
                num--;
            }
            P0=0xff; P2=0xff;
    }
}
void danshuang()                       //多点闪烁共舞
```

```
    {
        for(num1=0;num1<10;num1++)
        {
            P0=0x55;
            P2=0xaa;
            Dly_nms(200);
            P0=0xaa;
            P2=0x55;
            Dly_nms(200);
        }
        P0=0xff;      P2=0xff;
    }

#endif
```

2. 音乐数据准备 music_data.h

（1）根据乐谱（见图 5-5）设计音乐数据

图 5-5　"生日快乐"乐谱

① 认识音高，看上下点。

图 5-5 上的数字就是音符，无上、下点，只有数字的是中音，数字下面带一个点的是低音，带两个点的是超低音；数字上面带一个点的是高音，带两个点的是超高音。

因为本乐谱只有 8 个音符：中音 SO、LA、SI，高音 DO、RE、MI、FA、SO，将它们依次编号为 1、2、3、4、5、6、7、8，所以 5 5 ‖: 6 5 i | 7 - 音符转变为音符码为 1、1、2、1、4、3，那么整首乐曲的音符码数据依次设计到一个数组中：

```
U8 code shengri_tone[]={ 1,1,2,1,4,3,0,      //生日快乐音调
                         1,1,2,1,5,4,0,      //0 代表不发声，即停顿；
                         1,1,8,6,4,4,3,2,0,  //数字即为音调
                         0,7,7,6,4,5,4,0xff  // 0xff 表示结束
```

② 认识音长，看画线。

图 5-5 中开头的 5 5 ‖: 6 5 i | 7 - ，每个数字是一个音符，每个音符需要持续一段时间以足够耳朵听到，一般看下画线、后画线，无下画线的音符为一拍；带一条下画线的

为 1/2 拍；带两条下画线的为 1/4 拍；| **7** – 这里的 "–" 是延长一拍。

本乐谱未明确给出拍速，本设计按一分钟 140 拍设计，第一个音符 5 为 1/2 拍，时长为 60/140*(1/2)=214ms。这个数据结合音乐播放中的延时函数 Dly_nms(9)可得到每个音的时长。

每个音符播放的时长由下面节拍表决定。

```
U8 code shengri_beat[]={                //节拍，即对应 tone 表名音符的时长
    24,24,48,48,48,72,5,                //节拍
        24,24,48,48,48,72,5,
        24,24,48,48,24,24,48,96,5,
            24,24,24,48,48,48,96  };
```

③ 声音的半周期定时数据计算。

声音是由物体的振动产生的。在电磁喇叭上通过一定频率的电流，交变的电场带动喇叭上的薄膜振动，如果振动频率在 20Hz～20kHz，就可以被人耳所听见，也就是产生了蜂鸣声。通过单片机提供给电磁小喇叭不同频率的振荡信号，即音频脉冲，使其发出不同的声音构成音乐。

要产生音频脉冲，只要算出某一音频的半周期，然后利用单片机定时器对此半周期进行定时。每当定时时间到，就将输出音频脉冲的 I/O 口反相，如此不断重复，就可在 I/O 口产生一定频率的方波音频脉冲。

（2）设置定时器/计数器为定时器，计算定时音频半周期的定时初值

设 f_r 是待产生的声音频率；f_{osc} 是晶体振荡频率。

音频半周期所占的机器周期数目：

$$N= (1/(2f_r))/(12/f_{osc})=f_{osc}/24/f_r$$

式中，N 为计数值。

定时值 $T=65536-N=65536-f_i/2f_r=65536-f_{osc}/24/f_r$

例如：当 $f_{osc}=12MHz$，中音 1（DO）：$f_r=523Hz$，得 $T=64580=0xfc44$。

定时器中的数据为：THx=0xfc, TLX=0x44。

依此法，计算 8 个独立按键代表的中音 1～7，高音 1 的定时数据；以及乐谱中音 5 和高音 5 的定时数据，结果见表 5-2。

表 5-2 声音频率及定时半周期的定时初值计算结果

音符	频率	定时初值	音符	频率	定时初值
低 1DO	262Hz	63628	低 6LA	440Hz	64400
#1DO#	277Hz	63731	#6LA#	466Hz	64463
低 2RE	294Hz	63835	低 7SI	494Hz	64524
#2RE#	311Hz	63928	中 1DO	523Hz	64580
低 3MI	330Hz	64021	#1DO#	554Hz	64633
低 4FA	349Hz	64103	中 2RE	587Hz	64684
#4FA#	370Hz	64185	#2RE#	622Hz	64732
低 5SO	392Hz	64260	中 3MI	659Hz	64777
#5SO#	415Hz	64331	中 4FA	698Hz	64820

音符	频率	定时初值	音符	频率	定时初值
#4FA#	740Hz	64860	#2RE#	1245Hz	65134
中 5SO	784Hz	64898	高 3MI	1318Hz	65157
#5SO#	831Hz	64934	高 4FA	1397Hz	65178
中 6LA	880Hz	64968	#4FA#	1480Hz	65198
#6LA#	932Hz	64994	高 5SO	1568Hz	65217
中 7SI	988Hz	65030	#5SO#	1661Hz	65235
高 1DO	1046Hz	65058	高 6LA	1760Hz	65252
#1DO#	1109Hz	65085	#6LA#	1865Hz	65268
高 2RE	1175Hz	65110	高 7SI	1976Hz	65283

（3）由音乐数据到程序表达：music_data.h

```c
#ifndef __music_data_H__
#define __music_data_H__

#include "dly_nms.h"

//以下数组中依次为占位数据 0,0，无具体用途；然后依次为中音 SO、LA、XI,以及高音
DO、RE、MI、FA、SO 的定时半周期数据
U8 code yinfu[]={0,0,
    0xfd,0x82,   0xfd,0xc8,   0xfe,0x06,      0xfe,0x22,
    0xfe,0x56,   0xfe,0x85,   0xfe,0x9a,      0xfe,0xc1
    };
U8 code shengri_tone[]={              //生日快乐音调
    1,0,1,2,1,4,3,0,
    1,0,1,2,1,5,4,0,
    1,0,1,8,6,4,3,2,0,
    7,0,7,6,4,5,4,0xff             //0 代表不发声，即停顿；数字即为音调
    };
U8 code laohu_tone[]={               //两只老虎乐谱
    1,2,3,1,0,1,2,
    3,1,0,3,4,5,0,3,
    4,5,0,5,6,5,4,3,
    1,0,5,6,5,4,3,1,
    0,3,2,1,0,3,2,1,0xff
    };
U8 code yishan_tone[]={              //星星乐谱
    1,1,5,5,6,6,5,
    0,4,4,3,3,2,2,
    1,0,5,5,4,4,3,
    3,2,0,5,5,4,4,
    3,3,2,0,1,1,5,5,
    6,6,5,0,4,4,3,
    3,2,2,1,0xff
    };
```

```
U8 code shengri_beat[]={
    24,1,24,48,48,48,72,5,              //节拍
    24,1,24,48,48,48,72,5,
    24,1,24,48,48,48,48,72,5,
    24,1,24,48,48,48,72,5               //节拍，即 tone 表各音调的延时
    };
U8 code laohu_beat[]={
    24,24,24,48,5,24,24,                //节拍
    24,48,5,24,24,48,5,24,
    24,72,5,24,24,24,24,
    24,48,5,24,24,24,24,24,72,
    5,24,24,48,5,24,24,
    72,5                                //节拍，即 tone 表各音调的延时
    };
U8 code yishan_beat[]={
    24,24,24,24,24,24,48,               //节拍
    5,24,24,24,24,24,24,72,
    5,24,24,24,24,24,24,
    48,5,24,24,24,24,24,24,72,
    5,24,24,24,24,24,24,
    48,5,24,24,24,24,24,24,72,5         //节拍，即 tone 表各音调的延时
    };
#endif
```

3. 主控程序 zn5-dianziqing.c

```
/* 8 个按键发出 8 个基本音，能播放内置音乐，音乐跟随灯光闪烁 */

#include "nflow.h"
#include "music_data.h"
sbit speaker=P3^6;                      //喇叭接 30 脚
sbit keyflow=P3^2;                      //流水灯按键
sbit keyplay=P3^3;                      //播放音乐按键
bit  haveplay=0;
bit  haveflow=0;
U8 a,b,flownum,n1,n2;
U8 music=0;


void check_key();                       // 1,2,3,4,5,6,7,8,
void turn();                            //1～16 依次亮
void back();                            //一个亮点流动
void qianhou();                         //两个亮点流动
void danshuang();                       //多个亮点流动
void playmusic(void);                   //播放音乐

void main()
{
```

```
        flownum=0;                           //流水灯种类标志
        keyflow=1;
        keyplay=1;
        TMOD=0x01;
        TH0=a;                               //定时发声
        TL0=b;
        EA=1;
        ET0=1;
        EX0=1;EX1=1;
        IT0=1;IT1=1;
        while(1)
        {
            check_key();                     // 1,2,3,4,5,6,7,8,
            if(haveplay==1)
                {   haveplay=0; playmusic(); }
            if ( haveflow==0)
            {   switch(flownum)
                    {  case 1: turn();goto clrflowbit;
                       case 2: back();    goto clrflowbit;
                       case 3: qianhou();goto clrflowbit;
                       case 4: danshuang();goto clrflowbit;
                       clrflowbit: haveflow=1;break;
                    }
            }
        }
}


void time0() interrupt 1
{
    TH0=a;
    TL0=b;
    speaker=~speaker;
}
void check_key()
{
    P1=0xff;//先赋给 P1 口高电平
// 8 个键依次代表中音 DO、RE、MI、FA、SO、LA、XI、高音 DO
    switch(P1)//按下一个键相应 4 个灯亮，P0，P2 组为发光二极管组
    {   case 0xfe:P0=0xee;P2=0x77;a=0xfc;b=0x44;TR0=1;break;
        case 0xfd:P0=0xdd;P2=0xbb;a=0xfc;b=0xac;TR0=1;break;
        case 0xfb:P0=0xbb;P2=0xdd;a=0xfd;b=0x09;TR0=1;break;
        case 0xf7:P0=0x77;P2=0xee;a=0xfd;b=0x34;TR0=1;break;
        case 0xef:P0=0xee;P2=0x77;a=0xfd;b=0x82;TR0=1;break;
        case 0xdf:P0=0xdd;P2=0xbb;a=0xfd;b=0xc8;TR0=1;break;
        case 0xbf:P0=0xbb;P2=0xdd;a=0xfe;b=0x06;TR0=1;break;
        case 0x7f:P0=0x77;P2=0xee;a=0xfe;b=0x22;TR0=1;break;
        default:TR0=0;speaker=0;
    }
```

```
    }
//   花样灯切换
void int0f() interrupt 0
{   if(keyflow==0)
        {       Dly_nms(5);
          if(keyflow==0)
            { flownum++; haveflow=0;
                  while(!keyflow);
            }
        }
    if(flownum==5)
          flownum=1;
}
//   播放音乐切换
void int1f_play() interrupt 2
{       if(keyplay==0)
    {
        Dly_nms(5);
        if(keyplay==0)                  //确认按键按下
        {   music++;
            if(music==4)                //三首音乐循环
              {   music=1;      }
            while(~keyplay);            //等按钮弹起
        }
    }
    haveplay=1;
}


void playmusic(void)//播放生日快乐
{   U8 m=0,c;                           //某音
    U8 s;                               //音长
    P0=0xaa;
    P2=0x55;
    while(1)
      { switch(music)
          { case 1:  c=shengri_tone[m]; //取音符
                        s=shengri_beat[m];  break;       //取节拍

                case 2:  c=laohu_tone[m];                //取音符
                            s=laohu_beat[m];  break;     //取节拍

                case 3:  c=yishan_tone[m];               //取音符
                            s=yishan_beat[m]; break;     //取节拍
            }
          m++;
          if( c==0xff)                                   //结束
            { TR0=0;
```

```
                    P0=0xff;P2=0xff;
                    return;
                }
        a=yinfu[2*c];
        b=yinfu[2*c+1];
        TR0=1;
        while(s--)
        {   Dly_nms(9);                    //C调，3/4拍为187ms
                                           //1/4拍约为62.3ms

            P0=~P0;P2=~P2;
        }
            }
        }
```

4．仿真测试

扫码看视频

① 电路中所有的接插件无须仿真，双击接插件，在弹出的对话框中勾选 ☑ Exclude from Simulation 。

② 编辑编译以上程序并生成目标代码文件 zn5-dianziqing.hex。

③ 双击单片机，打开单片机编辑属性栏，添加目标代码文件 Program File: zn5\Objects\zn5-dianziqing.hex ，设置时钟频率为12MHz Clock Frequency: 12MHz 。

④ 单击仿真按钮 ▶ 启动仿真。结果如图 5-6 所示，按 K1 键，即中音 5，经虚拟示波器测量周期约为 1.95ms，由此计算频率为 512Hz，标准频率为 523Hz，这一点误差可能由仿真测量引起，可忽略不计。

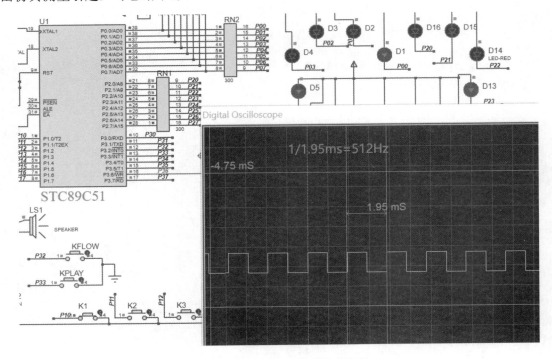

图 5-6　数码管显示仿真测试片段

认真测试玩具电子琴的各项功能，并填写表 5-3。

表 5-3　玩具电子琴综合仿真测试记录

测试内容		仿真测试（填写相关内容）	是否正确	若有问题，试分析并解决
依次按下 K1～K8，声音是否合理？	按下 K1	测周期=		
	按下 K2	测周期=		
	按下 K3	测周期=		
	按下 K4	测周期=		
	按下 K5	测周期=		
	按下 K6	测周期=		
	按下 K7	测周期=		
	按下 K8	测周期=		
第 1 次单击 KFLOW		LED 现象		
第 2 次单击 KFLOW		LED 现象		
第 3 次单击 KFLOW		LED 现象		
第 4 次单击 KFLOW		LED 现象		
第 1 次单击 KPLAY，音乐正常吗？				
第 2 次单击 KPLAY，音乐正常吗？				
第 3 次单击 KPLAY，音乐正常吗？				

5.5　任务 3：PCB 设计

扫码看视频

1. 设计准备

（1）补充元器件编号

参考图 5-7 对所有按键设置编号，音符 1～7、1#按键的编号为 K1～K8；切换花样灯按键的编号为 KFLOW；切换音乐按键的编号为 KPLAY。编号就像每个元器件的身份证号一样，不能重复，具有唯一性。

（2）确认元器件是否参与 PCB 设计

确认对于应该出现在 PCB 上的元器件，不能勾选 Exclude from PCB Layout 。

（3）合理设置封装

单击设计浏览器按钮，打开如图 5-7 所示的元器件列表，可查看元器件编号、类型、值、封装等信息。图 5-7 中画框的元器件都要设置封装。参考图 5-8～图 5-11 设置 LED、三极管、按键、电源插座的封装。

图 5-7　在设计浏览器中查看封装等信息

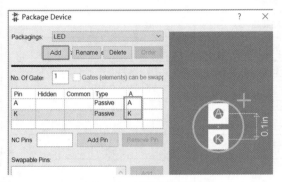

图 5-8　设置 LED 的封装

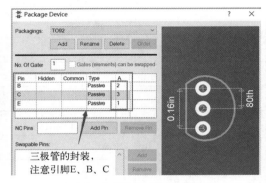

图 5-9　设置三极管的封装

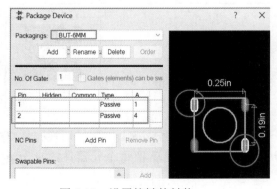

图 5-10　设置按键的封装

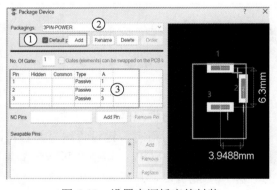

图 5-11　设置电源插座的封装

按键、电源插座的封装制作参考 4.8 节。

注意：若已连入电路中的元器件禁止设置封装，则在空白处放置相应元器件，再设置封装。设置封装后，元器件各引脚旁可能出现对应的焊盘编号。

2．布局、布线、3D 预览

（1）设置布局、布线等规则

设置布局、布线等规则的步骤见图 1-20 及其相关内容。

（2）布局、3D 预览

布局时应先放置核心元器件单片机，最小系统中的电阻、电容等应围绕单片机进行布局，特别是振荡电路中的晶振、滤波电容紧挨着单片机的振荡引脚。考虑到操作的便捷性，接插件尽量布局在电路板周边。LED、各按键的布局顺序应该与原理图一致，疏朗有序。考虑到装配空间，复位电路与振荡电路可布局在底层焊接面。

布局时往往以手动布局为主，可根据需要，自动布局部分元器件，单击布局按钮 进行相应操作。PCB 的布局结果如图 5-12 所示。

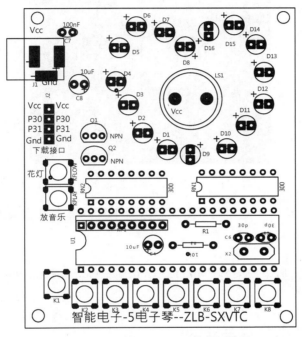

图 5-12 玩具电子琴 PCB 的布局结果

单击 3D 预览按钮 ，进行 3D 预览，如图 5-13 所示。

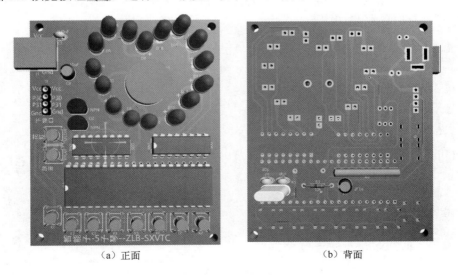

（a）正面   （b）背面

图 5-13 玩具电子琴 PCB 的 3D 预览图

（3）布线及完善

单击布线按钮![按钮]，各参数采用默认值进行布线，结果如图 5-14 所示。

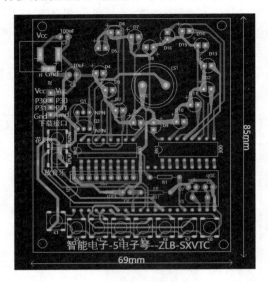

图 5-14　玩具电子琴最终的 PCB 版图

如果要在 PCB 上绘制一些非电气图案，可参考图 1-24 及其相关内容。

3．输出生产文件

单击 PCB 设计窗口中的菜单 Output→Generate Gerber/Excellon Output，输出生产文件。详情参考 A.2.6 节。

5.6　任务 4：作品制作与调试

将 PCB 生产文件压缩包送制板厂，加工出 PCB，如图 5-15 所示。玩具电子琴运行时的照片如图 5-16 所示。

扫码看视频

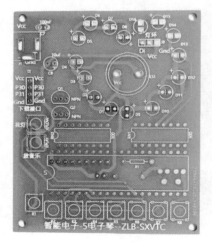

图 5-15　玩具电子琴的 PCB

图 5-16　玩具电子琴运行时的照片

参考表 5-4 进行实物测试、排除故障，直至成功。

表 5-4　玩具电子琴实物测试记录

内容	方法、工具	测试结果 （完成则打勾√）	若有问题，试分析并解决
检查电路板	目测，万用表等		
元器件识别与装配	目测，万用表等		
焊接	电烙铁、万用表等		
检查线路通、断	万用表等		
代码下载	工具：单片机、下载器。 代码文件：zn5-dianziqing.hex。 下载方法参考附录 C		
功能测试，参考表 5-3	电源、万用表等		
其他必要的记录			
判断单片机是否工作：工作电压为 5V 的情况下，振荡脚电平约为 2V，ALE 脚电平约为 1.7V			
给自己的实践评分：	反思与改进：		

提示：也可根据 PCB 版图在洞洞板上制作本项目。

5.7　拓展设计——创变求新

① 向勇于传承与创新的琵琶演奏家方锦龙先生学习，设计出自己的创意玩具电子琴！
② 增加播放音乐的数量。
③ 改变或增加花样灯的效果。
④ 增加琴键，可采用矩阵键盘。
⑤ 参考图 5-17 进行其他创新，也可参考 5.8 节将 LED 换成全彩的灯环。

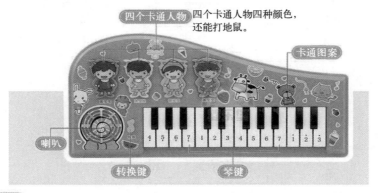

模式1	公仔按键：分别按下会播放不同的歌曲。	钢琴按键：会发出标准的钢琴琴声。
模式2	公仔按键：分别按下会播放不同的歌曲。	钢琴按键：会分别播放14首歌曲。
模式3	公仔按键：独创电子琴打地鼠。	钢琴按键：步进功能，按顺序可弹出一整段旋律哦！

图 5-17　一种玩具电子琴的功能

5.8   技术链接

5.8.1   串行全彩 LED 点光源 WS2812B

　　WS2812B 灯珠是一个集控制电路与发光电路于一体的智能外控 LED 点光源，其外形与 5050LED 灯珠相同，每个 LED 即为一个像素点。灯珠内集成了智能数字接口数据锁存信号整形放大驱动电路、高精度的内部振荡器和可编程定电流控制电路，有效保证了像素点光的颜色高度一致。

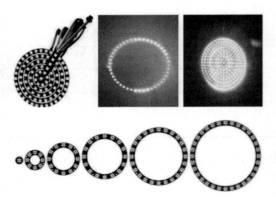

图 5-18   WS2812B 组成的彩色灯环

　　WS2812B 主要应用于 LED 全彩发光字灯串、LED 全彩软灯条硬灯条、LED 护栏管、LED 像素屏、LED 异形屏等各种电子产品，如图 5-18 所示。

　　每一颗灯珠都是串行数据控制，如图 5-19 所示多颗灯珠直接首尾级联，数据协议采用单线归零码的通信方式，上电复位以后，控制数据从 DIN 端输入，首先送过来的 24bit 数据被第一个灯珠提取后，送到灯珠内部的数据锁存器，剩余的数据经过内部整形处理电路整形放大后通过 DO 端输出给下一个级联的灯珠，每经过一个灯珠传输，信号减少 24bit。灯珠采用自动整形转发技术，使灯珠的级联个数不受信号传送的限制，仅受限于信号传输速度要求。

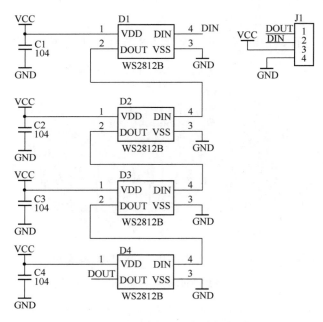

图 5-19   四颗 WS2812B 串联电路原理图

该灯珠的主要特点如下：

- 每个像素点由三基色可实现 256 级亮度显示，完成 16777216 种颜色的全真色彩显示。
- 端口扫描频率为 2kHz。
- 任意两点传输距离在不超过 5m 时无须增加任何电路。
- 当刷新速率为 30 帧/s 时，级联数不小于 1024 点。
- 数据发送速度可达 800kbps。
- 光的颜色高度一致，性价比高。

5.8.2　12 首歌曲的儿童音乐芯片介绍

如图 5-20 所示是一款低成本的音乐芯片，芯片内已存放 12 首歌曲，如妈妈的吻、健康歌、拨浪鼓、小二郎等。不同厂家的产品可能存储的歌曲不同。但可向有的厂家定制。芯片可直接驱动 2W 以下的喇叭。

按键触发播放，按一次播放一首，同时 LED 闪烁，按键按下不松开就可一直循环播放。

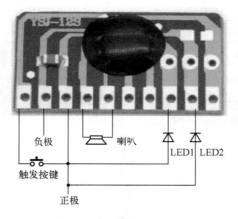

图 5-20　音乐芯片

项目 6　心中有数——简易计算器

简易计算器是一种便携式的电子计算器，具有轻便、小巧、易携带等特点，广泛用于各种需要基本数学运算的场合，如会计算账、工程数学计算等。用户可以通过按键输入数字和运算符，然后按下"＝"按键来获取结果，表达式及结果显示在液晶显示屏上。有的简易计算器还具有单位转换、百分比计算、记忆等功能。

简易计算器通常用于基本的数学运算，如加、减、乘、除等。虽然现代的智能手机和其他电子设备也内置了计算器功能，但在没有电子设备的情况下进行较大数据计算或算账，简易计算器仍然是可取的、便捷的、低成本的计算工具。

6.1　产品案例

常见的简易计算器如图 6-1 所示。

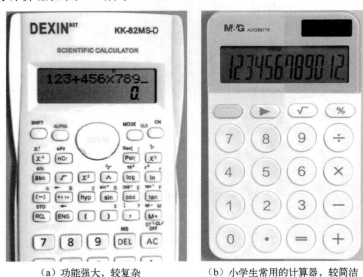

（a）功能强大，较复杂　　　　（b）小学生常用的计算器，较简洁

图 6-1　两款常见的简易计算器产品案例

扫码看视频

6.2　项目要求与分析

1. 目标与要求

本项目将设计与制作一款基于单片机的简易计算器，能进行加减乘除 4 种基本运算，原理和控制逻辑与实际产品一样，教学目标、项目要求与建议教学方法见表 6-1。

表 6-1　简易计算器项目的教学目标、项目要求与建议教学方法

	知识	技能	素养
教学目标	① 理解矩阵键盘识别原理； ② 理解运算输入、输出的算法； ③ 认识字符型 LCD 显示器	① 掌握矩阵键盘接口电路设计； ② 学会应用程序设计； ③ 能查阅资料，创设拓展功能； ④ 能正确完成简易计算器的 PCB 设计	① 精益求精，一丝不苟； ② 有序思维，有序做事； ③ 体会"有限"的哲学； ④ 技术创造美好生活
项目要求	设计并制作一款基于单片机的简易计算器： ① 能进行两位数的加、减、乘、除运算； ② 使用液晶显示器显示输入表达式及计算结果		
建议教学方法	析—设—仿—做—评		

2．自上而下进行项目分析

根据项目要求，划分功能模块，构建系统框架，如图 6-2 所示。简易计算器的主要组成为按键输入与 LCD 输出显示。考虑到按键数量较多，故采用矩阵键盘，以节省单片机的 I/O 引脚。矩阵键盘很常见，如计算机键盘、电话机键盘、智能手机或平板上的虚拟键盘等。

图 6-2 中虚线框内部分为拓展内容。

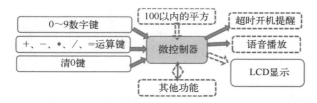

图 6-2　简易计算器系统框架图

扫码看视频

6.3　任务 1：系统电路设计

根据以上分析，简易计算器电路结构如图 6-3 所示。4×4 矩阵键盘只占用 4+4=8 个引脚，能提供 16 个按键；LCD 共 16 个引脚，需占用单片机 11 个引脚。

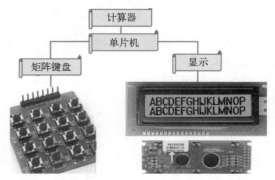

图 6-3　简易计算器电路结构图

简易计算器完整的电路设计如图 6-4 所示。

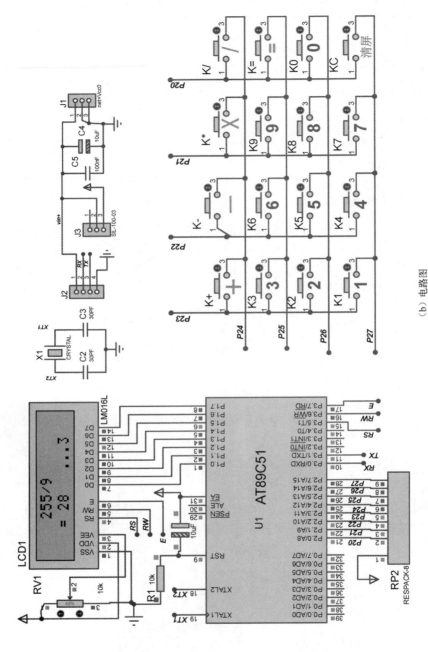

（a）元器件

（b）电路图

图 6-4 简易计算器完整的电路设计

单片机引脚资源分配：液晶显示 LCD 需要 11 个引脚，包括 8 根数据线、3 根控制线。P1 口与 LCD 的 8 位数据端连接，P3 口的 3 根引脚与 LCD 控制线连接；P2 口的 8 根引脚控制 4×4 矩阵键盘电路共 16 个键，包括 0～9 数字键，＋、－、*、/四个运算符，还有一个清 0 和"＝"按键。

注意：图 6-4 中粗斜体字为网络标号。

6.4　任务 2：系统程序设计与仿真测试

为了保证系统各功能模块集成时是正确的，故各功能模块在集成前分别进行测试。要对矩阵键盘、LCD 显示两个模块进行独立测试，才能确保各模块正确，在集成后不用浪费时间怀疑这两个主要模块有问题。

1．矩阵键盘测试

（1）测试电路

为直观看到按键识别的结果，将原始的键值 0～F 显示在 P0 口低 4 位连接的 BCD 数码管上。矩阵键盘测试电路如图 6-5 所示。

扫码看视频

注意原始键值 0～F 与实际按键功能要进行转换，如图 6-5（c）所示。

如图 6-5 所示，点击最终的按键"2"，对应原始键值"E"。16 个按键应该一一测试，以保证矩阵键盘识别程序无误。

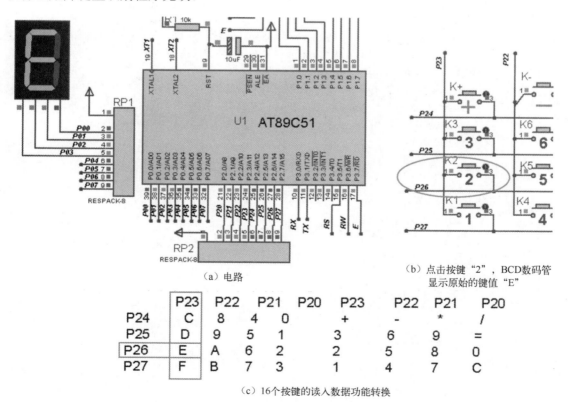

（a）电路

（b）点击按键"2"，BCD数码管
显示原始的键值"E"

	P23	P22	P21	P20	P23	P22	P21	P20
P24	C	8	4	0	+	-	*	/
P25	D	9	5	1	3	6	9	=
P26	E	A	6	2	2	5	8	0
P27	F	B	7	3	1	4	7	C

（c）16个按键的读入数据功能转换

图 6-5　矩阵键盘测试电路

（2）测试程序

在 Proteus、Keil 或其他软件开发工具中，创建工程 keytest，工程结构如图 6-6 所示。创建程序文件 keytest.c、头文件 key16a.h。

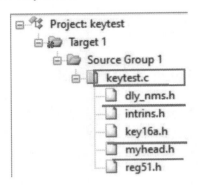

图 6-6　键盘测试程序的工程结构

另将项目 4 中的 myhead.h、dly_nms.h 复制到当前工程中。

① key16a.h。

```
#ifndef _key16_h__
#define _key16_h__
#include "dly_nms.h"
#define keyport P2
//16 个按键的读入数据
Uchar code key_tab[]={0x11,0x21,0x41,0x81,0x12,0x22,0x42,0x82,0x14
        ,0x24,0x44,0x84,0x18,0x28,0x48,0x88};
Uchar key_scan(void)
{ Uchar m,j,k;                    //设计局部变量
    keyport=0xff;
    keyport=0x0f;                           //先判断是否有键按下
    Dly_nms(10);
    m=keyport;
    if(m==0x0f)    return 0xff;            //抖动，返回 FF
//读低 4 位的按键数据
    m=(~m)&0x0f;                             //m 为低 4 位读键数据
//读高 4 位的按键数据
    keyport=0xff;                           //为配合 Proteus 中集成键盘模型而设
    keyport=0xf0;
    j=keyport;
    if(j==0xf0)
       { return 0xff; }                     //抖动，返回 FF
    j=(~j)&0xf0;                             //j，高 4 位读键数据
    Dly_nms(10);
    do                                       //等待按键松开
       { k=keyport; }
    while((~k)&0xf0);
    Dly_nms(10);                             //按键松开后再稍延时
```

```
        m=m|j;                              //按键数据
        k=0;
        while(key_tab[k++]!=m)              //计算键值，键值在 k 中
            {;}
        return(--k);                        //返回键值
    }
    #endif
```

② keytest.c。

```
#include "key16a.h"
#define OutData P0
void main()
{   Uchar tmp;
    P1=0XFF;P2=0xff;P0=0xff;P3=0xff;
    for(;;)
    {   tmp=key_scan();                     //读键值
        if(tmp!=0xff)                       // ff 为无效键
            OutData=tmp;                     //有效键值输出到 P0 口
    }
}
```

③ 矩阵键盘仿真测试。

测试 16 个键并填写表 6-2。

表 6-2 矩阵键盘测试记录

括号外为键名，括号内为键的原始值。 点击各键，应该在 BCD 数码管上看到键的原始值，如点击"−"， 数码管显示 8	测试结果 （正确则打勾 √）	若有问题，试分析并解决
+(C)		
−(8)		
*(4)		
/(0)		
3(D)		
6(9)		
9(5)		
=(1)		
2(E)		
5(A)		
8(6)		
0(2)		
1(F)		
4(B)		
7(7)		
C (3)		

2．LCD1602 测试

在 Proteus、Keil 或其他软件开发工具中，创建工程 LCD1602test，工程结构如图 6-7 所示。创建程序文件 LCD1602-test.c、lcd1602.h，其中包含的头文件 dly_nms.h、myhead.h 与键盘测试程序中的头文件一样。

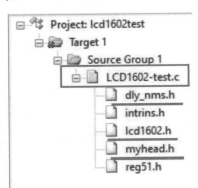

图 6-7　LCD1602 测试程序的工程结构

① lcd1602.h。

```c
#ifndef _lcd1602_h__
#define _lcd1602_h__

#include "myhead.h"
#include "dly_nms.h"
#define DPORT P1
sbit RS = P3^5;
sbit RW = P3^6;
sbit E = P3^7;
const  Uchar CurFlash=3;              //有光标且闪烁

void  LcdPos(Uchar,Uchar);           //确定光标位置
void  LcdWd(Uchar );                  //写数据
void  LcdWc(Uchar);                   //送控制字子程序（检测忙信号）
void  LcdWcn(Uchar);                  //送控制字子程序（不检测忙信号）

void WaitIdle();                      //正常读/写操作之前检测 LCD 控制器状态
//在指定的行与列显示指定的字符，xpos 为行，ypos 为列，c 为待显示字符
void  WriteChar(Uchar c,Uchar xPos,Uchar yPos)
{    LcdPos(xPos,yPos);
     LcdWd(c);
}

void  WriteString(Uchar *s,Uchar xPos,Uchar yPos)
{    Uchar i;
     if(*s==0)                        //空字符串
```

```
            return;
        for(i=0;;i++)
        {   if(*(s+i)==0)              //遇到字符串结束
                break;
            WriteChar(*(s+i),xPos,yPos);
            xPos++;
            if(xPos>15)               //如果 XPOS 中的值未到 15（可显示的最多位）
                break;
        }
}
void  SetCur(Uchar Para)      //设置光标
{   Dly_nms(2);
    switch(Para)
    {   case 0:
            {   LcdWcn(0x08);    break;}       //关显示
        case 1:
            {   LcdWcn(0x0c);    break;}       //开显示，但无光标
        case 2:
            {   LcdWcn(0x0e);    break;    }   //开显示，有光标，但不闪烁
        case 3:
            {   LcdWcn(0x0f);break;    }       //开显示，有光标，且闪烁
        default: break;
    }
}


void  ClrLcd( )    //清屏命令
{       LcdWcn(0x01);          }

//    正常读/写操作之前检测 LCD 控制器状态
void  WaitIdle( )
{   Uchar tmp;
    RS=0;
    RW=1;
    E=1;
    _nop_();
    for(;;)
    {   tmp=DPORT;
        tmp&=0x80;
        if(   tmp==0)
            break;
    }
    E=0;
}


void  LcdWd(Uchar  c)         //写字符子程序
{  //  WaitIdle();            //仿真时可以去掉
    RS=1;
    RW=0;
```

```
          DPORT=c;
          E=1;                          //将待写数据送到数据端口
          Dly_nms(1);                   //稍作延时，保证有足够写的时间
          E=0;
    }
    void LcdWc(Uchar c)                 //送控制字子程序（检测忙信号）
    {  //  WaitIdle();
          LcdWcn(c);
    }

    void LcdWcn(Uchar c)                //送控制字子程序（不检测忙信号）
    {     RS=0;
          RW=0;
          DPORT=c;
          E=1;
          Dly_nms(1);
          E=0;
    }
    //设置第（xPos,yPos）个字符的 DDRAM 地址
    void LcdPos(Uchar xPos,Uchar yPos)
    {     unsigned char tmp;
          xPos&=0x0f;                   //x 位置范围是 0～15
          yPos&=0x01;                   //y 位置范围是 0～1
          if(yPos==0)                   //显示第一行
              { tmp=xPos; }
          else
              { tmp=xPos+0x40; }
          tmp|=0x80;
          LcdWcn(tmp);
    }
    void  RstLcd()                      //复位 LCD 控制器
    {     Dly_nms(50);                  //如果使用 12MHz 或以下晶振，此数值不必修改
          LcdWcn(0x38);                 //显示模式设置
          LcdWcn(0x38);                 //显示模式设置
          LcdWcn(0x38);                 //显示模式设置
          LcdWcn(0x08);                 //显示关闭
          LcdWcn(0x01);                 //显示清屏，光标回左上角
          LcdWcn(0x06);                 //地址指针及光标+1
          LcdWcn(0x0f);                 //开显示屏，开光标显示，开光标处的字符闪烁显示
    }
    #endif
```

② lcd1602-test.c。

```
    #include "lcd1602.h"
    void main()
    {  Uchar tmp;
        Uint answer=0;
```

```
        RstLcd();
        ClrLcd();
        for(;;)
        { WriteChar('[',0,0);  Dly_nms(100);
          WriteChar('@',8,0);  Dly_nms(100);
          WriteChar(']',0x0f,0); Dly_nms(100);
          WriteString("Work Hard Happy",0,1);
          Dly_nms(500);      ClrLcd(); Dly_nms(200);
        }
    }
```

③ 测试结果。

如图 6-8 所示，程序所设内容都按设计正确显示了，说明 LCD1602 的显示程序没问题。

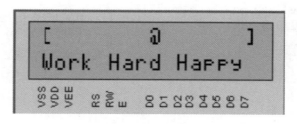

图 6-8　LCD1602 测试结果

3. 按键识别、运算、显示的算法设计

简易计算器按键识别、运算、显示的算法如图 6-9 所示。

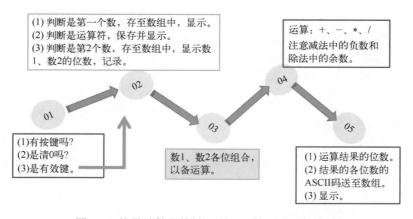

图 6-9　简易计算器按键识别、运算、显示的算法

4. 系统程序设计

简易计算器程序的工程结构如图 6-10 所示。

扫码看视频

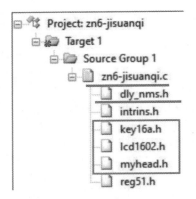

图 6-10　简易计算器程序的工程结构

集成的程序 C 文件命名为 zn6-jusuanqi.c。

```c
#include"key16a.h"              //矩阵键盘识别
#include"lcd1602.h"
char code keyval[16]={'/','=',0,'C','*',9,8,7,'-',6,5,4,'+',3,2,1,};
Uchar data numb1[4],numb2[4],result[12];

void Fclear()
{ Uchar i;
    for(i=0;i<4;i++)
    {   numb1[i]=0;
        numb2[i]=0;

    }
    for(i=0;i<12;i++)
    result[i]=' ';
}
void main()
{ Uchar i=0,j=0,tmp=0;
    Uchar oprat1=0,oprat2=0,opratflag=0;
    Uint answer=0;
    Fclear();
    RstLcd();
    WriteString("My N1 calculator",0,0);
    Dly_nms(2500);
    ClrLcd();
    while(1)
    { do
    { tmp=key_scan(); }
    while(tmp==0xff) ;
        tmp=keyval[tmp];
        if(tmp=='C')
            { ClrLcd();break; }
        else
            { if(tmp!='=')    //输入对象判断及显示
```

```
    {    if((tmp<10)&&(opratflag==0))
      { numb1[i]=tmp;WriteChar(tmp+0x30,i+4,0);i++;}
        else if (tmp>10)
            { opratflag=tmp;WriteChar(tmp,7,0);  }
             else
          {numb2[j]=tmp;WriteChar(tmp+0x30,j+8,0);j++;}
    }
   else
   {
     switch(i)
//得到数 1，数 1 各位的显示码在 numb1[]中
   {  case 1:       oprat1=numb1[0];
                    numb1[0]+=0x30;numb1[1]=numb1[2]=' ';
                    break;
      case 2:
                    oprat1=numb1[0]*10+numb1[1];
                    numb1[0]+=0x30;numb1[1]+=0x30;
                    numb1[2]=' ';break;
      case 3:       oprat1=numb1[0]*100+numb1[1]*10+numb1[2];
                    numb1[0]+=0x30;numb1[1]+=0x30;
                    numb1[2]+=0x30;
                    break;
   }
     switch(j)
//得到数 2，数 2 各位的显示码在 numb2[]中
   {  case 1:       oprat2=numb2[0];
                    numb2[0]+=0x30;numb2[1]=numb2[2]=' ';
                    break;
      case 2:
                    oprat2=numb2[0]*10+numb2[1];
                    numb2[0]+=0x30;numb2[1]+=0x30;
                    numb2[2]=' '; break;
      case 3:
                    oprat2=numb2[0]*100+numb2[1]*10+numb2[2];
                    numb2[0]+=0x30;numb2[1]+=0x30;
                    numb2[2]+=0x30;
                    break;
   }
   result[0]=' ';              //32;
   switch(opratflag)          //运算及余数处理
   {  case '+':
          answer=oprat1+oprat2; break;
      case '-':
            if(oprat1<oprat2)
              { answer=oprat2-oprat1;
                  result[0]='-'; }
             else
              { answer=oprat1-oprat2;   }
          break;
```

```
        case '*':
        answer=oprat1*oprat2;break;
        case '/':
        answer=oprat1/oprat2;
            tmp=oprat1%oprat2;
    if(tmp>=100)
            i=3;
    else if(tmp>9) {  i=2;  }
        else if(tmp>0)
                { i=1; }
            else break;
        result[6]= result[7]=result[8]='.';
            j=9;
            switch(i)
            {   case 3:result[j]=tmp/100+0x30;
                case 2:result[j++]=(tmp/10)%10+0x30;
                case 1:result[j]=tmp%10+0x30;
                break;
            }
        break;
    }
    // i 代表整数有几位
    if(answer>=10000) i=5;
    else if (answer>=1000)i=4;
      else if (answer>=100)i=3;
        else if (answer>=10)i=2;
          else i=1;
    j=1;                    // result[0]用于放正负号
    switch(i)    //把每位转变为ASCII码,存于result[]中
    {   case 5:result[j++]=answer/10000+0x30;
        case 4:result[j++]=(answer/1000)%10+0x30;
        case 3:result[j++]=(answer/100)%10+0x30;
        case 2:result[j++]=(answer/10)%10+0x30;
        case 1:result[j]=answer%10+0x30;break;
    }
WriteChar('=',3,1);
WriteString(result,4,1);
i=0;j=0;tmp=0;answer=0;
oprat1=0,oprat2=0,opratflag=0;
 Fclear();
 }
    }
  }
}
```

5. 仿真测试

① 电路中所有的接插件无须仿真，双击接插件，在弹出的对话框中勾选
☑ Exclude from Simulation 。

② 编辑编译以上程序并生成目标代码文件 zn6-jisuanqi.hex。

③ 双击单片机，打开单片机编辑属性栏，加载目标代码文件 `Program File: Objects\zn6-jisuanqi.hex`，设置时钟频率为 12MHz `Clock Frequency: 12MHz`。

④ 单击仿真按钮 ▶ 启动仿真。加、减、乘、除 4 种运算都要测试，如图 6-11 所示。

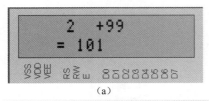

(a)

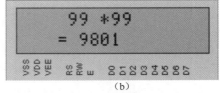

(b)

(c)

(d)

图 6-11　简易计算器仿真测试片段

认真测试简易计算器的各项功能，并填写表 6-3。

表 6-3　简易计算器综合仿真测试记录

测试内容	写出仿真结果	正确则打勾 √	若有问题，试分析并解决
加法表达式：			
减法表达式：			
乘法表达式：			
除法表达式：			

6.5　任务 3：PCB 设计

扫码看视频

1. 设计准备

（1）补充元器件编号

参考图 6-4、图 6-12 对所有按键设置编号；LCD1602 的封装用 sil18（见图 6-13）；编号就像每个元器件的身份证号一样，不能重复，具有唯一性。

（2）确认元器件是否参与 PCB 设计

确认对于应该出现在 PCB 上的元器件，不能勾选 `☐ Exclude from PCB Layout`。

（3）合理设置封装

单击设计浏览器按钮 ，打开如图 6-12 所示的元器件列表，可查看元器件编号、类型、值、封装等信息。参考图 6-14 和图 6-15 设置按键、电源插座的封装。

Reference	Type	Value	Circuit/Package
C5	CAP	100nF	CAP10
J1	SIL-156-03	SIL-156-03	3PIN-POWER
J2	SIL-100-04	SIL-100-04	CONN-SIL4
J3	SIL-100-03	SIL-100-03	CONN-SIL3
J4	CONN-SIL18	CONN-SIL18	CONN-SIL18
K*	BUTTON		4pin-but
K+	BUTTON		4pin-but
K-	BUTTON		4pin-but
K/	BUTTON		4pin-but
K0	BUTTON		4pin-but
K1	BUTTON		4pin-but
K2	BUTTON		4pin-but
K3	BUTTON		4pin-but
K4	BUTTON		4pin-but
K5	BUTTON		4pin-but
K6	BUTTON		4pin-but
K7	BUTTON		4pin-but
K8	BUTTON		4pin-but
K9	BUTTON		4pin-but
K=	BUTTON		4pin-but
KC	BUTTON		4pin-but
LCD1	LM016L	LM016L	CONN-SIL18
R1	RES	10k	RES40
RP1	RESPACK-8	RESPACK-8	none
RP2	RESPACK-8	RESPACK-8	RESPACK-8
RV1	POT-HG	10k	PRE-SQ1
U1	AT89C51	AT89C51	DIL40
X1	CRYSTAL	CRYSTAL	XTAL18

参考项目3、项目4、项目5制作封装

图 6-12　在设计浏览器中查看封装等信息

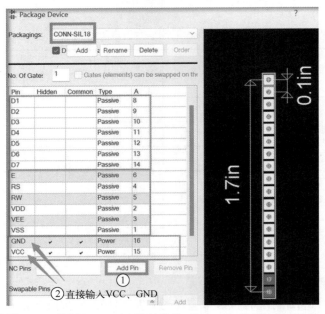

图 6-13　设置 LCD1602 的封装为 sil18，并对引脚分配焊盘

①
②直接输入 VCC、GND

按键、电源插座的封装制作参考 4.8 节。

注意：若已连入电路中的元器件禁止设置封装，则在空白处放置相应元器件，再设置封装。设置封装后，元器件各引脚旁可能出现对应的焊盘编号。

2．布局、布线、3D 预览

（1）设置布局、布线等规则

设置布局、布线等规则的步骤见图 1-20 及其相关内容。

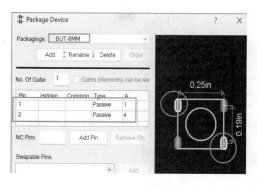

图 6-14 设置按键的封装

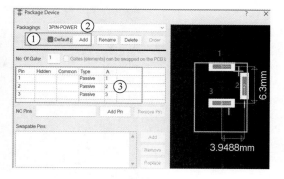

图 6-15 设置电源插座的封装

（2）布局、3D 预览

布局时应先放置核心元器件单片机，最小系统中的电阻、电容等应围绕单片机进行布局，特别是振荡电路中的晶振、滤波电容紧挨着单片机的振荡引脚。考虑到操作的便捷性，接插件尽量布局在电路板周边。LED、各按键的布局顺序应该与原理图一致，疏朗有序。布局时往往以手动布局为主，可根据需要，自动布局部分元器件，单击布局按钮 进行相应操作。PCB 的布局结果如图 6-16 所示。

单击 3D 预览按钮 ，进行 3D 预览，如图 6-17 所示。若布局欠妥，则修改后再进行 3D 预览，直到满意为止。

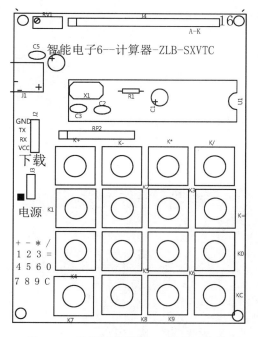

图 6-16 简易计算器 PCB 的布局结果

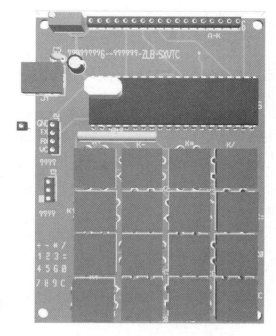

图 6-17 简易计算器 PPCB 的 3D 预览图

（3）布线及完善

单击布线按钮 ，各参数采用默认值进行布线，结果如图 6-18 所示。

为了在 PCB 上清晰地看清楚某键的功能，要另外放置 2D 文本，可参考图 1-24 及其相关内容进行操作。

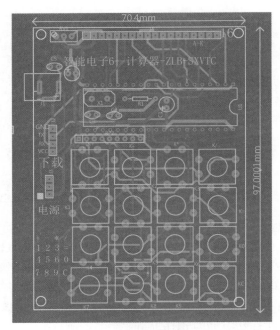

图 6-18　简易计算器最终的 PCB 版图

3. 输出生产文件

单击 PCB 设计窗口中的菜单 Output→Generate Gerber/Excellon Output，输出生产文件。详情参考 A.2.6 节。

6.6　任务 4：作品制作与调试

将 PCB 生产文件压缩包送制板厂，加工出 PCB，如图 6-19 所示。简易计算器实际运行的照片如图 6-20 所示。

扫码看视频

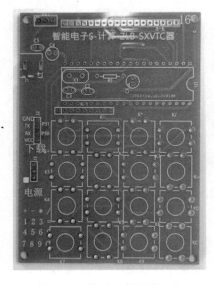

图 6-19　简易计算器的 PCB

图 6-20　简易计算器实际运行的照片

参考表 6-4 进行实物测试、排除故障，直至成功。

表 6-4　简易计算器实物测试记录

测试内容	方法、工具	测试结果 （完成则打勾√）	若有问题，试分析并解决
检查电路板	目测，万用表等		
元器件识别与装配	目测，万用表等		
焊接	电烙铁、万用表等		
检查线路通、断	万用表等		
代码下载	工具：单片机、下载器。 代码文件：Zn6-jisuanqi.hex。 下载方法参考附录 C		
功能测试，参考表 6-3	电源、万用表等		
其他必要的记录			
判断单片机是否工作：工作电压为 5V 的情况下，振荡脚电平约为 2V，ALE 脚电平约为 1.7V			
给自己的实践评分：	反思与改进：		

6.7　拓展设计——持之有度

① 扩展到三位数计算，即最大可计算 999×999；
② 添加开关键及相应功能；
③ 添加求余功能（%）；
④ 参考图 6-21 进行其他创新。

（a）

（b）

图 6-21　供参考的学生计算器

6.8　技术链接——字符型 LCD 液晶显示模块

字符型 LCD 液晶显示器是专用于显示字母、数字、符号等的点阵式 LCD。字符型

LCD 液晶显示器多与 HD44780 控制驱动器集成在一起，构成字符型 LCD 液晶显示模块（Liquid Crystal Display Module，LCM），有 16×1、16×2、20×2、40×2 等规格的产品。图 6-22 是 16×2（可显示两行 16 个字符）的 1602 型字符液晶模块 JM1602C LCM 实物照片。

图 6-22　JM1602C LCM 实物照片

液晶显示模块（LCM）由字符型 LCD 液晶显示器和 HD44780 控制驱动器构成。HD44780 由 DDRAM、CGROM、IR、DR、BF、AC 等大规模集成电路组成，具有简单且功能较强的指令集，可实现字符移动、闪烁等显示效果。

（1）引脚定义

字符型 LCM 通常有 14 条引脚线（也有 16 条引脚线的 LCM，根据各厂家的定义而应用，其控制原理与 14 脚的 LCM 完全一样），引脚定义见表 6-5。

表 6-5　字符型 LCM 引脚功能

引　脚	符　号	功　能　说　明		
1	GND	接地		
2	V_{CC}	+5V		
3	V1	显示字符的明暗对比。接一个可变电阻，调整输入电压。通常为得到最大的明暗对比，直接将此脚接地		
4	RS	寄存器选择	0	指令寄存器 IR（WRITE）
				Busy Flag，地址计数器（READ）
			1	数据寄存器 DR（WRITE，READ）
5	R/W̄	READ: 1。　　　WRITE: 0		
6	E	读/写使能（下降沿使能）		
7	DB0	数据总路线：以 8 位数据方式读/写，DB0～DB7 均有效；若以 4 位数据方式读/写，则仅高 4 位有效，低 4 位悬空不接		低 4 位三态，双向数据总线
8	DB1			
9	DB2			
10	DB3			
11	DB4			高 4 位三态，双向数据总线。另外，BD7 为忙碌标志位 BF
12	DB5			
13	DB6			
14	DB7			

（2）数据显示 RAM：DDRAM

数据显示 RAM（Data Display RAM，DDRAM）用于存放要显示的字符码，只要将标准的 ASCII 码放入 DDRAM 中，内部控制线路就会自动将数据传送到显示器上，并显示出该 ASCII 码对应的字符。

（3）指令寄存器 IR、数据寄存器 DR

LCM 内有两个寄存器：一个是指令寄存器（Instruction Register，IR），另一个是数据寄存器（Data Register，DR）。IR 用来存放由 CPU 送来的指令代码，如光标复位、清屏、CGRAM、DDRAM 地址信息等；DR 用来存放要显示的数据。字符型 LCM 寄存器选择见表 6-6。

表 6-6　字符型 LCM 寄存器选择

RS	R/$\overline{W}$	操 作 说 明
0	0	写入指令寄存器
0	1	读 Busy Flag（DB7）及地址计数器 AC（DB0～DB6）
1	0	写入数据寄存器 DR
1	1	从数据寄存器 DR 读取数据

（4）忙碌标志 BF

当 BF=1 时，LCM 正忙于处理内部数据，执行完当前指令后，系统会自动清除 BF。写指令前必须先检查 BF 标志，当 BF=0 时，才可将指令写入 LCM 控制器。

（5）显示器地址

① 地址计数器 AC。AC 根据指令对 DDRAM 或 CGRAM 指派地址。当指令地址写入 IR 时，地址信息也由 IR 送入 AC 中。执行将数据写入 DDRAM 或 CGRAM（或由此读出）命令后，AC 的内容会自动加 1 或减 1。当读命令寄存器 IR 时（RS=0、R/$\overline{W}$ =1），AC 的内容输出到 DB0～DB6。由此得到当前字符显示地址，判断是否需要换行。

② 字符在 LCD 上的显示地址见表 6-7。DB7=1（DB6～DB0），第一行的地址范围为 10000000b～10111111b，最多 64 个地址，而 LCD1602 一行只有 16 个地址，即 0x80～0x8F。同理，第二行地址范围为 0xC0～0xCF。

表 6-7　字符在 LCD 上的显示地址

行	DB7	DB6	DB5	DB4	DB3	DB2	DB1	DB0
第一行（外）	1	0	×	×	×	×	×	×
第二行（外）	1	1	×	×	×	×	×	×

（6）LCD 字库

HD44780 内置了 192 个常用字符，存于字符产生器 CGROM（Character Generator ROM）中。另外，还有由用户自定义的字符产生 RAM，称为 CGRAM（Character Generator RAM）。用户可以通过编程将字符图案写入 CGRAM 中，可写 8 个 5×8 点阵或 4 个 5×10 点阵的字符图案。

字库中的 0x00～0x0F 为用户自定义 CGRAM，0x20～0x7F 为标准的 ASCII 码，0xA0～0xFF 为日文字符和希腊文字符，其余字符码（0x10～0x1F 及 0x80～0x9F）没有定义。

（7）指令组表

LCM 指令组表见表 6-8。

表 6-8　LCM 指令组表

指 令 说 明	指 令 码								
	RS	R/$\overline{W}$	D7	D6	D5	D4	D3	D2	D1	D0
清屏，光标回至左上角	0	0	0	0	0	0	0	0	0	1
光标回原点，屏幕不变	0	0	0	0	0	0	0	0	1	×
进入模式设定：设定读/写一个字节后，光标移动方向（I/$\overline{D}$）及是否要移位显示（S）	0	0	0	0	0	0	0	1	I/$\overline{D}$	S
	I/$\overline{D}$=1（或 0）：当读（或写）一个字符后，地址指针加 1（减 1），光标也加 1（减 1）。S=1：当写一个字符后，整个屏幕左移（I/$\overline{D}$=1）或右移（I/$\overline{D}$=0），以得到光标不移动而屏幕移动的效果。S=0：当写一个字符时，屏幕不移动									
显示屏开/关	0	0	0	0	0	0	1	D	C	B
	D=1：开显示屏。D=0：关显示屏，数据仍保留在 DDRAM 中。C=1：开光标显示。C=0：关闭光标。B=1：光标所在位置的字符闪烁。B=0：字符不闪烁									
移位：移动光标位置或令显示屏移动	0	0	0	0	0	1	S/C	R/L	×	×
	不读/写数据的情况下（不影响 DD RAM 数据）：S/C=1 为显示屏移位，S/C 为光标移位。R/L=1 为右移；R/L=0 为左移									
功能设定：设定数据长度与显示格式	0	0	0	0	1	DL	N	F	×	×
	DL=1：数据长度为 8 位。DL=0：数据长度为 4 位。N=1：两行显示。N=0：一行显示。F=1：5×10 字形。F=0：5×7 字形									
GRAM 地址设定	0	0	0	1	CGRAM 地址					
DDRAM 地址设定	0	0	1	DDRAM 地址						
忙 BF/地址计数器	0	1	BF	地址计数器内容						
写入数据	1	0	写入数据							
读取数据	1	1	读出数据							

① 清除显示屏，即将 20H（空格的 ASCII 码）填入所有的 DDRAM，使 LCD 全部清除，地址计数器清零，光标移到原点。

② 光标回原点（屏幕左上角），DDRAM 中的数据库不变。

③ CGRAM 地址设定。此指令用来设定 CGRAM 地址，由 A5～A0 位决定，范围为 0～3FH。地址存放在地址计数器 AC 中。写入本指令后，随后必须是数据写入/读取 CGRAM 的指令。

④ DDRAM 地址设定。由 A6～A0 来决定地址，并存放于 AC 中，写入本指令后，随后必须是数据写入/读取 DDRAM 的指令。

⑤ 读取 BF/地址计数器。读取数据前可检查 BF，BF=1，不可存取 LCD，直到 BF=0。地址计数器的内容则为 DDRAM 或 CGRAM 的地址。

⑥ 写入 CGRAM 或 DDRAM。在地址设定指令后，本指令把字符码写入 DDRAM 内，以便显示相应的字符，或把自创的字符码存入 CGRAM 中。

⑦ 读取 CGRAM 或 DDRAM 中的数据。在地址设定指令后，本指令用来读取 CGRAM 或 DDRAM 中的数据。

项目 7 节能护眼——智能台灯控制系统

台灯，一般放在书桌或办公桌上，满足小范围照明需求，既不影响他人又节能。光源也由白炽灯、荧光灯发展到 LED 灯等。

LED 发光器件是冷光源，工作电压低，光效高，能耗低，可控性好，无辐射。同样亮度下，LED 灯的能耗为白炽灯的 10%，荧光灯的 50%。LED 的寿命可达 10 万小时，是荧光灯的 10 倍，白炽灯的 100 倍。随着能源紧缺、电价越来越高、环保要求及 LED 光效的提高，LED 已逐渐替代现在台灯普遍使用的白炽灯或荧光灯。另外，LED 的光谱几乎全部集中于可见光频段，发光效率可达 80%～90%。传统台灯中的光源体使用的是交流电，所以每秒钟会产生 100～120 次的频闪。LED 把交流电直接转换为直流电，不会产生闪烁现象，可以获得"柔和"的灯光环境，更有益于保护眼睛。LED 灯具有高效节能、寿命长、良好的环境适应性、色彩丰富、良好的灯光品质、可调光性和快速响应等优点，使其在照明行业中的应用前景非常广阔。

7.1 产品案例

以 LED 为光源的台灯品类繁多，一般具有可调节亮度和角度的功能，可以减轻眼睛的疲劳感。图 7-1（a）所示为一盏简易的小台灯，可触摸调光，可充电，售价约为 15 元；图 7-1（b）所示为智能台灯，功能丰富，有时间、日期、星期、闹铃、温度、收音机等功能，售价约为 70 元。

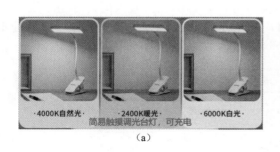
（a）

（b）

图 7-1 LED 台灯产品案例

7.2　项目要求与分析

1. 目标与要求

本项目将设计与制作智能台灯控制系统，可感光、感人、感声、感距离，并有倒计时功能，教学目标、项目要求与建议教学方法见表 7-1。

表 7-1　智能台灯控制系统的教学目标、项目要求与建议教学方法

	知识	技能	素养
教学目标	① 了解人体热释电传感器模块、红外感应器模块、声音传感器模块、感光模块等的应用； ② 认识 TTS 语音播报模块； ③ 中断与 I/O 口协作实现多输入信号识别与处理	① 掌握各种传感器模块的应用； ② 合理安排硬件接口； ③ 学习多输入对象的逻辑控制； ④ 能正确完成智能台灯控制系统的 PCB 设计	① 从用户感受角度开发产品，客户满意，自己满意，有成就；节能，智能，我能。 ② 作品即产品，品质第一。 ③ 有序思维，有序做事。 ④ 学有所用，学有所创
项目要求	① 晚上声控开灯，光线亮时，只亮 5s 以检测可声控；光线暗时亮 2min。 ② 可手动、自动开灯。手动状态时直接开灯，不考虑光线亮暗。自动状态时，有人靠近且光线暗，则开灯，否则灯灭。 ③ 当灯开着时，检测人和灯的距离，约小于 45cm 时，声音报警。 ④ 有人使用台灯时自动开启 40min 计时，以提醒劳逸结合，不宜长时间用眼。 为方便仿真测试，可设计为自动 1min 计时		
建议教学方法	析—设—仿—做—评		

2. 自上而下进行项目分析

根据项目要求，划分功能模块，构建系统框架，如图 7-2 所示。

① 台灯可声控，主要是为夜间起床服务。白天光亮状态下，声音控制灯短时间点亮；晚上稍长时间点亮。

② 手动可调亮度：通过 PWM 波控制电流，从而控制亮度。

③ 自动情况下，有人且光暗，点亮台灯，否则不亮；若人离台灯小于设定的距离则蜂鸣器报警。自动状态下有人时，自动启动定时 N min，并语音播报"即将定时 N 分钟"；定时结束则语音播报"定时 N 分钟时间到"，以提醒不要长时间用眼。

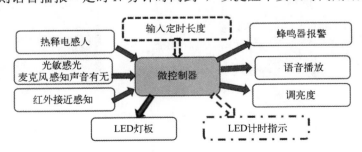

图 7-2　智能台灯控制系统框架图

扫码看视频

7.3　任务 1：文字语音播报

本项目中采用开发难度低的 TTS（Text To Speech，从文本到语音）语音播报模块，在内置芯片的支持之下，通过神经网络的设计把文字智能地转化为自然语音流。一般文字信息通过串口输出。这类模块也较多，如图 7-3 所示的 MR628，通过简单的"<G>+字符"的格式从串口输出；也可用 MP3 播放模块，但事先要用专用软件把文字转成音频文件，再按照模块要求的语音命令字串进行播报。前一种灵活性更高，使用更方便。

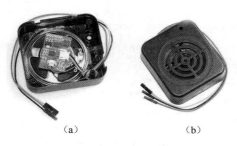

（a）　　　　　　（b）

图 7-3　MR628 实物图

扫码看彩图

1．MR628 简介

MR628 是一款高性价比的语音合成模块，可用于自动售卖机、自动饮水机、自动售货机、智能人工语音对话、智能机器人、银行排队叫号系统以及各种需要人工播报语音的场景。通过串口发送简单的指令即可实现文本到语音的转换，同时支持中文、英文（按字母朗读）、数字的朗读，每次合成的文本量最多可达 250B，可同时进行文本解析和语音播放，实现连续无间隔的语音合成。MR628 内置音频功放，可直接驱动 0.5W 8R 或者 3W 4R 的喇叭。

2．MR628 引脚与应用说明

如图 7-3 所示，红色线为 VCC，必须接 5V 电源；黄色线为信号线，接单片机或者 TTL 模块的 TXD，黑色线为地线。波特率为 9600bps，无校验位，数据位数为 8，停止位为 1。命令和待合成文本都是字符串，以<G>为帧头，后面直接写文字，如需要朗读"我的专业是应电"，则直接发送"<G>我的专业是应电"。

注意："<G>"中用的是英文状态下的尖括号。

3．用串口助手测试语音模块

（1）连接语音模块

语音模块通过 USB-TTL 模块与计算机的 USB 口连接。红色线接 VCC，黄色线接 TTL 模块的 TXD，黑色线接地。

（2）对语音模块发送文字信息

打开串口助手，此处用 STC 单片机下载软件中附带的串口助手。如图 7-4 所示设置语音模块发送的文字信息。其中第④步，若串口已打开，按钮上显示"关闭串口"；若串口未打开，按钮上显示"打开串口"。第⑤步发送后，语音模块就会播放相应文字的语音，说明语音模块完好。

4．用单片机控制语音模块

（1）测试电路

测试电路如图 7-5 所示，用 Proteus 中的虚拟终端监测串口输出。

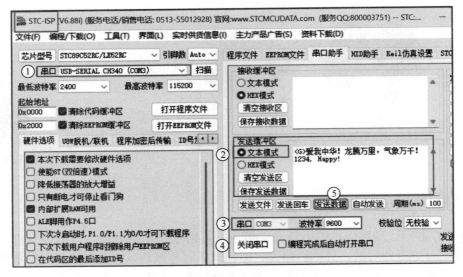

图 7-4　用串口助手测试语音模块

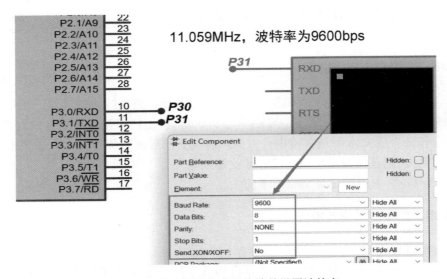

图 7-5　单片机连接虚拟终端并设置波特率

（2）语音播放程序设计

两个自定义的头文件 myhead.h、dly_nms.h 如图 7-6 所示。

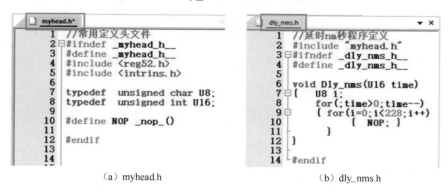

（a）myhead.h　　　　　　　　　　　（b）dly_nms.h

图 7-6　两个自定义的头文件 myhead.h、dly_nms.h

在 Keil 集成开发环境中自行创建工程文件 yy_tts_mr628.uvproj、语音测试的 C 文件 yy_tts_mr628.c，具体如下：

```c
#include  "dly_nms.h"
#include  "stdio.h"

void UART_SendString(char *s);

void main(void)
{   Dly_nms(1000);

    TMOD=0x20;        //设 T1 作定时器用，工作方式为 2，用作波特率发生器
    SCON=0x50;        //
    TH1=0xFD;         //波特率为 9600bps，11.059MHz
    TL1=0xFD;         //波特率为 9600bps，11.059MHz
    TR1=1;
 SS:
    UART_SendString("<M>1");  Dly_nms(2000);
    UART_SendString("<M>0");  Dly_nms(1000);
    UART_SendString("<I>1");  Dly_nms(6000);//播提示音 1，一直到播完
    UART_SendString("<I>2");  Dly_nms(8000);//播提示音 2，一直到播完

    UART_SendString("<G>春节快乐，心想事成");
     Dly_nms(5000);
    UART_SendString("<G>我是中国人，来生还在种花家");
     Dly_nms(8500);
    UART_SendString("<G>智能台灯可以定时哟");
    Dly_nms(5000);
     goto  SS;

}
```

```
void UART_SendString(char *s)
{   while (*s)
    {    SBUF = (*s++);
        while(TI == 0)
            { ; }
        TI = 0;
    }
}
```

（3）仿真测试

① 编辑编译以上程序并生成目标代码文件 yy_tts_mr628.hex。

② 双击单片机，打开单片机属性框，加载目标代码文件 yy_tts_mr628.hex，设置时钟频率为 11.059MHz ![Clock Frequency: 11.059MHz]。

③ 参考图 7-5 设置虚拟终端的波特率为 9600bps。

④ 单击仿真按钮 ▶ 启动仿真。如图 7-7 所示，在虚拟终端串口输出的信息与程序设计一致。若未弹出此窗口，可右击虚拟终端或通过菜单 Debug→ Virtual Terminal 打开它。

图 7-7　虚拟终端监视从串口输出的语音信息

7.4　任务 2：系统电路设计

扫码看视频

为简化系统设计，各种感应信号通过相应模块得到 0、1 的数字量，如感人、感光、感声、是否近距离等。所以在仿真设计时，可通过用按钮对引脚提供高、低电平来模拟感知状态。实物中各信号通过模块的接口获得。

单片机资源分配如下。

外部中断 0：声控。因台灯不是长时间持续，故考虑不点亮时使其休眠以节电。而晚上又能被声音唤醒，故声控引脚应该安排在外部中断上。

T0：在手动情况下可以调节亮度，需要用 T0 产生 PWM 信号。

T1：语音通过串口播报，用 T1 产生需要的波特率。

T2：用于定时，台灯有人时自动定时，以提醒不能长时间用眼。

其他信号引脚没有特别之处，可自由安排。完整的电路设计如图 7-8 所示。其中有些电路部分是拓展用，如 P0 口接 LED，用灯从全亮到一个个逐渐熄灭来表达倒计时；还有预设若干时段以供选择，设置了选时长、确认选时的按钮。

注意：图 7-8 中粗斜体字为网络标号。

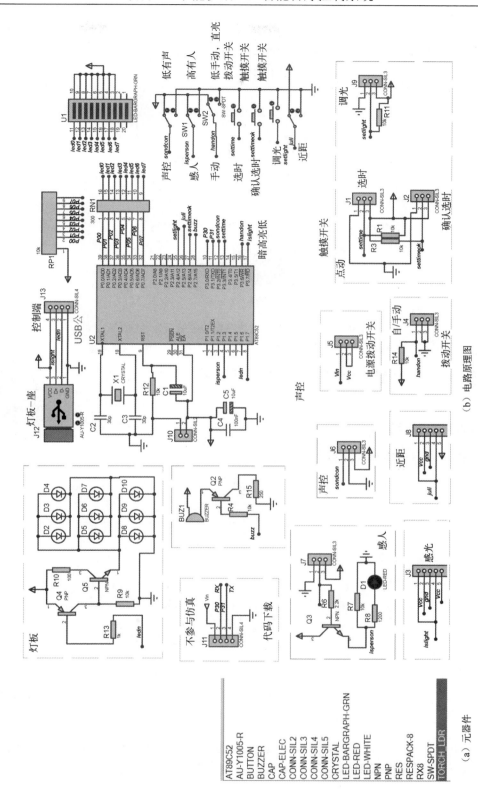

（a）元器件

（b）电路原理图

图 7-8　智能台灯控制系统完整的电路设计

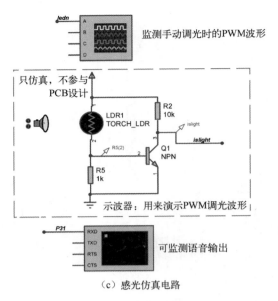

（c）感光仿真电路

图 7-8　智能台灯控制系统完整的电路设计（续）

7.5　任务 3：系统程序设计与仿真测试

扫码看视频

1. 程序设计思路

智能台灯控制系统主程序设计思路如图 7-9 所示。

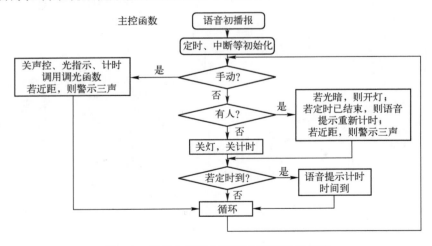

图 7-9　智能台灯控制系统主程序设计思路

在 Proteus、Keil 或其他软件开发工具中，创建工程 zn7-taiden，工程结构如图 7-10 所示。创建程序文件 zn7-taiden.c，其他头文件请参考 7.3 节。

2. 主程序设计

```c
// zn7-taiden.c

#include  "dly_nms.h"
#include  "stdio.h"
sfr  T2MOD = 0xc9;
#define disbar P0
#define autotime 1200    //1min
sbit  handon    =P3^6;    //手动
sbit  sondcon   =P3^2;    //声控
sbit  isperson  =P1^3;    //感人
sbit  setlight  =P2^4;    //调光
sbit  juli      =P2^5;    //近距离为0，远距离为1
sbit  islight   =P3^7;    //感光
sbit  ledn      =P1^7;    //灯
sbit  buzz      =P2^7;    //蜂鸣报警
U16  timelong;
U8   lightstate=0;
bit  timeover;           // 定时结束
bit  toverplay;          // 定时结束播报
void  callalarm( );      //声音警示
void  T0Init(void);      //T0 初始化函数声明，PWM 调光
void  T2Init(void);      //T2 初始化函数声明，用于长时间定时
void  setlight_sever( ) ;
void  UART_SendString(char *s);
void  main(void)
{  Dly_nms(2000);
    TMOD=0x20;            //设 T1 作定时器用，工作方式为 2，用作波特率发生器
    SCON=0x50;
    TH1=0xFD;            // 9600bps    11.059MHz
    TL1=0xFD;            // 9600bps    11.059MHz
    TR1=1;
    UART_SendString("<M>0");//关闭背景音乐
    Dly_nms(100);
    UART_SendString("<G>智能台灯节能又健康");
    Dly_nms(3500);
    UART_SendString("<G>有人时可自动定时一分钟");
    Dly_nms(5000);
    IE0=0;
    TR1=0;               //不发声时关 T1，关闭波特率
    PT0=1;PT1=1;         //设置 T0、T1 为高优先级
    //T0 用作定时器，用于产生 PWM 波，控制灯的亮度；T2 用作长时间定时
    T0Init( );
    T2Init( );

    IT0=1;               //中断，边沿触发
```

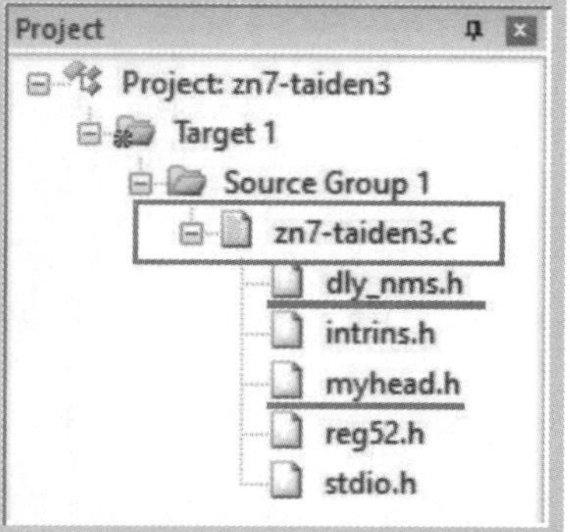

图 7-10　智能台灯控制系统主
程序的工程结构

```
EA=1;                                    //开启总中断
ET2=1; ET0=1;                            //开启 T0、T2 的中断使能
P1=0xff;
while(1)
{   P3=0XFF;
    if(handon==0)
    { TR0=1;                             //启动 T0，PWM 可调光
      TR2=0; EX0=0;                      //关声控外中断 0，关长定时 T2
        disbar=0xff;
        setlight_sever();
        if(juli==0)
          { EX0=0; callalarm( ); EX0=1; }
        else  buzz =1;
    }
    else                                 // auto
    {
     EX0=1;                              //开声控
     Dly_nms(1);                         //1ms
     isperson=1;
     if(isperson!=0)                     //isperson=1，表示有人
       {  Dly_nms(10);
          If (isperson!=0)
            {
              if (islight==1)   //暗
                 { TR0=1;   } //开灯
              else
                 { TR0=0;ledn=1; }   //关灯
              if (timelong==0)&&(TR2==0)&&(timeover==0))
                { TR1=1;   EX0=0;
                  UART_SendString("<G>将自动定时一分钟");
                  TR1=0;
                  IE0=0;   Dly_nms(3000);
                  EX0=1;
                  timelong=autotime;
                   TR2=1;
                 disbar=0x0f; //指示用，表示正在计时
                 }
                 if(juli==0)
                    { EX0=0; callalarm( ); EX0=1; }
                 else  buzz = 1;
             }
          else
            { TR0=0;ledn=1;TR2=0 ;timelong=0;disbar=0xff;}
       }
      else
          { TR0=0;ledn=1;TR2=0 ;timelong=0;disbar=0xff;}
    if(timeover==1)
    {  timeover=0; EX0=0;
```

```
                TR1=1;disbar=0x7f;                  //定时时间到的指示灯
                UART_SendString("<G>一分钟自动定时时间到");
                TR1=0;
                Dly_nms(3500); disbar=0xff;    //关定时时间到的指示灯
                IE0=0;
                EX0=1;
            }
        }
    }
}
//0～3 为亮度等级；4 为灭
//lightstate =0,   1,   2,   3,    4
void setlight_sever()
{ setlight=1;
        if(setlight==0)
        { Dly_nms(10);
            if(setlight==0)
            { lightstate++;
                lightstate%=5;
                while(setlight==0)
                    { ; }
            }
        }
}
void  T0Init(void)     //80μs, 11.0592MHz
{
    TMOD &= 0xF0;        //设置定时器模式
    TMOD |= 0x02;        //设置定时器模式
    TL0  = 0xB6;         //设置定时初始值
    TH0  = 0xB6;         //设置定时重载值
    TF0  = 0;            //清除 TF0 标志
}
void  T2Init(void)     //50ms, 11.0592MHz
{   T2MOD = 0;           //初始化模式寄存器
    T2CON = 0;           //初始化控制寄存器
    TL2  = 0x00;         //设置定时初始值
    TH2  = 0x4C;         //设置定时初始值
    RCAP2L = 0x00;       //设置定时重载值
    RCAP2H = 0x4C;       //设置定时重载值
}
void  callalarm( )
{   U8 i;
    for(i = 0;i < 8;i++)
      { buzz = !buzz;
        Dly_nms(100);
      }
    buzz = 1;                //关蜂鸣
}
```

```c
/******************************
PWM 周期为 800μs，即 PWM 的频率是 1.25kHz
lightstate =    0,   1,  2,  3,   4
xx=             10,  8,  6,  4,   0
PWM 中的低电平：100%; 80%; 60%;40%; 0%
定时 80μs*10=800μs，在 10 次中调整 PWM
******************************/
void T0f( ) interrupt 1
{  static U8 t080us;
   U8  xx;
   TH0  = 0xB6;                    //设置定时重载值
   TF0  = 0;                       //清除 TF0 标志
   t080us++;
   if (t080us==10)
      t080us=0;
   if(lightstate==4)
     { xx=0; }
   else
     { xx=10-2*lightstate; }
   if( t080us<xx)                  //n 小于设置比例时，打开灯
     { ledn=0; }
   else if(t080us>=xx)             //n 大于或等于设置比例时，关闭灯
     { ledn=1; }
}
//外中断 0 函数，声控短暂亮灯
void sonds( ) interrupt 0
{  Dly_nms(10);
   if(sondcon==0)
     { ledn=0;
       if(islight==0)
         { Dly_nms(5000);}    //5000，亮 5s
       else
         { Dly_nms(15000);}   //15000，暗 15s
       ledn=1;
     }
}
// T2 长时间定时
void T2_time( ) interrupt 5
{  TF2=0;
   TL2 = 0x00;                     //设置定时初始值
   TH2 = 0x4C;
   if((--timelong)==0)
   { timeover=1;
      TR2=0;TF2=0; TR0=0;
   }
}
void UART_SendString(char *s)
{  while (*s)
```

```
{   SBUF = (*s++);
    while(TI == 0)
      {  ;  }
    TI = 0;
  }
}
```

3．仿真测试

① 电路中所有的接插件无须仿真，双击接插件，在弹出的对话框中勾选 ☑ Exclude from Simulation 。

② 编辑编译以上程序并生成目标代码文件 zn7-taiden.hex。

③ 双击单片机，加载目标代码文件 Program File: Objects\zn7-taiden.hex，设置时钟频率为 11.059MHz Clock Frequency: 11.059MHz 。

④ 单击仿真按钮 ▶ 启动仿真，并填写表 7-2。

扫码看视频

表 7-2 智能台灯控制系统仿真测试记录

测试内容	观察到的现象记录	是否完成	若有问题，试分析并解决
上电运行，观察串口虚拟终端	\<M>0\<G>智能台灯节能又健康"\<G>有人时可自动定时一分钟"		
手动按键合到下侧，为手动模式	① 灯亮？ ② 拨动感人按键 SW1，无论有人与否，灯亮不变。 ③ 调整光亮，灯亮不受影响。 ④ 点击调光按钮，打开虚拟示波器查看 PWM 波，依次是高电平、占空比 80%、占空比 60%、占空比 40%、低电平		
手动按键合到上侧，为自动模式	① 有人？光线亮，灯灭，但自动定时 1min，且有语音提示。 ② 有人？光线暗，灯亮。 ③ 有人，人太近，触发近距离警示，发出滴滴声；人远离，警示声消失。 ④ 有人，定时 1min 时间到，有语音提示		

7.6 任务 4：PCB 设计

扫码看视频

1．设计准备

（1）补充元器件编号

参考图 7-8 检查元器件编号；按钮不参与 PCB 设计，只是仿真需要，可以不设置编号。编号就像每个元器件的身份证号一样，不能重复，具有唯一性。

（2）确认元器件是否参与 PCB 设计

确认对于应该出现在 PCB 上的元器件，不能勾选 ☐ Exclude from PCB Layout 。

（3）合理设置封装

对图 7-11 中画框的元器件都要设置封装，如 LED、三极管、USB 接口，LED 光条的封装为 DIL20。参考图 7-12、图 7-13 设置 USB 接口、三极管的封装，LED 的引脚 A、K 依次对应焊盘 A、K。

Reference	Type	Value	Package	
Q2 (PNP)	PNP	PNP	to92	
Q4 (PNP)	PNP	PNP	to92	
D1 (LED-RED)	LED-RED	LED-RED	led	
D2 (LED-WHITE)	LED-WHITE	LED-WHITE	led	参考2.6节
D3 (LED-WHITE)	LED-WHITE	LED-WHITE	led	设置LED、
D4 (LED-WHITE)	LED-WHITE	LED-WHITE	led	三极管的
D5 (LED-WHITE)	LED-WHITE	LED-WHITE	led	封装
D6 (LED-WHITE)	LED-WHITE	LED-WHITE	led	
D7 (LED-WHITE)	LED-WHITE	LED-WHITE	led	
D8 (LED-WHITE)	LED-WHITE	LED-WHITE	led	
D9 (LED-WHITE)	LED-WHITE	LED-WHITE	led	
D10 (LED-WHITE)	LED-WHITE	LED-WHITE	led	
X1 (CRYSTAL)	CRYSTAL	CRYSTAL	XTAL18	
Q3 (NPN)	NPN	NPN	TO92	
Q5 (NPN)	NPN	NPN	TO92	
RP1 (10k)	RESPACK-8	10k	RESPACK-8	
J12 (AU-Y1005-R)	AU-Y1005-R	AU-Y1005-R	CON4_1X4_USB_AM	
J13 (CONN-SIL4)	CONN-SIL4	CONN-SIL4	CON4_1X4_USB_AM	
J10 (CONN-SIL2)	CONN-SIL2	CONN-SIL2	CONN-SIL2	设置USB
J1 (CONN-SIL3)	CONN-SIL3	CONN-SIL3	CONN-SIL3	接口的
J2 (CONN-SIL3)	CONN-SIL3	CONN-SIL3	CONN-SIL3	封装
J4 (CONN-SIL3)	CONN-SIL3	CONN-SIL3	CONN-SIL3	
U1 (LED-BARGRAPH-GRN)	LED-BARGRAPH-GRN	LED-BARGRAPH-GRN	DIL20	
U2 (AT89C52)	AT89C52	AT89C52	DIL40	
C1 (10uF)	CAP-ELEC	10uF	ELEC-RAD10	
C5 (10uF)	CAP-ELEC	10uF	ELEC-RAD10	

图 7-11   在设计浏览器中查看封装等信息

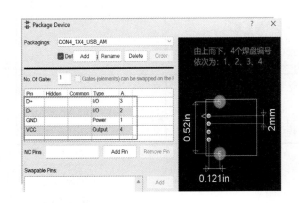

图 7-12   设置 USB 接口的封装

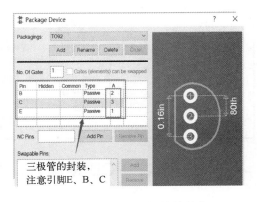

图 7-13   设置三极管的封装

注意：若已连入电路中的元器件禁止设置封装，则在空白处放置相应元器件，再设置封装。设置封装后，元器件各引脚旁可能出现对应的焊盘编号。

2．布局、布线、3D 预览

（1）设置布局、布线等规则

设置布局、布线等规则的步骤见图 1-20 及其相关内容。

（2）布局、3D 预览

布局时应先放置核心元器件单片机，最小系统中的电阻、电容等应围绕单片机进行布局，特别是振荡电路中的晶振、滤波电容紧挨着单片机的振荡引脚。考虑到操作的便捷性，接插件尽量布局在电路板周边。各元器件的布局位置应该与原理图一致，疏朗有序。

布局时往往以手动布局为主，可根据需要，自动布局部分元器件，单击布局按钮 进行相应操作。PCB 的布局结果如图 7-14 所示。

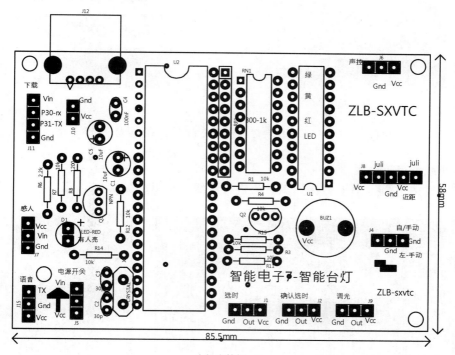

（a）主控板

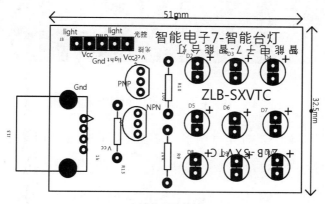

（b）LED灯板

图 7-14　智能台灯控制系统 PCB 的布局

特别说明：灯板与主控板分成两块板进行布局布线，且灯板上的 LED 布局在元器件面，其他电阻、电容、USB 插座、感光模块接口等元器件布局在焊接面，参考图 7-15（b）。

单击 3D 预览按钮 ，进行 3D 预览，如图 7-15 所示。

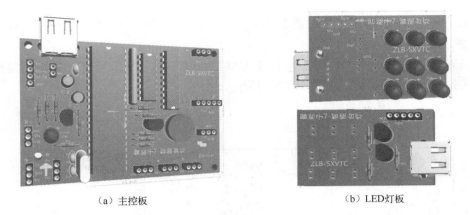

（a）主控板　　　　　　　　　　（b）LED灯板

图 7-15　智能台灯控制系统 PCB 的 3D 预览

（3）布线及完善

单击布线按钮，各参数采用默认值进行布线，结果如图 7-16 所示。

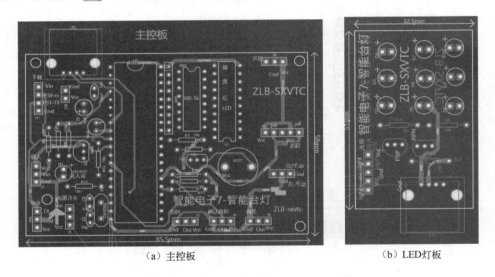

（a）主控板　　　　　　　　　　（b）LED灯板

图 7-16　智能台灯控制系统 PCB 的布线结果

如果要在 PCB 上绘制一些非电气图案，可参考图 1-24 及其相关内容。

3．输出生产文件

单击 PCB 设计窗口中的菜单 Output→Generate Gerber/Excellon Output，输出生产文件。具体操作参考 A.2.6 节。

7.7　任务 5：作品制作与调试

将 PCB 生产文件压缩包送制板厂，加工出 PCB，如图 7-17 所示。

扫码看视频

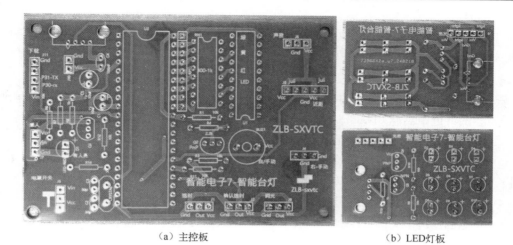

（a）主控板　　　　　　　　　　　　　（b）LED灯板

图 7-17　智能台灯控制系统的 PCB 的照片

参考表 7-3 进行实物测试、排除故障，直至成功。智能台灯控制系统的照片如图 7-18 所示。

表 7-3　智能台灯控制系统实物测试记录

测试内容	方法、工具	测试结果（完成则打勾√）	若有问题，试分析并解决
检查电路板	目测，万用表等		
元器件识别与装配	目测，万用表等		
焊接	电烙铁、万用表等		
检查线路通、断	万用表等		
代码下载	工具：单片机、下载器。 代码文件：zn7-taiden.hex。 下载方法参考附录 C		
功能测试，参考表 7-2	电源、万用表等		
其他必要的记录			
判断单片机是否工作：工作电压为 5V 的情况下，振荡脚电平约为 2V，ALE 脚电平约为 1.7V			
给自己的实践评分：	反思与改进：		

图 7-18　智能台灯控制系统的照片

7.8 拓展设计——提效计时

资料查阅与讨论：市面上的台灯，还有哪些可取之处？可以用思维导图的形式呈现。

① 尝试将近距离感知蜂鸣器报警改为语音提醒"距离得当，爱眼护眼"。

② 手动调亮度时，用点亮 LED 数量指示亮度。

③ 在自动状态时，设置可选择的多挡计时，如 5min、10min、20min、30min、40min 等时长。

④ 计时过程中，采用 LED 渐灭模式指示剩余时长，类似于古代燃香计时。

⑤ 其他创新。

7.9 技术链接

7.9.1 感人模块：红外热释电 HC-SR501

HC-SR501 是基于热释电效应的人体热释运动传感器，能检测到人体或动物体发出的红外线。如图 7-19 所示，可以通过 2 个旋钮调节：检测范围为 3～7m，延迟时间（延时）为 5s～5min；可以通过跳线来选择模式为单次触发或重复触发。

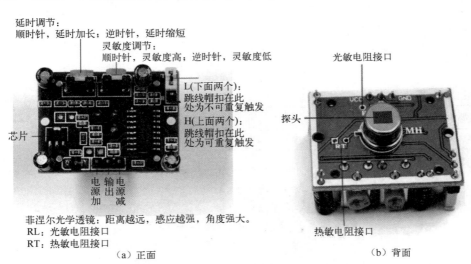

（a）正面   （b）背面

图 7-19 HC-SR501 红外热释电传感器

单次触发模式：传感器检测到移动，OUT 引脚输出高电平，延迟相应时间后变为低电平。

重复触发模式：传感器检测到移动，OUT 引脚输出高电平，如果人继续在检测范围内移动，则一直保持高电平，直到人离开后，延迟相应时间后变为低电平。

HC-SR501 主要参数见表 7-4。

表 7-4　HC-SR501 主要参数

产品型号	HC-SR501 人体感应模块
工作电压范围	直流 4.5～20V
静态电流	<50μA
电平输出	高为 3.3V，低为 0V
触发方式	L：不可重复触发。H：重复触发（默认重复触发）
延时时间	0.5～200s（可调），可制作范围为零点几秒～几十分钟
封锁时间	2.5s（默认），可制作范围为零点几秒～几十秒
电路板外形尺寸	32mm×24mm
感应角度	<100°锥角
工作温度	−15～+70℃
感应透镜尺寸	直径：23mm（默认）

7.9.2　距离感知：可调主动式红外距离感应器 JH-BZ001

可调主动式红外距离感应器 JH-BZ001 如图 7-20 所示，最大可感应距离为 150cm。与图 7-21 所示的红外避障传感器 E18-D80NK（接近开关 3～80cm）相比，JH-BZ001 性价比更高，其主要参数见表 7-5。

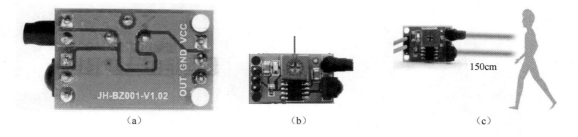

图 7-20　可调主动式红外距离感应器 JH-BZ001

图 7-21　红外避障传感器 E18-D80NK

表 7-5　JH-BZ001 的主要参数

类　别	信　息
产品介绍	支持各种功能定制
工作电压	直流 3～5V
工作电流	约 4.5mA
信号输出	有触发时，输出低电平
感应距离	以白色 A4 纸做参照物，最远 150cm
扫描时间	100ms
距离调节	顺时针调电位器，感应距离变大；逆时针调电位器，感应距离变小

7.9.3　声音传感器模块

声音传感器模块如图 7-22 所示，根据震动原理感知有、无声音，可以检测周围环境的声音强度，但不能识别声音的大小或者特定频率的声音。在本项目中，声音传感器模块用于声控，白天声控台灯短时间亮，晚上声控台灯稍长时间亮。调节电位器可调节声音感知的灵敏度。

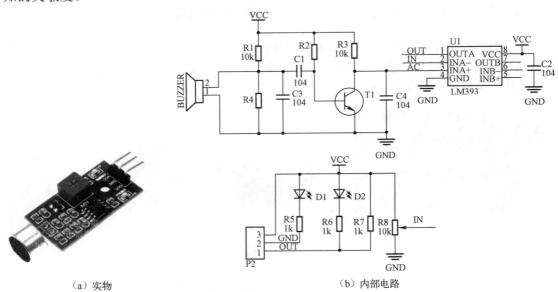

（a）实物　　　　　　　　　　　（b）内部电路

图 7-22　声音传感器模块

（1）声音传感器模块的引脚

声音传感器模块的工作电压为 3.3～5V，输出形式为数字开关量输出，有 3 个引脚：

① VCC：外接 3.3～5V 电压（可以直接与 5V 单片机和 3.3V 单片机相连）。

② GND：外接 GND。

③ DO：在环境声音强度小于设定阈值时，DO 输出高电平，否则 DO 输出低电平。

（2）声音模块的简单调试

接好 VCC 和 GND，模块电源指示灯点亮。

将声音传感器模块放置于安静环境下，调节板上蓝色电位器，直到板上开关指示灯亮，然后往回微调，直到开关指示灯灭，再在传感器附近发出一个声音（如拍手），开关指示灯点亮，这说明声音可以触发模块，从而使开关指示灯点亮。

7.9.4　感光模块

采用光敏电阻、宽电压比较器 LM393 构成的感光模块如图 7-23 所示，一般用来检测环境光线的亮度。调节电位器可调节可检测光线亮度；输出信号干净，波形好，驱动能力强，超过 15mA。3 引脚的模块有电源 VCC、GND、数字量输出 DO 引脚，4 引脚的模块再加个模拟量输出脚 AO。

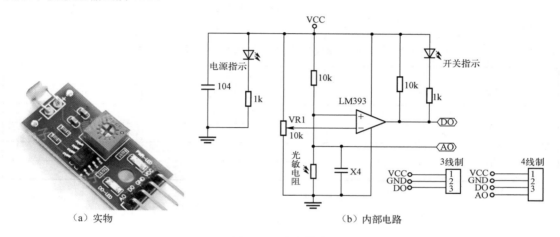

（a）实物　　　　　　　　　　　　　　　（b）内部电路

图 7-23　感光模块

感光模块的工作电压为 3.3～5V；在环境光线亮度小于设定阈值时，DO 端输出高电平，否则 DO 端输出低电平；DO 端可以与单片机直接相连，通过单片机来检测高低电平以检测环境的光线亮度。

7.9.5　触摸开关

电子产品常用的开关有轻触开关和触摸开关。

轻触开关是一种机械式开关，最大优点是使用寿命长，机械结构简单且无电气接触问题，可靠性很高；缺点是需要一定的按下力度，这对于某些用户来说可能会造成不便。轻触开关常用于机械设备或消费电子产品中，如电子游戏机、控制面板和电子玩具等。

触摸开关是一种电容式开关，通过感应人体静电场来触发开关。触摸开关的最大优点是不需要任何物理按下力度，只需要轻轻触摸即可控制电路。另外，可实现多种不同的控制方式，可轻触、长按、滑动等，因此在某些应用场景下更加灵活。触摸开关的缺点是寿命相对较短，因为它需要电气接触，而电气接触会随着时间的推移而磨损。触摸开关常用于家用电器、灯具、安防系统和智能家居等领域。

触摸开关模块如图 7-24 所示。触摸开关模块的触摸方式、输出电平和焊接方式见表 7-6。用触摸开关来代替普通的轻触开关，可提升台灯的感触舒适度。本项目所用触摸开关模块基于单键电容式触摸按键专用检测芯片 TTP223，可根据需要选择点动或自锁模式，还可选择输出电平；输入电压范围较宽，为 2.0～5.5V；工作电流极低，为 3.5μA；灵敏度可通过外部电容值来调整。

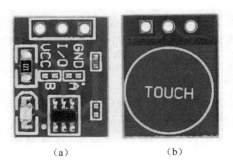

（a）　　　　　　（b）

图 7-24　触摸开关模块

表 7-6　触摸开关模块的触摸方式、输出电平和焊接方式

触摸模式	输出电平	焊接方式	
		A 焊点	B 焊点
点动	高电平	不焊接	不焊接
	低电平	焊接	不焊接
自锁	高电平	不焊接	焊接
	低电平	焊接	焊接

项目 8　饮水思源——数控直流稳压电源

数控直流稳压电源是一种电子设备，能够在电网电压波动或负载发生变化时，保证输出稳定的电压，通常具有低纹波、高精度的特点，广泛应用于仪器仪表、工业控制及测量等领域。数控直流稳压电源的设计通常包括电源模块和控制系统两部分。电源模块的作用是将输入的交流电转换为直流电，并保证输出电压的稳定。控制系统则负责接收用户的设定值，通过调节电源模块的参数，使输出电压达到设定值。

8.1　产品案例

数控直流稳压电源产品案例如图 8-1 所示。在设计数控直流稳压电源时，需要考虑以下因素：

① 输入电压和输出电压的范围。

② 精度和纹波。这是衡量电源性能的重要指标，需要根据实际需求进行选择。

③ 负载能力和稳定性。这可以确保电源在各种情况下都能稳定工作。

④ 安全保护功能。数控直流稳压电源应该具备过压、过流等保护功能。

目前市场上有很多品牌的数控直流稳压电源可供选择，选择时要保证性能和稳定性；同时需要考虑外观、尺寸、重量等因素，以满足实际使用的需求。

（a）
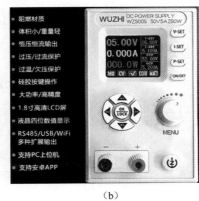
（b）

（c）

图 8-1　数控直流稳压电源产品案例

8.2　项目要求与分析

扫码看视频

1．目标与要求

本项目将设计与制作一款数字可调数控直流稳压电源，由单片机控制器、线性稳压芯片、LED 显示器、按键等组成，教学目标、项目要求与建议教学方法见表 8-1。

表 8-1　数控直流稳压电源项目的教学目标、项目要求与建议教学方法

	知识	技能	素养
教学目标	① 了解数控直流稳压电源的原理； ② 理解数控电源的设计方法； ③ 理解串行 DA 转换原理	① 掌握数控直流稳压电源电路的设计； ② 学会应用程序设计； ③ 掌握 DA 控制原理； ④ 能正确完成数控直流稳压电源的 PCB 设计	① 饮水思源，安全用电； ② DA、AD 按需转换； ③ 有序思维，有序做事； ④ 技术创造美好生活
项目要求	① 数控稳压范围为 1.3～5.3V，电流输出范围为 0～500mA，相对精度为 1%。 ② 要求输出有短路保护，过流、过压保护，所以要求使用正稳压三端可调稳压器 LM317		
建议教学方法	析—设—仿—做—评		

2. 自上而下进行项目分析

根据项目要求，划分功能模块，构建系统框架，如图 8-2 所示。

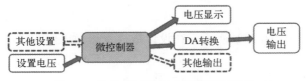

图 8-2　数控直流稳压电源系统框架图

8.3　任务 1：认识、测试 DAC TLC5615

TLC5615（见图 8-3）是德州仪器公司 1999 年推出的串行接口的 DAC（数/模转换器），其输出为电压型，最大输出电压是基准电压的两倍；带有上电复位功能，即把 DAC 复位至全 0；性能比早期电流型输出的 DAC 要好，只需要通过 3 根串行总线就可以完成 10 位数据的串行输入，易于和工业标准的微处理器或微控制器（单片机）连接，适用于电池供电的测试仪表、移动电话，也适用于数字失调与增益调整以及工业控制场合。

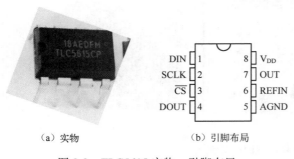

（a）实物　　　　　（b）引脚布局

图 8-3　TLC5615 实物、引脚布局

1. 引脚功能

DIN：串行数据输入端。

SCLK：串行时钟输入端。

$\overline{\text{CS}}$：片选端，低电平有效。

DOUT：级联时的串行数据输出端。

AGND：模拟地。

REFIN：基准电压输入端，$2V\sim(V_{DD}-2)$。

OUT：DAC 模拟电压输出端。

V_{DD}：正电源端，4.5～5.5V，通常取 5V。

2. 功能框图

TLC5615 的功能框图如图 8-4 所示。TLC5615 主要由以下几部分组成。

① 10 位 DAC 寄存器。

② 16 位移位寄存器，接收串行移入的二进制数，并且有一个级联的数据输出端 DOUT。

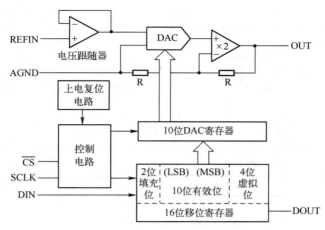

图 8-4 TLC5615 的功能框图

③ 并行输入/输出的 10 位 DAC 寄存器，为 10 位 DAC 电路提供待转换的二进制数据。

④ 电压跟随器为参考电压端 REFIN 提供很高的输入阻抗，大约为 10MΩ。

⑤ "×2 电路"提供最大值为 2 倍于 REFIN 的输出。

⑥ 上电复位电路和控制电路。

3．两种工作方式

从图 8-4 可以看出，16 位移位寄存器分为高 4 位虚拟位、10 位有效位、低 2 位填充位。TLC5615 有两种工作方式。

12 位数据序列：在单片 TLC5615 工作时，只需要向 16 位移位寄存器按先后输入 10 位有效位和低 2 位填充位，填充位数据任意。

16 位数据序列：级联方式，可以将本片的 DOUT 接到下一片的 DIN，需要向 16 位移位寄存器按先后输入高 4 位虚拟位、10 位有效位和低 2 位填充位，由于增加了高 4 位虚拟位，所以需要 16 个时钟脉冲。

4．工作时序

TLC5615 的时序图如图 8-5 所示。可以看出，只有当片选 $\overline{\text{CS}}$ 为低电平时，串行输入数据才能被移入 16 位移位寄存器。当 $\overline{\text{CS}}$ 为低电平时，在每一个 SCLK 时钟的上升沿将 DIN 的一位数据移入 16 位移位寄存器。注意，二进制最高有效位被首先移入。接着，$\overline{\text{CS}}$ 的上升沿将 16 位移位寄存器的 10 位有效数据锁存于 10 位 DAC 寄存器，供 DAC 电路进行转换。当片选 $\overline{\text{CS}}$ 为高电平时，串行输入数据不能被移入 16 位移位寄存器。注意，$\overline{\text{CS}}$ 电平的上升和下降都必须发生在 SCLK 为低电平期间。

5．应用测试

（1）测试电路

如图 8-6 所示，设计一简单的 DAC 测试电路，数字量从 P3 口通过数字拨码盘输入，再左移 2 位得到 10 位数，经 TLC5615 转换成电压。通过仿真工具电压探针查看电压值，理解如图 8-7 所示的数字量与模拟量线性对应关系。

扫码看视频

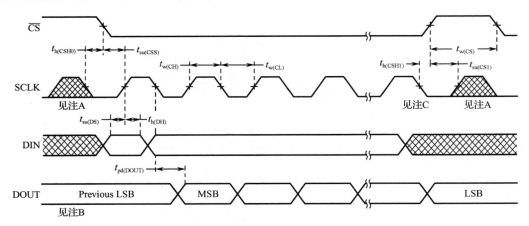

注：A. 当$\overline{\text{CS}}$由高到低，接入SCLK的时钟信号被抑制为低。
　　B. 前一转换周期的数据输入。
　　C. 第16个SCLK下降沿。

图 8-5　TLC5615 的时序图

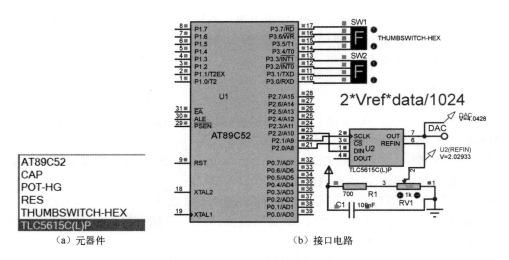

（a）元器件　　　　　　　　　　　（b）接口电路

图 8-6　TLC5615 应用测试电路

输入			输出
1111	1111	11(00)	$2\left(V_{\text{REFIN}}\right)\dfrac{1023}{1024}$
⋮			⋮
1000	0000	01(00)	$2\left(V_{\text{REFIN}}\right)\dfrac{513}{1024}$
1000	0000	00(00)	$2\left(V_{\text{REFIN}}\right)\dfrac{512}{1024}=V_{\text{REFIN}}$
0111	1111	11(00)	10位有效数字位； 因内部锁存器是12位， 故在最低位填充两位 00 ⟶ $2\left(V_{\text{REFIN}}\right)\dfrac{511}{1024}$
⋮			⋮
0000	0000	01(00)	$2\left(V_{\text{REFIN}}\right)\dfrac{1}{1024}$
0000	0000	00(00)	0 V

图 8-7　TLC5615 的数字量与模拟量线性对应关系

（2）测试程序

① 设计 DAC 的转换函数。

根据图 8-5、图 8-6 设计转换函数，设计为一个头文件 da5615.h。

```
#include "myhead.h"
#ifndef _da5615_h__
#define _da5615_h__

sbit    DaSCLK =    P2^1;
sbit    DaCS   =    P2^0;
sbit    DIN    =    P2^2;

void DAConv(U16 Dadat)
{ U8 i=0;
  DaCS=1;
  NOP;
  NOP;
  DIN=0;
  DaSCLK=0;
  DaCS=0;
  NOP;
  NOP;

  for(i=0;i<12;i++)
  {      Dadat= _irol_(Dadat,1);
         if((Dadat&0x400)!=0)
              DIN=1;
         else
              DIN=0;
         DaSCLK=1;
         NOP;
         NOP;
         DaSCLK=0;
         NOP;
         NOP;
  }
  DaCS=1;
  DIN=0;
  DaSCLK=0;
}
#endif
```

② myhead.h、dly_nms.h。

两个头文件 myhead.h、dly_nms.h 如图 8-8 所示。

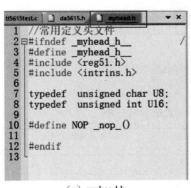

（a）myhead.h

（b）dly_nms.h

图 8-8　两个头文件 myhead.h、dly_nms.h

③ DAC 测试程序。

DAC TLC5615 的测试程序如图 8-9 所示。

（3）仿真测试

如图 8-10 所示，输入数字量 0x80<<2，得二进制数（1000,0000,00），经 DAC 后，用图中的公式可算得电压值为 2.029V，仿真中经电压探针实时监测电压值为 2.029V。改变输入的数字量，看一看电压值，算一算验证，填入表 8-2。经仿真测试，DAC 的程序是正确的。

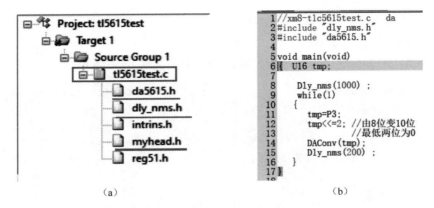

（a）　　　　　　　　　　　　　　　　　　（b）

图 8-9　DAC TLC5615 的测试程序

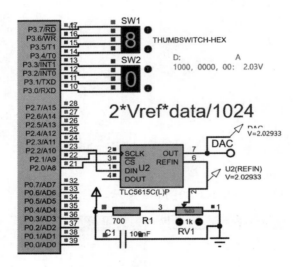

图 8-10　DAC 仿真测试片段

表 8-2　TLC5615 仿真测试记录与分析

经 P3 口输入数字 data=（　）	Data<<2 （写出二进制、十六进制）	计算的电压值=（　）	仿真观测到的电压=（　）	两者是否一致？或排除故障过程
0x0F				
0x40				
0x80				
0xC0				
0xE0				
0xFF				

8.4　任务 2：系统电路设计

精简后的数控直流稳压电源系统电路设计如图 8-11 所示。

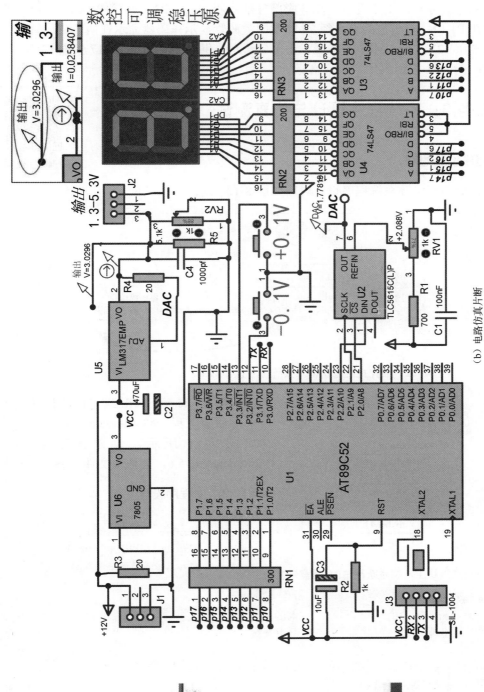

（b）电路仿真片断

图 8-11　精简后的数控直流稳压电源系统电路设计

（a）元器件

　　　单片机资源分配：电压设置，充分应用外部中断 P32、P33 进行+0.1V、−0.1V；显示输出安排在 P1 口，电压值的显示经 7447 共阳数码管显示译码器显示在两位数码管上。

　　　输入电压 12V，经 LM7805 降压、稳压后给系统供电 5V；给 LM317 供电 12V。

　　　注意：图 8-11 中粗斜体字为网络标号。

扫码看视频

8.5　任务 3：系统程序设计与仿真测试

1．程序设计思路

数控直流稳压电源系统程序设计思路如图 8-12 所示。

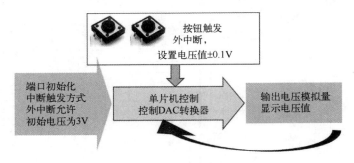

图 8-12　数控直流稳压电源系统程序设计思路

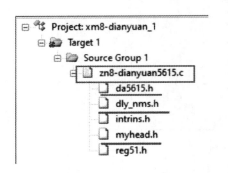

图 8-13　数控直流稳压电源系统程序的工程结构

在 Proteus、Keil 或其他软件开发工具中，创建工程 zn8-dianyuan5615，工程结构如图 8-13 所示。创建程序文件 zn8-dianyuan5615.c，其他头文件请参考 8.3 节。

2．主程序设计

```
#zn8-dianyuan5615.c
#include "dly_nms.h"
#include "da5615.h"
```

```
#define  Disport  P1      //显示输出接口
U8  Dinput=30;            //电压显示
U8  cisu=18;              //数组变量

//1.3～5.3：41 个数据，3V 对应第 18 个数据，在数组中的下标为 18
U8  code  Outdata[ ]={
//      0    1    2    3    4    5
      0x01,0x03,0x0A,0x10,0x16,0x1C,
//      6    7    8:2V 9    10   11   12   13
      0x22,0x29,0x2F,0x35,0x3B,0x42,0x48,0x4E,
//      14   15   16   17   18:3V 19   20   21
      0x54,0x5B,0x61,0x67,0x6D,0x73,0x79,0x80,
```

```
//         22   23   24   25   26   27  28:4V  29
      0x86,0x8C,0x93,0x98,0x9F,0xA5,0xAB,0xB2,
//         30   31   32   33   34   35   36   37
      0xB8,0xBE,0xC4,0xCA,0xD0,0xD5,0xDC,0xE2,
//    38:5V  39   40  41
      0xEA,0xF0,0xF6,0xFC
      };
// 2*Vref*data/1024     void DAConv(U16 Dadat);
void int0f_dec() interrupt 0        //减 0.1
{   Dly_nms(10);
    if(Dinput>13)
    {    Dinput--;
         cisu--;
    }
}
void int1f_inc() interrupt 2        //加 0.1
{   Dly_nms(10);
    if(Dinput<53)
    {    Dinput++;
         cisu++;
    }
}
void main(void)
{   U16 tmp;
    IT0=1;IT1=1;              //边沿触发，还是有抖动，会出现按一次键，加多个数
    EA=1;EX0=1;EX1=1;    //开中断
    while(1)
    {
      tmp=(Outdata[cisu]);
      tmp<<=2;  //tmp=tmp<<2
      Disport=(((Dinput/10)<<4)|(Dinput%10));    //输出显示
      DAConv(tmp);
    }
}
```

3. 仿真测试

① 电路中所有的接插件无须仿真，双击接插件，在弹出的对话框中勾选 ☑ Exclude from Simulation 。

扫码看视频

② 编辑编译以上程序并生成目标代码文件 zn8-dianyuan5615.hex。

③ 双击单片机，加载目标代码文件 Program File: ＼Objects＼zn8-dianyuan5615.hex ，设置时钟频率为 12MHz Clock Frequency: 12MHz 。

④ 单击仿真按钮 ▶ 启动仿真。调整图 8-14 底部的可调电压，对 TLC5615 的 6 脚提供约 2.088V 的参考电压，再调加、减设置按键，结果如图 8-14 所示。要注意数码管显示值应该与电压输出端上的电压探针显示值一致，当前都是 4.0V。

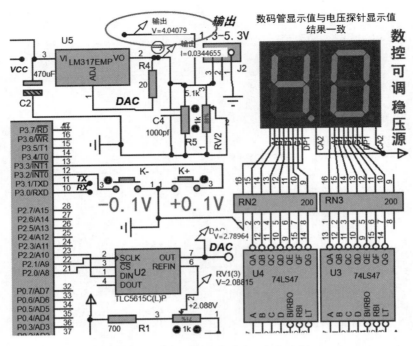

图 8-14 数控直流稳压电源仿真片段

认真测试数控直流稳压电源，并填写表 8-3。

表 8-3 数控直流稳压电源仿真测试记录

测试内容	数码管显示值	电压探针显示值	达标则打勾√	若有问题，试分析并解决
设置 1.3V				
设置 1.4V				
设置 1.5V				
设置 2.0V				
设置 2.5V				
设置 3.5V				
设置 4.9V				
设置 4.0V				
设置 5.1V				
设置 5.2V				
设置 5.3V				

8.6 任务 4：PCB 设计

扫码看视频

1. 设计准备

（1）补充元器件编号

参考图 8-14 对两个按键设置编号 K+、K-；对两个数码管编号为 HIGH、LOW。编号就像每个元器件的身份证号一样，不能重复，具有唯一性。

（2）确认元器件是否参与 PCB 设计

确认对于应该出现在 PCB 上的元器件，不能勾选 ☐ Exclude from PCB Layout 。R5、RV2 不参与 PCB 设计。

（3）合理设置封装

单击设计浏览器按钮 ，打开如图 8-15 所示的元器件列表，可查看元器件编号、类型、值、封装等信息。图 8-15 中画框的元器件都要设置封装。参考图 8-16 和图 8-17 设置数码管编号及封装；参考图 8-18 设置按键的封装；参考图 8-19 设置电源插座的封装。

HIGH	7SEG-MPX1-...		7SEG-56	设置封装
J1	SIL-156-03		PIN3-POWer	
J2	SIL-156-03		SIL-156-03	
J3 (SIL-1004)	SIL-156-04	SIL-1004	SIL-100-04	
K+	BUTTON		4PIN-BUT	参考2.9节制作
K-	BUTTON		4PIN-BUT	
LOW	7SEG-MPX1-...		7SEG-56	设置封装
R1 (700)	RES	700	RES40	
R2 (1k)	RES	1k	RES40	
R3 (20)	RES	20	RES40	
R4 (20)	RES	20	RES40	
RN1 (300)	RX8	300	DIL16	
RN2 (200)	RX8	200	DIL16	
RN3 (200)	RX8	200	DIL16	
RV1 (1k)	POT-HG	1k	CONN-SIL3	
U1 (AT89C52)	AT89C52	AT89C52	DIL40	
U2 (TLC5615C(L)P)	TLC5615C(L)P	TLC5615C...	DIL08	
U3 (74LS47)	74LS47	74LS47	DIL16	
U4 (74LS47)	74LS47	74LS47	DIL16	
U5 (LM317EMP)	LM317EMP	LM317EMP	TO220	设置封装

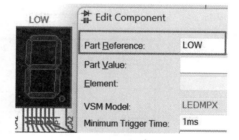

图 8-15　在设计浏览器中查看封装等信息　　　　　图 8-16　设置数码管的编号

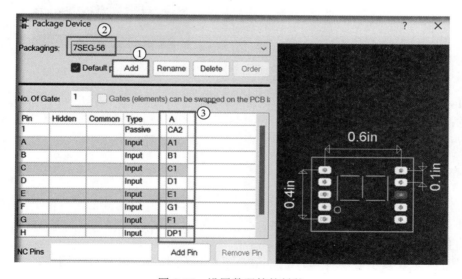

图 8-17　设置数码管的封装

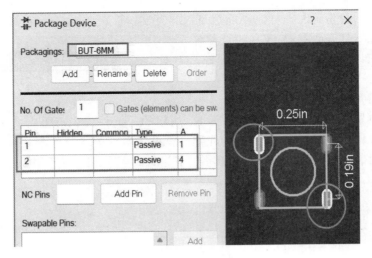

图 8-18　设置按键的封装

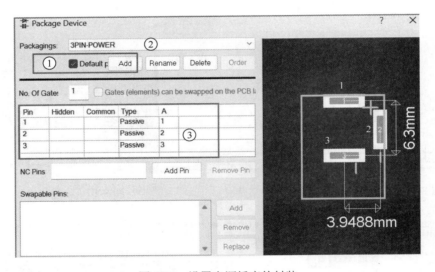

图 8-19　设置电源插座的封装

按键、电源插座的封装制作参考 4.8 节。

注意：已连入电路中的元器件禁止设置封装，故在空白处放置相应元器件，再设置封装。设置封装后，元器件各引脚旁可能出现对应的焊盘编号。

2．布局、布线、3D 预览

（1）设置布局、布线等规则

设置布局、布线等规则的步骤见图 1-20 及其相关内容。

（2）布局、3D 预览

布局时应先放置核心器件单片机，最小系统中的电阻、电容等应围绕单片机进行布局，特别是振荡电路中的晶振、滤波电容紧挨着单片机的振荡引脚。考虑到操作的便捷性，接插件尽量布局在电路板周边。各元器件的布局位置应该与原理图一致，疏朗有序。布局时往往以手动布局为主，可根据需要，自动布局部分元器件，单击布局按钮 进行相应操作。PCB 的布局结果如图 8-20 所示。

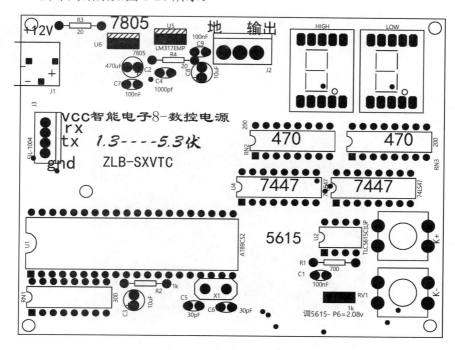

图 8-20　数控直流稳压电源 PCB 的布局结果

单击 3D 预览按钮 ◀◀，进行 PCB 的 3D 预览，如图 8-21 所示。

（3）布线及完善

单击布线按钮 ⬛，各参数采用默认值进行布线，结果如图 8-22 所示。

图 8-21　数控直流稳压电源 PCB 的 3D 预览

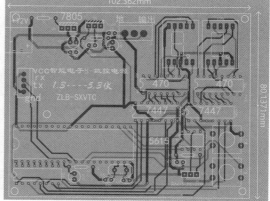

图 8-22　数控直流稳压电源 PCB 的布线结果

如果要在 PCB 上绘制一些非电气图案，可参考图 1-24 及其相关内容。

3．输出生产文件

单击 PCB 设计窗口中的菜单 Output→Generate Gerber/Excellon Output，输出生产文件。具体操作参考 A.2.6 节。

8.7　任务 5：作品制作与调试

扫码看视频

将 PCB 生产文件压缩包送制板厂，加工出 PCB。数控直流稳压电源运行时的照片如图 8-23 所示。参考表 8-4 进行实物测试、排除故障，直至成功。

图 8-23　数控直流稳压电源运行时的照片

表 8-4　数控直流稳压电源实物测试记录

测试内容	方法、工具	测试结果（完成则打勾 √）	若有问题，试分析并解决
检查电路板	目测，万用表等		
元器件识别与装配	目测，万用表等		
焊接	电烙铁、万用表等		
检查线路通、断	万用表等		
代码下载	工具：单片机、下载器。 代码文件：zn8-dianyuan5615.hex。 下载方法参考附录 C		
功能测试，参考表 8-3	电源、万用表等		
其他必要的记录			
判断单片机是否工作：工作电压为 5V 的情况下，振荡脚电平约为 2V，ALE 脚电平约为 1.7V			
给自己的实践评分：	反思与改进：		

8.8　拓展设计——精进不休

资料查阅与讨论：本作品最大输出电压可达多少伏？

① 尝试将最大输出电压提高到 10V，精度会有影响吗？为什么？

② 尝试将两块 TLC5615 串联，得到两路模拟量的输出。

③ 自行进行其他创新。

④ 用国产软件嘉立创进行 PCB 设计，如图 8-24～图 8-26 所示。

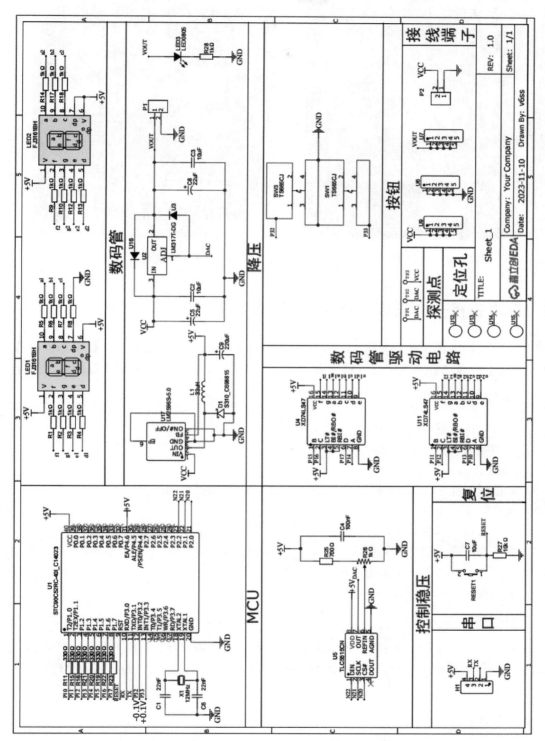

图 8-24　用嘉立创绘制数控直流稳压电源的电路图

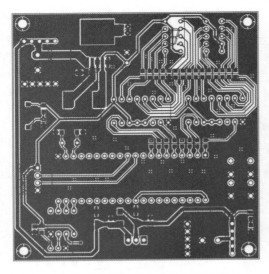

图 8-25　用嘉立创绘制设计的 PCB 版图　　　图 8-26　用嘉立创进行 PCB 的 3D 预览

8.9　技术链接——三端可调稳压器 LM317

LM317 是美国国家半导体公司早年制造的三端可调稳压器集成电路。我国和世界各大集成电路生产商均有同类产品可供选用，是使用极为广泛的一类串联集成稳压器。

1．物理特性

① 典型线性调整率为 0.01%。

② 典型负载调整率为 0.1%。

③ 80dB 纹波抑制比。

④ 输出短路保护。芯片内部具有过热、过流、短路保护电路。

⑤ 调整管安全工作区保护。

⑥ 标准三端晶体管封装。

⑦ 电压范围在 1.25～37V 内连续可调。输出电压为 DC 1.25～37V。最小输入-输出电压差为 DC 3V。最大输入-输出电压差为 DC 40V。

⑧ 输出电流：5mA～1.5A。

2．引脚封装

LM317 有三个引脚，如图 8-27 所示，其封装形式见表 8-5。TO 表示晶体管外形。TO-220 是一种大功率晶体管、中小规模集成电路等常采用的直插式封装形式。TO-263 为表贴式封装。

3．工作原理

LM317 的基本调整电压应用电路如图 8-28 所示，要注意功耗和散热问题。LM317 输入引脚 V_{IN} 接入正电压，输出引脚 V_{OUT} 接负载，电压调整引脚 ADJ 与输出引脚间接一电阻（200Ω 左右），另接可调电阻（几 kΩ）接地。输入和输出引脚对地要接滤波电容。

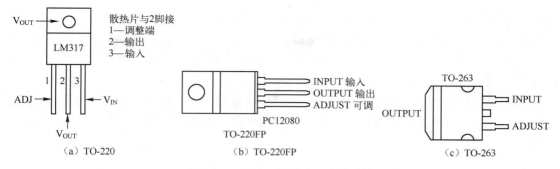

图 8-27　LM317 的封装、引脚功能

表 8-5　LM317 的封装形式

TO-220（single gauge，单规　　）	TO-220（double gauge，双规）	TO-263（表贴式）	TO-220FP
LM217T	LM217T-DG	LM217D2T-TR	
LM317T	LM317T-DG	LM317D2T-TR	LM317P
LM317BT			

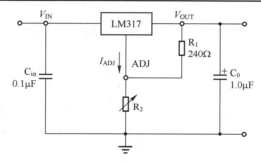

图 8-28　LM317 的基本调整电压应用电路

4．外围参数的计算

如图 8-28 所示，决定 LM317 输出电压的是电阻值 R_1、R_2 的比值，假设 R_2 是一个固定电阻。输出端的电位高，电流经 R_1、R_2 流入接地点。

I_{ADJ}：调整端消耗电流，非常小，可忽略。

V_{REF}：LM317 调整端与输出端内部参考电压，为 1.25V。

V_{OUT}：输出电压。

$V_{OUT} = V_{REF} + (V_{REF}/R_1)R_2 + I_{ADJ} \times R_2 \approx V_{REF}(1 + R_2/R_1) \approx 1.25 \times (1 + R_2/R_1)$。

5．LM317 的应用注意事项

LM317 作为输出电压可变的集成三端稳压块，是一种使用方便、应用广泛的集成稳压块。

① 适当调整 R_1、R_2，可以达成高压稳压的目的，但 LM317 的输入、输出接脚间的电

位差不能超过 35V。

②　LM317 的最大供应电流是 1.5A。如果需要更大的电流，则应寻求不同的封装形式，或者使用其他产品，如 LM317 对应的 LT1085CT 或 LM337 对应的 LT1033CT，就能够提供 3A 的电流，但仍为 TO-220 封装。

③　LM317 使用时，如图 8-29 所示，如果 R_2 并联一个电容，可以大幅提高抵抗谐波的能力。并联一个电容的同时，应该多加一个二极管，使电容放电时，保护 LM317 不受损坏。

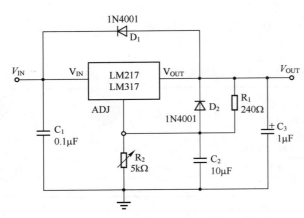

C_1：旁路电容。
C_2：改善纹波抑制约15dB。
C_3：一个1μF钽电容或25μF铝电解电容器，用于改善瞬态响应。
D_1：保护设备不受输入短路影响。
D_2：保护输出因电容放电而短路。

图 8-29　有二极管保护的电压调整电路

项目 9　惜时守时——可报时电子时钟

电子时钟是一种用于显示时间、日期、星期等信息的电子计时器。与传统的机械时钟相比，电子时钟准确性更高、使用寿命更长，通常具有以下功能。

① 时、分、秒显示：能够以数字形式显示当前时间，精确到秒。

② 闹钟功能：用户可以设置特定的时间作为闹钟，到点时电子时钟会发出提醒声音或震动。

③ 定时器功能：用户可以设置特定的时间间隔，电子时钟会在每个时间间隔后发出提醒声音或震动。

9.1　产品案例

图 9-1（a）所示为一简易的小电子时钟，售价 10 元以内，可显示时、分、月、日，背面设有两个调整的按钮。图 9-1（b）所示为功能较多的一款电子时钟，售价约 30 元，可显示时间、日期、星期、闹铃、温湿度、天气情况等信息。

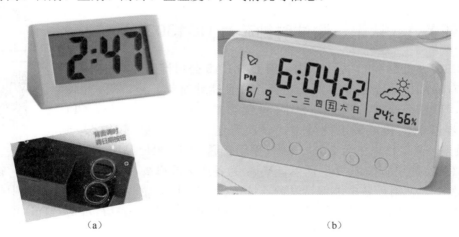

（a）　　　　　　　　　　　　　　　　　（b）

图 9-1　电子时钟产品案例

9.2　项目要求与分析

扫码看视频

1. 目标与要求

本项目将设计与制作一款可报时电子时钟，用数码管能醒目显示时间等信息，并可调整时间和报时，教学目标、项目要求与建议教学方法见表 9-1。

表 9-1　可报时电子时钟项目的教学目标、项目要求与建议教学方法

	知识	技能	素养
教学目标	① 了解时钟芯片； ② 理解三线制数据传输时序； ③ 理解扫描显示、工作模式切换设计	① 熟悉时钟芯片的接口电路； ② 学会时钟数据读/写等程序设计； ③ 学会工作模式切换程序设计； ④ 能正确完成 PCB 设计	① 惜时守时，精确设计时钟； ② 作品即产品，品质第一； ③ 有序思维，有序做事； ④ 学有所用，学有所创
项目要求	① 准确计时"时""分""秒"。计时精度由 DS1302 及 32.768kHz 晶振精度决定。 ② 方便调整"时""分""秒"。设计按键调时。 ③ 断电保持计时。要求借辅助电源（如纽扣电池）供电 DS1302，准确计时数年。 ④ 设一按钮，点击可语音播报时间		
建议教学方法	析—设—仿—做—评		

2．自上而下进行项目分析

根据项目要求，划分功能模块，构建系统框架，如图 9-2 所示。

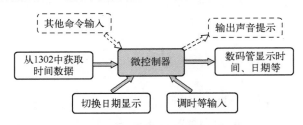

图 9-2　可报时电子时钟系统框架图

扫码看视频

扫码看视频

9.3　任务 1：认识、测试时钟芯片 DS1302

DS1302（见图 9-3）是一款由美国 DALLAS 公司推出的实时时钟芯片，具有涓细电流充电能力，低功耗，并且能够对年、月、周、日、时、分、秒进行计时，以及具有闰年补偿功能，采用三线接口与 CPU 进行同步通信，并可采用批量方式一次传送多个字节的时钟信号或 RAM 数据。其工作电压为 2.0～5.5V，采用普通 32.768kHz 晶振。

DS1302 的引脚如图 9-3 所示。V_{CC1} 为备用电源引脚，V_{CC2} 为电源引脚。在电源关闭的情况下，使用后备电池保持时钟连续运行。DS1302 由 V_{CC1} 或 V_{CC2} 两者中的较高者供电。当 $V_{CC2}>V_{CC1}+0.2V$ 时，V_{CC2} 给 DS1302 供电。当 $V_{CC2}<V_{CC1}$ 时，DS1302 由 V_{CC1} 供电。

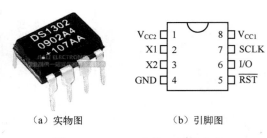

（a）实物图　　　（b）引脚图

图 9-3　DS1302 实物、引脚布局

1．引脚功能

X1、X2：32.768kHz 晶振引脚。

GND：地。

$\overline{RST}$：复位脚。

I/O：数据输入/输出引脚。

SCLK：串行时钟。

V_{CC1}：备用电源。

V_{CC2}：电源引脚。

2．DS1302 的地址/命令字寄存器

如图 9-4 所示，当 5 位地址寄存器为 0 时，且选择 CLOCK 功能，则：
读地址为 81H（0b10000001），为读秒数据；
写地址为 80H（0b10000000），为写入秒数据。

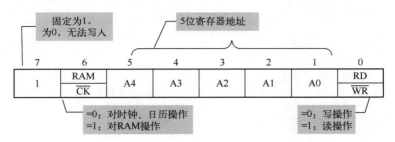

图 9-4　DS1302 的地址/命令字寄存器

3．DS1302 的时钟寄存器

如图 9-5 所示，时钟寄存器包括秒、分、时、日、月、周、年，且以 BCD 码存储。可选择 12 或 24 小时制，当选择 12 小时制时，又有上午 AM、下午 PM 的区别。

READ	WRITE	BIT 7	BIT 6	BIT 5	BIT 4	BIT 3	BIT 2	BIT 1	BIT 0	RANGE
81h	80h	CH	10 Seconds			Seconds				00–59
83h	82h	10 Minutes				Minutes				00–59
85h	84h	12/24	0	10 AM/PM	Hour	Hour				1–12/0–23
87h	86h	0	0	10 Date		Date				1–31
89h	88h	0	0	0	10 Month	Month				1–12
8Bh	8Ah	0	0	0	0	0	Day			1–7
8Dh	8Ch	10 Year				Year				00–99
8Fh	8Eh	WP	0	0	0	0	0	0	0	—
91h	90h	TCS	TCS	TCS	TCS	DS	DS	RS	RS	—

图 9-5　DS1302 的时钟寄存器（数据手册截图）

（1）秒寄存器（读、写命令字分别为 0x81、0x80）
CH 为时钟停止标志位，CH=1，振荡器停止。
剩下 7 位中高 3 位是秒的十位，低 4 位是秒的个位。
（2）时寄存器（读、写命令字分别为 0x85、0x84）
bit7 =1：12 小时制，bit5=0，为上午；bit5=1，为下午；bit4 为小时的十位。
bit7 =0：24 小时制，bit5、bit4 共同构成小时的十位。
低 4 位代表的是小时的个位。
（3）写允许寄存器（读、写命令字分别为 0x8F、0x8E）
最高位为写保护位 WP：WP=0，允许写；WP=1，禁止写。

4．应用测试

（1）测试电路
如图 9-6 所示，设计一个简单的测试电路，时间数据通过串口显示在虚拟终端上。在

Proteus 中 DS1302 的时间数据与计算机系统时间一致。串口通信的波特率设计为 9600bps。

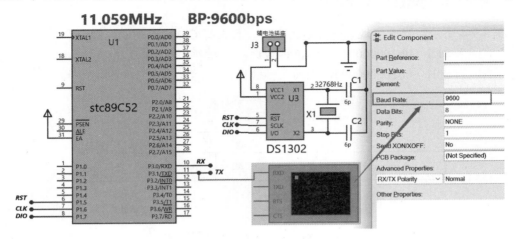

图 9-6　DS1302 应用测试电路

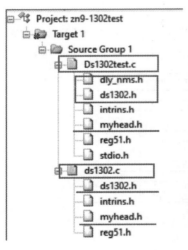

图 9-7　DS1302 测试程序工程结构

（2）测试程序

测试程序采用模块化设计。如图 9-7 所示，DS1302 的各个功能函数定义在 ds1302.c 中，各函数声明在 ds1302.h 中。测试程序的主要功能为获取时间及日期数据，并输出到串口显示。波特率设计为 9600bps。

① 主程序设计 Ds1302test.c。

在 Proteus、Keil 或其他软件开发工具中，创建工程 zn 9-1302test、源程序 C 文件 Ds1302test.c。

```c
#include "ds1302.h"
#include "dly_nms.h"
#include <stdio.h>
U8 temp,readdata;
SYSTEMTIME  CurrentTime ;
YEARS  Nowyear;

void serial_init(void)  ;

void main( )
{  Dly_nms(1000);
   readdata=Read1302(0x80);
   Write1302(0x80,readdata&0x7f);            //DS1302 工作
   serial_init( );
   while(1)
{  DS1302_GetTime( &CurrentTime );  //读取时间数据
     //TimeToStr( &CurrentTime );
      printf("the time is:  %bu:%bu:%bu\n\n",CurrentTime.Hour,
             CurrentTime.Minute,CurrentTime.Second);
      DS1302_GetYEAR( &Nowyear );     //读取日期数据
      printf("the Data is :%bu-%bu-%bu,Week is:%bu\n\n",Nowyear.Year,
```

```
                              Nowyear.Month,Nowyear.Data,Nowyear.Week);
              Dly_nms(1000);
      }
  }

  void serial_init(void)
  {   SCON = 0x50;    /* SCON：串口工作方式 1，允许接收        */
      TMOD |= 0x20;   //TMOD：定时器 1，工作方式 2，8 位自动重载初值
      TH1  = 0xfd;
      TL1  = 0xfd;    //fd；11.0592MHz 条件下产生 9600bps 波特率
      TR1  = 1;       /* TR1：启动定时器 1 工作        */
      TI   = 1;       /* TI：进行异步通信，发送第一个数据      */
  }
```

② myhead.h、dly_nms.h。

两个头文件 myhead.h、dly_nms.h 如图 9-8 所示。

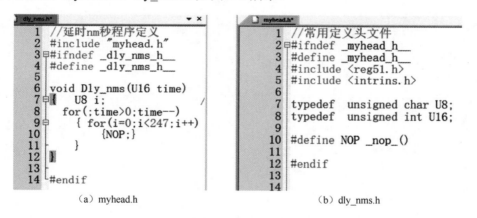

（a）myhead.h　　　　　　　　　　（b）dly_nms.h

图 9-8　两个头文件 myhead.h、dly_nms.h

③ 设计 DS1302 头文件 ds1302.h。

头文件中包括单片机接口引脚定义、函数声明、各种数据存储地址定义。

```
    #ifndef __ds1302_h__
    #define __ds1302_h__

    #include "myhead.h"
    // 接口定义
    sbit  DS1302_CLK = P1^6;      //实时时钟时钟线引脚
    sbit  DS1302_IO  = P1^7;      //实时时钟数据线引脚
    sbit  DS1302_RST = P1^5;      //实时时钟复位线引脚
    sbit  ACC0 = ACC^0;
    sbit  ACC7 = ACC^7;

    // 秒、分、时、日、月、周、年的存储地址定义
    // 命令：写 0x80 ,0x82 ,0x84 ,0x86 ,0x88 ,0x8a ,0x8c
    //命令：读（0x80 ,0x82 ,0x84 ,0x86 ,0x88 ,0x8a ,0x8c）+1
```

```
#define   DS1302_SECOND      0x80
#define   DS1302_MINUTE      0x82
#define   DS1302_HOUR        0x84

#define   DS1302_DATA        0x86
#define   DS1302_MONTH        0x88
#define   DS1302_WEEK        0x8A
#define   DS1302_YEAR        0x8C
#define   DS1302_WriteEn 0x8e
  // 时间结构体名称为 SYSTEMTIME，包括时、分、秒，
  //以及时、分、秒的十位和个位共 6 个数，存放在显示数组中
typedef struct
{ U8 Second;
  U8 Minute;
  U8 Hour;
  U8 TimeStr[6]; //依次是时、分、秒的十位和个位
}SYSTEMTIME;
  // 日期结构体名称为 YEARS，包括年、月、日、周
typedef struct
{ U8 Year;
  U8 Month;
  U8 Data;
  U8 Week;
}YEARS;
//以下是各种函数的声明
void mdelay(U16 count);
void DS1302InputByte(U8 d) ;
U8 DS1302OutputByte(void) ;
void Write1302(U8 ucAddr, U8 ucDa);
U8 Read1302(U8 ucAddr) ;
void DS1302_GetTime(SYSTEMTIME *Time);
void TimeToStr(SYSTEMTIME *Time);
void DS1302_GetYEAR(YEARS *Nowyear);
#endif
```

④ ds1302.c。

DS1302 的读/写函数设计在 C 文件 ds1302.c 中。

```
#include "ds1302.h"

// 秒, 分, 时, 日, 月, 周, 年
//以上七项写命令字：0x80 ,0x82 ,0x84 ,0x86 ,0x88 ,0x8a ,0x8c
//以上七项读命令字：(0x80 ,0x82 ,0x84 ,0x86 ,0x88 ,0x8a ,0x8c)+1
// 其中写秒的命令字 0x80 的最高位为 0，DS1302 工作；为 1，DS1302 不振荡，低功耗
// 控制命令：0x8e（赋值 0，表示可以写入；赋值 0x80，表示不可写入，即写保护）
//读保护命令字为 8F，数据中最高位为保护位
```

//DS1302 写操作时序，如图 9-9 所示。

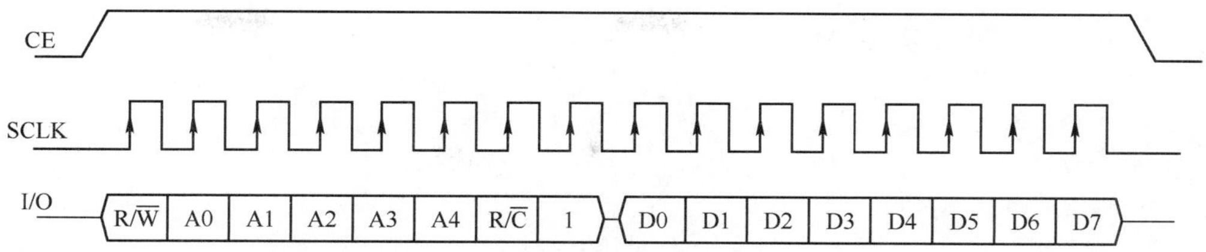

图 9-9　DS1302 写操作时序（低位在前，用>>命令）

```
void  DS1302InputByte(U8  d)        //实时时钟写入 1Byte
{  U8 i;
   ACC = d;
   for(i=8; i>0; i--)
   {  DS1302_IO = ACC0;             //相当于汇编中的 RRC
       DS1302_CLK = 1;
     DS1302_CLK = 0;
     ACC = ACC >> 1;
   }
}

U8 DS1302OutputByte(void)           //实时时钟读取 1Byte
{   U8 i;
   ACC=0;
   for(i=8; i>0; i--)
   {  ACC = ACC >>1;
      ACC7 = DS1302_IO;
      DS1302_CLK = 1;
      DS1302_CLK = 0;
   }
   return(ACC);
}
 //ucAddr: DS1302 地址, ucAddr ; 要写的数据 ucDa
void Write1302(U8  ucAddr, U8  ucDa)
{   DS1302_RST = 0;
   DS1302_CLK = 0;
   DS1302_RST = 1;
   DS1302InputByte(ucAddr);         // 地址，命令
   DS1302InputByte(ucDa);           // 写 1Byte 数据
   DS1302_CLK = 1;
   DS1302_RST = 0;
}
```
//读取 DS1302 某地址的数据，读取的数据在返回值中
//DS1302 的单字节读操作时序如图 9-10 所示。

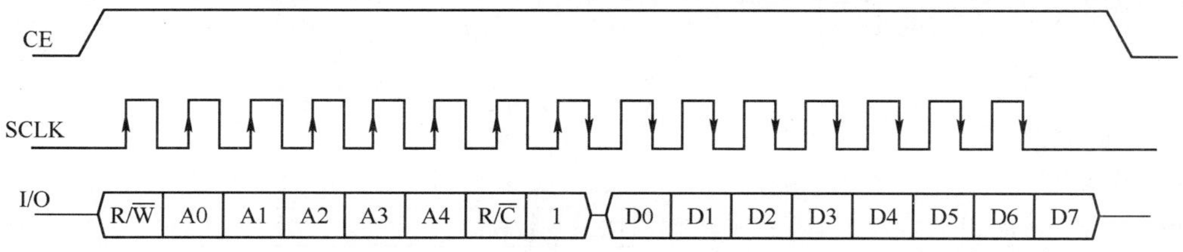

图 9-10　DS1302 的单字节读操作时序（先写读命令字，再读取数据）

```
U8 Read1302(U8 ucAddr)
{  U8 ucData;
   DS1302_RST = 0;
   DS1302_CLK = 0;
   DS1302_RST = 1;
   DS1302InputByte(ucAddr|0x01);          // 地址，命令
   ucData = DS1302OutputByte();           // 读 1Byte 数据
   DS1302_CLK = 1;
   DS1302_RST = 0;
   return(ucData);
}
```

//读出时、分、秒的 BCD 码，转成十进制，存入结构体中

```
void DS1302_GetTime(SYSTEMTIME *Time)
{  U8 ReadValue;                ReadValue = Read1302(DS1302_SECOND);
   Time->Second = ((ReadValue&0x70)>>4)*10 + (ReadValue&0x0F);
   ReadValue = Read1302(DS1302_MINUTE);
   Time->Minute = ((ReadValue&0x70)>>4)*10 + (ReadValue&0x0F);
   ReadValue = Read1302(DS1302_HOUR);
   Time->Hour = ((ReadValue&0x30)>>4)*10 + (ReadValue&0x0F);
}
```

//读出年、月、日、周的 BCD 码，转成十进制，存入结构体中

```
void DS1302_GetYEAR(YEARS *Nowyear)
{  U8 ReadValue;
   ReadValue = Read1302(DS1302_YEAR);
   Nowyear->YEAR = ((ReadValue&0xF0)>>4)*10 + (ReadValue&0x0F);
   ReadValue = Read1302(DS1302_MONTH);
   Nowyear->MONTH = ((ReadValue&0x10)>>4)*10 + (ReadValue&0x0F);
   ReadValue = Read1302(DS1302_WEEK);
   Nowyear->WEEK = ReadValue&0x07;
   ReadValue = Read1302(DS1302_DATA);
   Nowyear->DATA = ((ReadValue&0x30)>>4)*10 + (ReadValue&0x0F);
}
```

//将时、分、秒的十位、个位依次置于数组中，以便显示

```
void TimeToStr(SYSTEMTIME *Time)
{  Time->TimeStr[0] = Time->Hour/10;
   Time->TimeStr[1] = Time->Hour%10;
   Time->TimeStr[2] = Time->Minute/10;
   Time->TimeStr[3] = Time->Minute%10;
   Time->TimeStr[4] = Time->Second/10;
   Time->TimeStr[5] = Time->Second%10 ;
}
```

（3）仿真测试

① 编辑编译以上程序并生成目标代码文件 zn 9-1302test.hex。

② 双击单片机，加载目标代码文件 | Program File: N9-1302\Objects\ZN9-1302.hex |，
设置时钟频率为 11.059MHz | Clock Frequency: 11.059MHz |。

③ 参考图 9-6 右侧，对串口虚拟终端双击，在弹出的对话框相应位置选择波特率为 9600bps。

④ 单击仿真按钮 ▶ 启动仿真。

可在虚拟终端看到时间、日期等数据状态，如图 9-11 所示，此时间与计算机当前时间一致。若未弹出图 9-11 所示窗口，可右击虚拟终端或通过菜单 Debug→ Virtual Terminal 打开它。

图 9-11　从串口输出读取到的 DS1302 数据

9.4　任务 2：系统电路设计

可报时电子时钟的电路结构如图 9-12 所示，完整的电路设计如图 9-13 所示。

单片机资源分配：数码管显示占用 P1 口、P2 口，段码端通过译码器 74LS47 进行译码供数码管显示；P2 口控制数码管位码，并通过 74245 增强驱动；DS1302 的 3 条控制线占用 P1.5 口～P1.7 口；蜂鸣器占用 P1.4 口；调时按钮占用 P3 口的中断及定时引脚。

注意：图 9-13 中粗斜体字为网络标号。

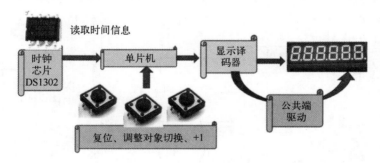

图 9-12　可报时电子时钟的电路结构

9.5　任务 3：并联数码管显示测试

扫码看视频

如图 9-13 所示，6 位共阳并联数码管的段码端由 P1 口的低 4 位经显示译码器 74LS47 控制，位码端由 P2 口低 6 位经 72245 驱动后扫描，此处需注意：P2.6 口控制语音模块的 busy 脚，P2.7 口控制数码管的 dp 端。

以下程序为测试数码管显示而设，对 P3.2 口所接按钮点击次数进行计数，将计数值显示在数码管上。新建工程文件 seg_6_cnt、源程序文件 seg_6_cnt.c。

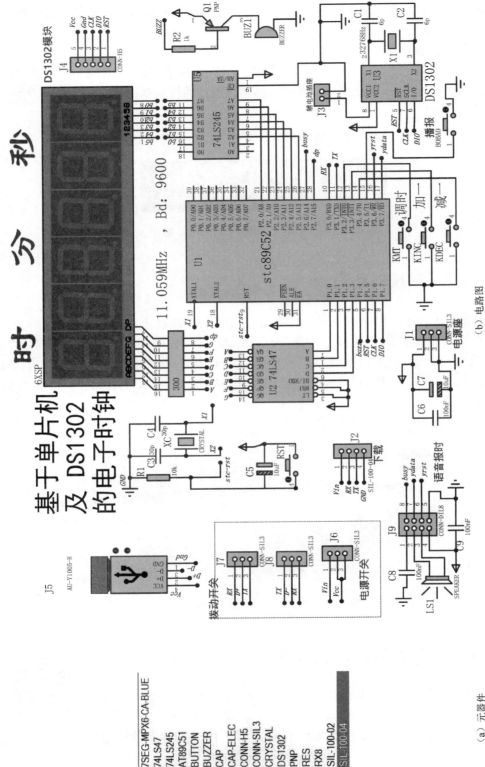

（a）元器件

（b）电路图

图 9-13　可报时电子时钟完整的电路设计

1．数码管测试程序

```c
#include<reg51.h>
typedef  unsigned  char Uchar;
typedef  unsigned  int Uint;
sbit key=P3^2;                        //计数热键，查询方式
Uchar disdata[6]={0,0,0,0,0,0};          //计数值分解后存放的数组
void Delay5ms()                       //@11.0592MHz
{ unsigned char i, j;
   i = 9;
   j = 244;
   do
   {    while (--j);
   } while (--i);
}
void dis6_seg ()
{  P2=0x81;P1=(P1&0XF0)|disdata[0];       Delay5ms();
   P2=0x80;P1=0xff;      //消隐
   P2=0x82;P1=(P1&0XF0)|disdata[1];       Delay5ms();
   P2=0x80;P1=0xff;      //消隐
   P2=0x84;P1=(P1&0XF0)|disdata[2];       Delay5ms();
   P2=0x80;P1=0xff;      //消隐
   P2=0x88;P1=(P1&0XF0)|disdata[3];       Delay5ms();
   P2=0x80;P1=0xff;      //消隐
   P2=0x90;P1=(P1&0XF0)|disdata[4];       Delay5ms();
   P2=0x80;P1=0xff;      //消隐
   P2=0xa0;P1=(P1&0XF0)|disdata[5];       Delay5ms();
   P2=0x80;P1|=0x0f;     //消隐
}
void main()
{ Uint cnt;
   P2=0;P1=0xff;
   while(1)
   { key=1;
        if ( key==0 )
        { Delay5ms();
          Delay5ms();
          if( key==0 )
          { while( key==0 )
            { ; }
            cnt++;          disdata[5]=cnt%10;
            disdata[4]=(cnt/10)%10;   disdata[3]=cnt/100;
          }
        }
        dis6_seg ();
   }
}
```

2．数码管测试程序

将生成的代码文件 seg_6_cnt.hex 加载到电路中的单片机，启动仿真运行，点击 P3.2 口的按键 KMT，点击的次数应该显示在数码管上。

9.6　任务 4：系统程序设计与仿真测试

扫码看视频

1．程序设计思路

可报时电子时钟程序设计思路如图 9-14 所示。

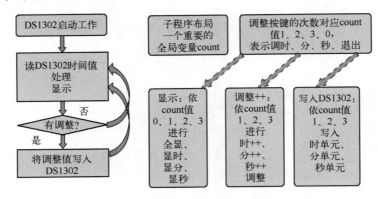

图 9-14　可报时电子时钟程序设计思路

在 Proteus、Keil 或其他软件开发工具中，创建工程 ZN9-ds1302，工程结构如图 9-15 所示。创建程序文件 ZN9-ds1302.c，其他头文件请参考 9.3 节。

2．主程序设计 ZN9-ds1302.c

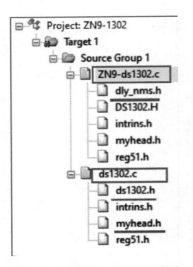

图 9-15　可报时电子时钟程序的
工程结构

```c
#include "DS1302.H"
#include "dly_nms.h"
#define anod_combit P2
#define seg7 P1
sbit mtime=P3^2;              //查引脚，消抖用
sbit mt_inc=P3^3;             //查引脚，消抖用
U16 count;
U8 temp,readdata;
bit Inck_flag=0x20;
U8 bitx;
//定义结构体变量，当前时间 CurrentTime
SYSTEMTIME  CurrentTime ;
//写命令字，读时命令字再加 1
void Dis( SYSTEMTIME *Time );
void Keydone( );              //调用按键处理函数
void main( )
{ Inck_flag=0;
```

```
        Dly_nms(1000);
        P1=0xff; anod_combit=0x00;
        EA=1;IT0=1;IT1=1;
        EX0=1;EX1=1;
        TMOD=01; ET0=1;
        TH0=0X3C;TL0=0XB0;
        TR0=1;
        readdata=Read1302(0x80);
        Write1302(0x80,readdata&0x7f);        // DS1302 工作
        while(1)
        {
            Dis(&CurrentTime);
            if(count!=0)
            {  Keydone(); }                    //进入调整模式
        }
}
void t0f( ) interrupt 1
{   static U8 xx=0;
    TH0=0X3C;TL0=0XB0;
    if((++xx)==6)                              //约 300ms 读一次时间数据
    { xx=0;
      DS1302_GetTime(&CurrentTime);
      TimeToStr(&CurrentTime);                 //刷新显示数组
    }
}
void Dis( SYSTEMTIME *Time )
{ U8 disbit,shiftb;
 switch(count)
  {case 0:     bitx=0x0;disbit=1;
        for(shiftb=0;shiftb<6;shiftb++)
            { _nop_(); _nop_();
              seg7= (seg7&0xf0)|(Time->TimeStr[shiftb]);  //Duan
              anod_combit=disbit ;
              if( (shiftb==1)|(shiftb==3) )
                 { ; }
              else
                { anod_combit |=0x80; }
              Dly_nms(4);  disbit<<=1;
              anod_combit&=0x80;
            }
              break;
   case 1:disbit=1;
        for(shiftb=0;shiftb<2;shiftb++)
            { _nop_();       _nop_();
              seg7= (seg7&0xf0)|(Time->TimeStr[shiftb]); //Duan
              anod_combit=disbit;
              Dly_nms(4); disbit<<=1;
              anod_combit =0x80;                         //位
```

```
                      }break;
        case 2:disbit=0x04;
              for(shiftb=2;shiftb<4;shiftb++)
                  {   _nop_();       _nop_();
                      seg7= (seg7&0xf0)|(Time->TimeStr[shiftb]); //段
                      anod_combit=disbit;
                      Dly_nms(6); disbit<<=1;
                      anod_combit =0;                           //位
                  }break;
        case 3:disbit=0x10;
              for(shiftb=4;shiftb<6;shiftb++)
                  {   _nop_();       _nop_();
                      seg7= (seg7&0xf0)|(Time->TimeStr[shiftb]); //段
                      anod_combit=disbit;
                      Dly_nms(4); disbit<<=1;
                      anod_combit=0x80;                         //位
                  }break;
        default:break;
    }
}
// 外中断 0 的中断函数，DS1302 写保护，即不能写入，并启动工作
void int0_ts( void ) interrupt 0
{   Dly_nms(5) ;
    if(mtime==0)                            // 确实有按键
    count=count+1; //Tiaoshikey 按一次,count+1
    if(count==4)
        { count=0;                                  //退出调时，DS1302 振荡，禁止写入
            readdata=(Read1302(0x80))&0X7F;
// 其中写秒命令字 0x80 的最高位为 0，DS1302 工作；为 1，DS1302 不振荡，低功耗
// 控制命令：0x8e（赋值为 0，表示可以写入；赋值为 0x80，表示不可写入，即写保护）
            Write1302(0x80,readdata);        //工作
            Write1302(0x8e,0x80);            //禁止写入
            while(mtime==0)                  //消抖动，等待键松开
                { ; }
            IE0=0;   Dly_nms(1) ;
        }
}
/* 外中断 1 的中断函数，功能为加 1 调时，即按"加一"键时，根据变量 count 的值执行
对秒、分、时加 1 操作，保存在变量 temp 中 */
 void int1_inc(void ) interrupt 2
{
 Dly_nms(5) ;
 switch(count)
    { case 1:
        temp=Read1302(DS1302_HOUR);          //读取小时数
        temp=((temp&0x70)>>4)*10+(temp&0x0f);
        temp=temp+1;                          //小时数加 1
        if(temp>=24)      temp=0;
```

```
        Inck_flag=1;
        break;
     case 2:
        temp=Read1302(DS1302_MINUTE);      //读取分钟数
        temp=((temp&0x70)>>4)*10+(temp&0x0f);
        temp=temp+1;                        //分数加 1
        Inck_flag=1;
        if(temp>=60)     temp=0;
        break;
     case 3:
        temp=Read1302(DS1302_SECOND);      //读取秒数
        temp=((temp&0x70)>>4)*10+(temp&0x0f);
        temp=temp+1;                        //秒数加 1
        Inck_flag=1;                        //数据调整后更新标志
        if(temp>=60)     temp=0;
        break;
   default:  Inck_flag=0; break;
   }
 IE1=0;  Dly_nms(1);
}
//按键处理函数，调时结束时更新 DS1302 中的数据
//根据变量 count 将调整后的数据再转变为 BCD 码写入 DS1302
 void Keydone()
{ Write1302(0x8e,0x00);                    //写入允许
 readdata=Read1302(0x80);
 Write1302(0x80,readdata|0x80);            //时钟停止
  switch(count)
  { case 1:do                             //count=1，调整小时数
    {   if(Inck_flag==1)
      {   temp=(temp/10)<<4|temp%10;
          Write1302(0x84,temp);           //写入新的小时数
          Inck_flag=0;
      }
          Dis(&CurrentTime);              // dis( SYSTEMTIME *Time );
    }while(count==2);break;
    case 2:do                             //count=2，调整分钟数
    {  if(Inck_flag==1)
      { temp=(temp/10)<<4|temp%10;
          Write1302(0x82,temp);           //写入新的分钟数
          Inck_flag=0;
      }
        Dis(&CurrentTime);
    }while(count==3);break;
    case 3:do                             //count=3，调整秒数
      {                                   //扫描加按钮
        if(Inck_flag==1)                  //数据更新，重新写入新的数据
          { temp=(temp/10)<<4|temp%10;
            Write1302(0x80,temp|0x80);    //写入新的秒数
```

```
            Inck_flag=0;
        }
        Dis(&CurrentTime);
    }while(count==4);break;
    default:break;
    }
}
```

3. 仿真测试

① 电路中所有的接插件无需仿真，双击接插件，在弹出的对话框中勾选
☑ Exclude from Simulation 。

② 编辑编译以上程序并生成目标代码文件 zn9-ds1302.hex。

③ 双击单片机，加载目标代码文件 Program File: `-1302\Objects\ZN9-ds1302.omf`，设置时钟频率为 11.059MHz Clock Frequency: `11.059MHz`。

④ 单击仿真按钮 ▶ 启动仿真。如图 9-16 所示，看到的时间值应该与计算机时间一致。

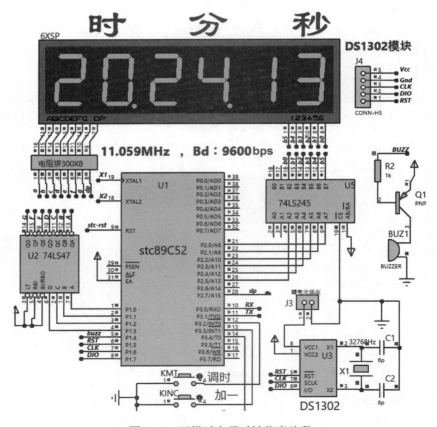

图 9-16　可报时电子时钟仿真片段

认真测试可报时电子时钟，并填写表 9-2。

表 9-2 可报时电子时钟仿真测试记录

测试内容	数码管显示现象记录	达标则打勾 √	若有问题，试分析并解决
上电运行等 11s	秒是否正常递增？		
缓慢点击调时键 KMT 三次	显示是否正确切换？ 第 4 次点击 KMT，是否恢复时间显示？		
调到 8:58:56，等待 10s	走时是否正常？		
调到 11:59:55，等待 10s	走时是否正常？		
调到 23:59:55，等待 10s	走时是否正常？		

9.7 任务 5：PCB 设计

扫码看视频

1. 设计准备

（1）补充元器件编号

参考图 9-13 对四个按键设置编号，对 6 位并联数码管设置编号。编号就像每个元器件的身份证号一样，不能重复，具有唯一性。

（2）确认元器件是否参与 PCB 设计

确认对于应该出现在 PCB 上的元器件，不能勾选 ☐ Exclude from PCB Layout 。

（3）合理设置封装

图 9-17 中画框的元器件都要设置封装。参考图 9-18、图 9-19 设置按键、电源插座的封装。

Reference	Type	Value	Package	Group
6XSP	7SEG-MPX6-C...		YK-3661BS	
BUZ1 (BUZZER)	BUZZER	BUZZER	MYBUZ-8MM	自制封装
C1 (6p)	CAP	6p	CAP10	
C2 (6p)	CAP	6p	CAP10	
C3 (30p)	CAP	30p	CAP10	
C4 (30p)	CAP	30p	CAP10	
C5 (10uF)	CAP-ELEC	10uF	ELEC-RAD10	
C6 (100nF)	CAP	100nF	CAP10	
C7 (10uF)	CAP-ELEC	10uF	ELEC-RAD10	
DEC	BUTTON		BUT-6MM	
J1 (CONN-SIL3)	CONN-SIL3	CONN-SIL3	PIN3-POWER	应用之前项目中的封装
J2 (SIL-100-04)	SIL-100-04	SIL-100-04	SIL-100-04	
J3	SIL-100-02		CR2032	
J4 (CONN-H5)	CONN-H5	CONN-H5	CONN-SIL5	
KINC	BUTTON		but-6mm	
KMT	BUTTON		but-6mm	
Q1 (PNP)	PNP	PNP	TO92	
R1 (10k)	RES	10k	RES40	
R2 (1k)	RES	1k	RES40	
RN1 (300)	RX8	300	DIL16	
RST	BUTTON		but-6mm	
U1 (stc89C52)	AT89C51	stc89c52	DIL40	

图 9-17 在设计浏览器中查看封装等信息

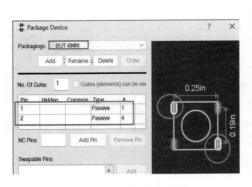

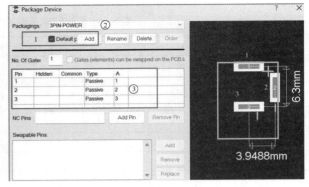

图 9-18　设置按键的封装　　　　　　　图 9-19　设置电源插座的封装

数码管的封装制作参考 9.10 节。蜂鸣器的封装设计参考 3.9 节。按键、电源插座的封装制作参考 4.8 节。

注意：若已连入电路中的元器件禁止设置封装，则在空白处放置相应元器件，再设置封装。设置封装后，元器件各引脚旁可能出现对应的焊盘编号。

2．布局、布线、3D 预览

（1）设置布局、布线等规则

设置布局、布线等规则的步骤见图 1-20 及其相关内容。

（2）布局、3D 预览

布局时应先放置核心器件单片机，最小系统中的电阻、电容等应围绕单片机进行布局，特别是振荡电路中的晶振、滤波电容紧挨着单片机的振荡引脚。考虑到操作的便捷性，接插件尽量布局在电路板周边。各元器件的布局位置应该与原理图一致，疏朗有序。

布局时往往以手动布局为主，可根据需要，自动布局部分元器件，单击布局按钮进行相应操作。PCB 的布局结果如图 9-20 所示。板子约为 96mm×70mm。

单击 3D 预览按钮，进行 3D 预览，如图 9-21 所示。

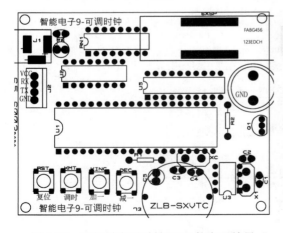

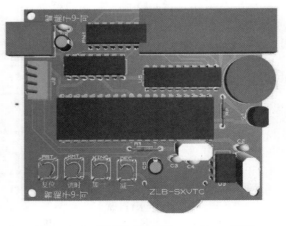

图 9-20　可报时电子时钟 PCB 的布局结果　　　　图 9-21　可报时电子时钟 PCB 的 3D 预览

（3）布线及完善

单击布线按钮 ，各参数采用默认值进行布线，结果如图 9-22 所示。

如果要在 PCB 上绘制一些非电气图案，可参考图 1-24 及其相关内容。

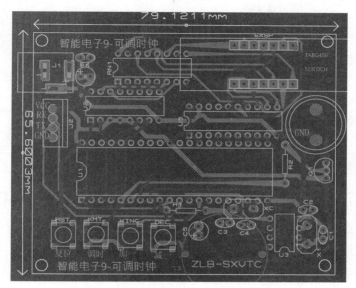

图 9-22 可报时电子时钟 PCB 的布线结果

3. 输出生产文件

单击 PCB 设计窗口中的菜单 Output→Generate Gerber/Excellon Output，输出生产文件。具体操作参考 A.2.6 节。

9.8 任务 6：作品制作与调试

扫码看视频

将 PCB 生产文件压缩包送制板厂，加工出 PCB，如图 9-23 所示。可报时电子时钟实物运行时的照片如图 9-24 所示。参考表 9-3 进行实物测试、排除故障，直至成功。

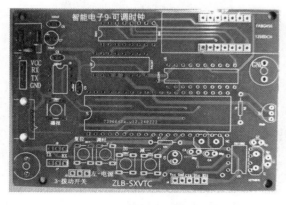

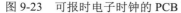

图 9-23 可报时电子时钟的 PCB

图 9-24 可报时电子时钟实物运行时的照片

表 9-3　可报时电子时钟实物测试记录

测试内容	方法、工具	测试结果（完成则打勾 √）	若有问题，试分析并解决
检查电路板	目测，万用表等		
元器件识别与装配	目测，万用表等		
焊接	电烙铁、万用表等		
检查线路通、断	万用表等		
代码下载	工具：单片机、下载器。代码文件：zn9-ds1302.hex。下载方法参考附录 C		
功能测试，参考表 9-2	电源、万用表等		
其他必要的记录			
判断单片机是否工作：工作电压为 5V 的情况下，振荡脚电平约为 2V，ALE 脚电平约为 1.7V			
给自己的实践评分：	反思与改进：		

9.9　拓展设计——时而修正

资料查阅与讨论：与 DS1302 类似的时钟芯片有哪些，各有什么特点？

① 尝试显示日期、星期。

② 尝试扩展为日期、星期可调。

③ 尝试增加年的显示且可调的功能。

④ 参考 9.10 节，增加语音播报时间的功能。

⑤ 将年、月、日显示出来。

⑥ 参考图 9-25，自行进行其他创新，举例如下。

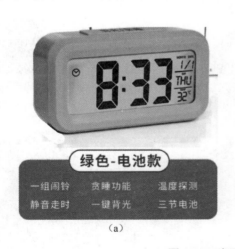
（a）

（b）

图 9-25　桌面时钟产品举例

● 节能环保：部分桌面电子时钟采用节能设计，能够降低能耗，减少对环境的影响。

● 多语言支持：支持多种语言显示，方便不同国家和地区的用户使用。

● 智能连接：部分桌面电子时钟支持蓝牙或 Wi-Fi 连接，可以与手机、平板电脑等设备同步，实现智能家居控制。

9.10　技术链接

9.10.1　制作 6 位并联数码管的封装及分配引脚

为 6 位并联数码管 7SEG-MPX6-CA-BLUE 指定封装 YK-3661BS。

从图 9-26 可以看出，每排 7 个引脚的间距是标准通孔式封装的间距，为 2.54mm；两排引脚的中心间距为 10.72mm。

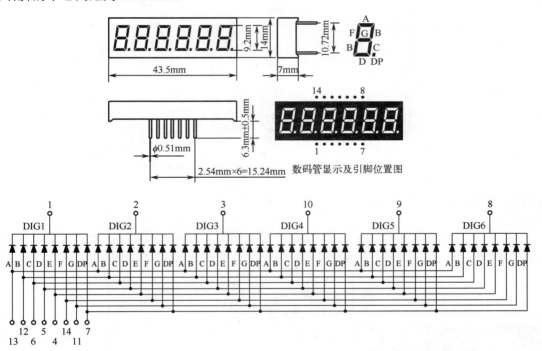

图 9-26　6 位并联数码管的封装尺寸图

参考图 9-26，自行设计出如图 9-27 所示的封装。

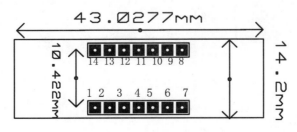

图 9-27　6 位并联数码管的封装

提示：不同大小、不同厂家数码管的引脚电气连接方式可能不一样，在购买元器件、设计 PCB 时要注意元器件的封装及引脚分配。

参考图 9-28 对 6 位并联数码管的引脚分配焊盘。

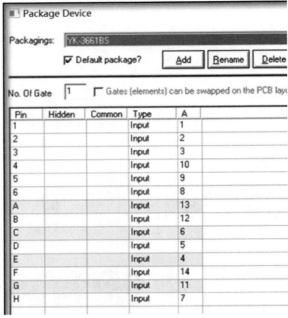

图 9-28　对 6 位并联数码管设置封装匹配焊盘

9.10.2　纽扣电池座尺寸

DS1302 的电池采用 CR2032，它的底座及其封装尺寸如图 9-29 所示。

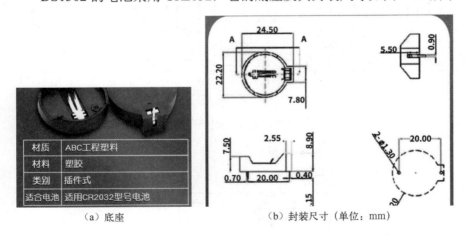

（a）底座　　　　　　　　（b）封装尺寸（单位：mm）

图 9-29　CR2032 电池底座及其封装尺寸

扫码看视频

9.10.3　测试语音播报

用项目 1 中的简单、低成本的语音芯片，播报"现在时刻北京时间××点××分"。芯片内已固化语音词条，在播报时将各词条的序号依次串行输出即可。串行输出的时序如图 9-30 所示，用单片机的两个引脚输出高低电平来模拟复位脚（Rest）、数据脚（Data）时序，脉冲宽度约为 100μs。

（1）播报原理

语音芯片串行传输脚的作用如下。

Busy：芯片工作时（播放声音），输出低电平；停止工作或者待机时，保持高电平。

Data：用于接收控制脉冲。收到 N 个脉冲，就播放第 N 个地址的内容。

Rest：任何时候，收到一个脉冲时就可以使芯片的播放指针归零（Data 脚电平恢复到初始状态），芯片停止工作进入待机状态。

例如，播报"现在时刻北京时间 3 点 16 分"，先根据语音布局划分为"现在时刻北京时间""3""点""十""6""分"，它们的地址依次是 22、4、13、11、7、14。每个词语的播报都是这样的时序：先发送一个复位脉冲，再发送若干脉冲（脉冲数量=词语地址编号），其后适当延时。具体步骤如下。

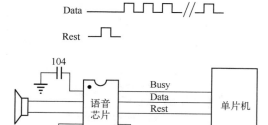

图 9-30 语音芯片应用电路及时序

播放"现在时刻北京时间"，先发送一个复位脉冲到 Rest 脚，再发送 22 个脉冲到 Data 脚；播报"3"，先发送一个复位脉冲到 Rest 脚，再发送 4 个数据脉冲到 Data 脚；如法炮制，直到所有语音播放完毕。

（2）语音芯片测试程序

语音芯片的语音布局见表 9-4。语音芯片测试程序的工程结构如图 9-31 所示。创建工程文件 yytest、源程序文件 yytest.c。将语音芯片数据传输的程序设计在一个头文件 yy_pluse.h 中，如图 9-32 所示。两个头文件 myhead.h、dly_nms.h 参考图 9-8。

表 9-4 语音芯片的语音布局

地址	内容	地址	内容
1	0	17	月
2	1	18	日
3	2	19	星期
4	3	20	度
5	4	21	百分之
6	5	22	现在时刻北京时间
7	6	23	现在温度是
8	7	24	现在温度是
9	8	25	火车站播音声音叮叮叮叮
10	9	26	整
11	拾（时）	27	今天是
12	佰	28	上午
13	点	29	下午
14	分	30	晚上
15	秒	31	负
16	年	32	滴

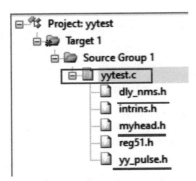

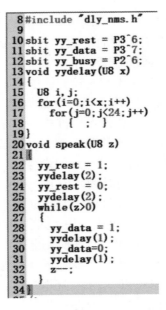

图 9-31 语音芯片测试程序的工程结构　　　图 9-32 语音芯片测试程序的头文件 yy_pluse.h

（3）实物测试

编译程序，生成代码文件 yytest.hex 烧入单片机，听声音。数组 tmp[6]={1,8,0,5,4,5} 中前两个数据是小时，中间两个数据是分钟，如此应该播报 18 点 5 分。参考表 9-5 记录测试结果。

表 9-5 语音芯片实物测试记录

测试内容	结果	若有问题，试分析并解决
初上电听到的声音记录	共 5 组：	
循环语音：		
改变数组前 4 个数据，再听声音，检测播报是否正确		

```c
#include "yy_pulse.h"
U8 data tmp[6]={1,8,0,5,4,5};
void main()
{ Dly_nms(2000);
  P3=0xff;

  speak(22) ; Dly_nms(3000);        //现在时刻北京时间
  speak(25) ; Dly_nms(1000);        //火车站播音声音
  speak(30) ;  Dly_nms(1000);       // 晚上
  speak(32) ;  Dly_nms(1000);       //滴
  speak(tmp[5]+1) ;  while(yy_busy==0);Dly_nms(100);
star:
if(tmp[0]==0)                       //0~9
   {  if(tmp[1]==0)
        { speak(1);  }
```

```
            else { speak(tmp[1]+1);}
            Dly_nms(300);
            goto speak_dian;
       }
   else if(tmp[0]==1)
     { speak(11);goto speak_10;}              //10
   else
       {speak(3); Dly_nms(300); speak(11);}   //20
speak_10: Dly_nms(300);
if(tmp[1]!=0)
       {   speak(tmp[1]+1);                   //1～9
           Dly_nms(300);
       }
 speak_dian:speak(13);                        //点
  Dly_nms(400);
  if((tmp[2]==0)&&(tmp[3]==0))                //0
   { speak(1);Dly_nms(300);
     goto speak_fen;
   }
    switch(tmp[2])
 {   case 1:speak(11);break;                  //1～5
     case 2:speak(3);goto sp10;
     case 3:speak(4);goto sp10;
     case 4:speak(5);goto sp10;
     case 5:speak(6);
     sp10: Dly_nms(300);speak(11);            //10
 }
  Dly_nms(400);
  if(tmp[3]!=0)                               //1～9
      { speak(tmp[3]+1); Dly_nms(450); }
speak_fen:speak(14); Dly_nms(1500);           //分
 goto star;

  }
```

项目 10　量化生活——简易电池测量仪

生活中很多电子产品都要用到电池，如电视遥控器、石英钟和电子手表、手电筒、电动剃须刀、智能门锁、无线鼠标和键盘、计算器、游戏机手柄、电动玩具等。当产品不工作时，我们一般怀疑电池没电了。确实是电池没电了吗？这就需要用小工具测电压。

10.1　产品案例

两款电池测量仪如图 10-1 所示，可测量常见的电池，为生活提供便利，量化电量。特别重要的一点是，它们自身不需要额外供电。

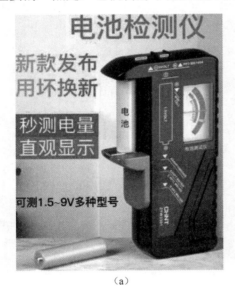 

（a）　　　　　　　　　　　　　　　　（b）

图 10-1　两款常见的电池测量仪产品案例

10.2　项目要求与分析

扫码看视频

1. 目标与要求

本项目将设计与制作一款简易电池测量仪，由单片机控制器、AD 模数转化器、数码管显示器、按键等组成，教学目标、项目要求与建议教学方法见表 10-1。

表 10-1　简易电池测量仪项目的教学目标、项目要求与建议教学方法

	知识	技能	素养
教学目标	① 理解 AD 转换原理； ② 理解串行 AD 转换的数据传输时序	① 掌握电压表的接口电路设计； ② 学会应用程序设计； ③ 掌握 AD 控制原理； ④ 能正确完成 PCB 设计	① 掌握主动，量化生活，量力而行； ② 学有所用，学有所创； ③ 有序思维，有序做事； ④ 技术创造美好生活
项目要求	测量范围为 0～5V，测量精度为 0.002V。用 4 位共阳数码管作为显示器件，最高位为个位，带 3 位小数。因精度要求，使用 12 位模数转换器 TLC2543		
建议教学方法	析—设—仿—做—评		

2. 自上而下进行项目分析

根据项目要求，划分功能模块，构建系统框架，如图 10-2 所示。

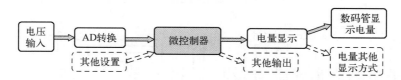

图 10-2　简易电池测量仪系统框架图

10.3　任务 1：系统电路设计

扫码看视频

简易电池测量仪完整的电路设计如图 10-3 所示。

单片机引脚资源分配：P3 口的高 4 位、P1 口分别用作数码管显示的位与段控制，P2 口与 TLC2543 连接，且用反相器 74HC04 加强对数码管的驱动能力。为仿真方便，图 10-3（b）右下角对 TLC2543 输入的电压通过可调电阻 RV1 分压得到。

注意：图中粗斜体字为网络标号。

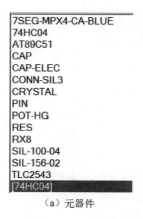

（a）元器件

图 10-3　简易电池测量仪完整的电路设计

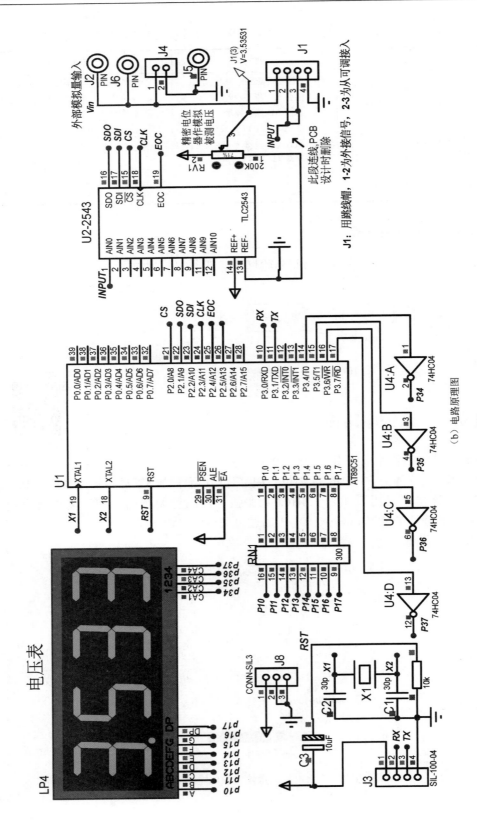

图 10-3　简易电池测量仪完整的电路设计（续）

（b）电路原理图

扫码看视频

10.4　任务 2：系统程序设计与仿真测试

1. 程序设计思路

本项目程序设计主要分为由 TLC2543 得到电压数字量，以及经处理转换为电压数值再显示。简易电池测量仪控制流程如图 10-4 所示。

在 Proteus、Keil 或其他软件开发工具中，创建工程 zn10-2543、源程序 C 文件 zn10-2543.c。其他头文件参考 2.4 节。在 Keil 中的程序工程结构如图 10-5 所示。

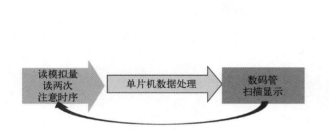

图 10-4　简易电池测量仪控制流程

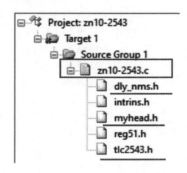

图 10-5　简易电池测量仪程序的工程结构

两个头文件 myhead.h、dly_nms.h 如图 10-6 所示。

```
//常用定义头文件
#ifndef _myhead_h__
#define _myhead_h__
#include <reg51.h>
#include <intrins.h>

typedef  unsigned char U8;
typedef  unsigned int U16;

#define NOP _nop_()

#endif
```

（a）myhead.h

```
//延时nm秒程序定义
#include "myhead.h"
#ifndef _dly_nms_h__
#define _dly_nms_h__

void Dly_nms(U16 time)
{    U8 i;
     for(;time>0;time--)
     { for(i=0;i<247;i++)
        { NOP; }
     }
}

#endif
```

（b）dly_nms.h

图 10-6　两个头文件 myhead.h、dly_nms.h

2. TLC2543 转换头文件 TLC2543.h

```
    #include "dly_nms.h"
sbit CLK  = P2^3 ;              //控制 TLC2543 的时钟引脚
sbit SDI  = P2^2 ;              //控制 TLC2543 的数据串入引脚
sbit SDO  = P2^1 ;              //控制 TLC2543 的数据串出引脚
sbit CS   = P2^0 ;              //控制 TLC2543 的片选引脚
sbit EOC  = P3^4 ;              //控制 TLC2543 的转换结束信号引脚
```

```c
//TLC2543 AD 函数
U16 read2543(U8 port)
{ U8  i ;
  U16 ad =0 ;
  CLK =0 ;
  port <<= 4 ; //通道数据在高4位，低4位为0，数据格式为12位，高位在前，二进制
  EOC =1 ;
  while(!EOC) ;
  CS =0 ;
  NOP ;NOP ; NOP ;NOP ;

//   TLC2543 为串行数据传输，高位在前，故一位一位读出时，左移拼成整数
  for(i =0 ;i<12 ;i++ )
  {   ad <<= 1 ;
      if(SDO ==1) ad |= 0x01 ;
      if((port&0x80) == 0x80)
            { SDI =1 ;}
      Else { SDI =0 ;}
      CLK =1 ;
          NOP ;
      CLK =0 ;
          NOP ;
      port =port<<1 ;
  }
  NOP ;
  CS =1 ;
  return ad ;
}
```

3. 主程序 zn10-2543.c

```c
#include "tlc2543.h"

#define Segport P1              //段码控制口 P1
#define Bitport P3              //位码控制口 P3
#define Ain_nmb  0             //TLC2543 模拟量输入的通道号 0～9

// 其中，port 为通道：port  = 0x01，通道 1；port = 0x02，通道 2；……
//共阳数码管显示码 0～F，灭
U8  code dis_code[] ={0xC0,0xF9,0xA4,0xB0,0x99,0x92,0x82,
      0xF8,0x80,0x90,0x88,0x83,0xC6,0xA1,0x86,0x8E,0xff,0xbf} ;
//共阳数码管位码，从左到右
U8  data bit_select[] ={0x10,0x20,0x40,0x80} ;
U8  Vdata[4] ={ 0,0,0,0 } ;

void  Segdisplay(U8 *dis_data, U8 cnt) ;
U16  read2543(U8 port) ;
```

```
void  main(void)
{  U8 i;
  U16  result =0 ;
  Dly_nms(200);
  while(1)
  {  result=read2543(Ain_nmb) ;
     NOP ;NOP ; NOP ;NOP ;
     result  =read2543(Ain_nmb) ;          //AD 的数字量
     result =(result * 5.0/4096)*1000 ;   //数字量对应的模块电压数值×1000

     Vdata[0] = result / 1000 ;
     Vdata[1] = (result / 100) %10 ;
     Vdata[2] = (result % 100) /10 ;
     Vdata[3] = result % 10 ;
    for(i =0 ;i<80 ;i++)
       { Segdisplay(Vdata ,4) ; }
   }
}
//并联数码管显示函数,从左到右扫描显示一次
//入口参数:待显示的数据,数据个数。出口参数:无。
void Segdisplay(U8 *dis_data ,U8 cnt)
{ U8 i ;                              //循环次数
  for(i =0 ;i<cnt ;i++)              //各位依次扫描显示
      {
              if(i ==0)              //首位后显示小数点
                { Segport =(dis_code[*dis_data++])&0x7f ; }   //送段码
              else
                { Segport =dis_code[*dis_data++] ; }
              Bitport =Bitport&0x0f|((~bit_select[i])&0xf0) ; //送位码
              Dly_nms(6) ;                //延时
              Segport =0xff ;             //消隐
              Bitport =0xff ;
      }
}
```

4．仿真测试

①　电路中所有的接插件无需仿真，双击接插件，在弹出的对话框中勾选 ☑ Exclude from Simulation 。

②　编辑编译以上程序并生成目标代码文件 zn10-2543.hex。

③　在 RV1 的可调端放置电压探针，双击单片机，加载代码文件 Program File. 　Objects\zn10-2543.omf ，设置时钟频率为 12MHz Clock Frequency: 　12MHz 。

④　单击仿真按钮 ▶ 启动仿真，并填写表 10-2。

数码管上显示的电压值应该与电压探针上电压值相等（相差 0.002V，可忽略），如图 10-7 所示。

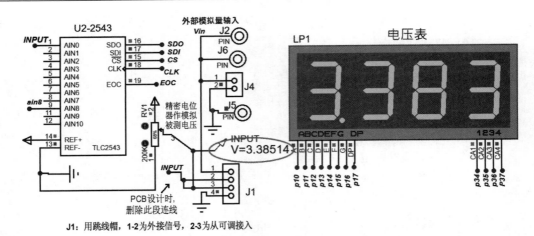

图 10-7　DAC 仿真测试片段

表 10-2　简易电池测量仪仿真测试记录与分析

调节 RV1，使可调端电压达到以下各值	数码管上显示的数值	用万用表测实物所显示数值	数码管、万用表的读数是否一致？
0.2V			
1.8V			
2.4V			
3.8V			
4.9V			

10.5　任务 3：PCB 设计

1．设计准备

（1）补充元器件编号

参考图 10-3 对数码管编号。编号就像每个元器件的身份证号一样，不能重复，具有唯一性。

（2）确认元器件是否参与 PCB 设计

确认对于应该出现在 PCB 上的元器件，不能勾选 Exclude from PCB Layout 。

（3）合理设置封装

单击设计浏览器按钮，打开如图 10-8 所示的元器件列表，可查看元器件编号、类型、值、封装等信息。图 10-8 中画框元器件的封装都要仔细设置。参考图 10-9、图 10-10 设置可调电阻、电源插座的封装。

参考 4.8 节设计电源插座的封装。参考 10.8 节设计数码管的封装。参考图 10-11 设置数码管的封装。

注意：已连入电路中的元器件禁止设置封装，故在空白处放置相应元器件，再设置封装。设置封装后，元器件各引脚旁可能出现对应的焊盘编号。

扫码看视频

Reference	Type	Value	Package	Gr
C1 (30p)	CAP	30p	CAP10	
C2 (30p)	CAP	30p	CAP10	
C3 (10uF)	CAP-ELEC	10uF	ELEC-RAD10	
J1 (PIN)	PIN	PIN	PIN	
J2 (SIL-100-04)	SIL-100-04	SIL-100-04	CONN-SIL4	
J3 (SIL-100-04)	SIL-100-04	SIL-100-04	CONN-SIL4	参考4.8节，
J4 (SIL-156-02)	SIL-156-02	SIL-156-02	SIL-156-02	自制封装
J5 (PIN)	PIN	PIN	PIN	
J6 (CONN-SIL3)	CONN-SIL3	CONN-SIL3	PIN3-POWER	
J7 (PIN)	PIN	PIN	PIN	
LP1	7SEG-MPX4-CA-BLUE		ZSEG-4	自制封装
R1 (10k)	RES	10k	RES40	
RN1 (300)	RX8	300	DIL16	
RV1 (200K)	POT-HG	200K	PRE-SQ1	
RV2 (200K)	POT-HG	200K	PRE-SQ1	设置封装
U1 (TLC2543)	TLC2543	TLC2543	DIL20	
U2:A (74HC04)	74HC04	74HC04	DIL14	
U2:B (74HC04)	74HC04	74HC04	DIL14	
U2:C (74HC04)	74HC04	74HC04	DIL14	
U2:D (74HC04)	74HC04	74HC04	DIL14	
U3 (AT89C51)	AT89C51	AT89C51	DIL40	
X1 (CRYSTAL)	CRYSTAL	CRYSTAL	XTAL18	

图 10-8　在设计浏览器中查看封装等信息

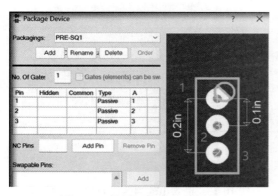

图 10-9　设置可调电阻的封装

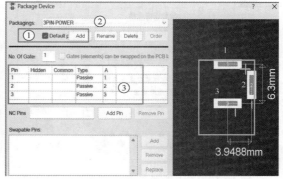

图 10-10　设置电源插座的封装

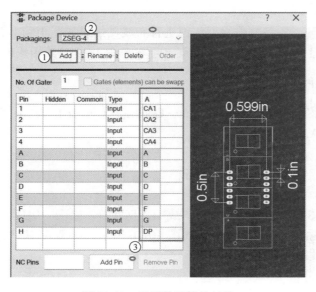

图 10-11　设置数码管的封装

2．布局、布线、3D 预览

（1）设置布局、布线等规则

设置布局、布线等规则的步骤见图 1-20 及其相关内容。

（2）布局、3D 预览

布局时应先放置核心器件单片机，最小系统中的电阻、电容等应围绕单片机进行布局，特别是振荡电路中的晶振、滤波电容紧挨着单片机的振荡引脚。考虑到操作的便捷性，接插件尽量布局在电路板周边。各元器件的布局位置应该与原理图一致，疏朗有序。布局时往往以手动布局为主，可根据需要，自动布局部分元器件，单击布局按钮 进行相应操作。

PCB 的布局结果如图 10-12 所示。

单击 3D 预览按钮 ，进行 3D 预览，如图 10-13 所示。

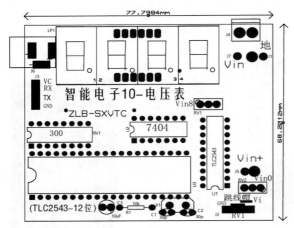

图 10-12　简易电池测量仪 PCB 的布局结果　　图 10-13　简易电池测量仪 PCB 的 3D 预览

（3）布线及完善

单击布线按钮 ，各参数采用默认值进行布线，结果如图 10-14 所示。

如果要在 PCB 上绘制一些非电气图案，可参考图 1-24 及其相关内容。

3．输出生产文件

单击 PCB 设计窗口中的菜单 Output→Generate Gerber/Excellon Output，输出生产文件。具体操作参考 A.2.6 节。

10.6　任务 4：作品制作与调试

将 PCB 生产文件压缩包送制板厂，加工出 PCB，如图 10-15 所示。装配好的简易电池测量仪运行照片如图 10-16 所示。参考表 10-3 进行实物测试、排除故障，直至成功。

扫码看视频

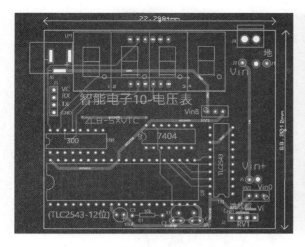

图 10-14　简易电池测量仪 PCB 的布线结果

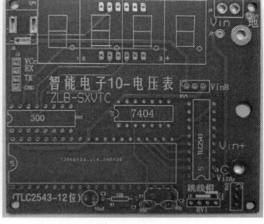

图 10-15　简易电池测量仪的 PCB

图 10-16　装配好的简易电池测量仪运行照片

表 10-3　简易电池测量仪实物测试记录

测试内容	方法、工具	测试结果 （完成则打勾√）	若有问题，试分析并解决
检查电路板	目测，万用表等		
元器件识别与装配	目测，万用表等		
焊接	电烙铁、万用表等		
检查线路通、断	万用表等		
代码下载	工具：单片机、下载器。 代码文件：zn10-2543.hex。 下载方法参考附录 C		
功能测试，参考表 10-2	电源、万用表等。 接万用表、调整可调，数码管与万用 表显示应相同		
其他必要的记录			
判断单片机是否工作：工作电压为 5V 的情况下，振荡脚电平约为 2V，ALE 脚电平约为 1.7V			
给自己的实践评分：	反思与改进：		

10.7　拓展设计——不拘一格

资料查阅与讨论：还有哪些串行传输数据的 12～16 位 ADC 器件？

① 设计两路模拟量输入，并在数码管上轮流显示其电压值。

② 设计多路模拟量输入，并在 6 联数码管上轮流显示其电压值；信号的序号与电压值同时显示。

③ 参考图 10-17，还可进行哪些拓展设计？

（a）

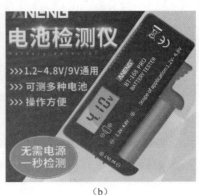
（b）

图 10-17   两款电池测量仪

扫码看视频

扫码看视频

10.8   技术链接

10.8.1   12 位模数转换芯片 TLC2543 简介

TLC2543 是具有 11 路输入端的 12 位 ADC，带有串行外设接口（SPI，Serial Peripheral Interface），具有转换快、稳定性好、与微处理器接口简单、价格低等优点。

1．特点

① 12 位分辨率 ADC；

② 在工作温度范围内，转换时间为 10μs；

③ 11 个模拟输入通道；

④ 3 路内置自测试方式；

⑤ 采样率为 66kbps；

⑥ 线性误差+1LSB（max）；

⑦ 有转换结束（EOC）输出；

⑧ 具有单极性（二进制）、双极性（二进制补码）输出；

⑨ 可编程的 MSB（高位在前）或 LSB（低位在前）前导；

⑩ 可编程的输出数据长度。

2．引脚功能

TLC2543 引脚如图 10-18 所示，其功能如下。

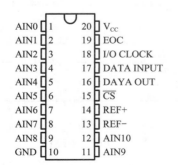

AIN0	1	20	V_{CC}
AIN1	2	19	EOC
AIN2	3	18	I/O CLOCK
AIN3	4	17	DATA INPUT
AIN4	5	16	DAYA OUT
AIN5	6	15	$\overline{CS}$
AIN6	7	14	REF+
AIN7	8	13	REF−
AIN8	9	12	AIN10
GND	10	11	AIN9

图 10-18   TLC2543 引脚图

1～9、11、12——AIN0～AIN10：模拟输入端。

15——$\overline{\text{CS}}$：片选端。

17——DATA INPUT：串行数据输入端（控制字输入端，用于选择转换及输出数据格式）。

16——DATA OUT：AD 转换结果的三态串行输出端；AD 转换结果的输出端。

19——EOC：转换结束输出端。

18——I/O CLOCK：I/O 时钟（控制输入输出的时钟，由外部输入）。

14——REF+：正基准电压端。

13——REF−：负基准电压端。

20——V_{CC}：电源，5V。

10——GND：地。

3. 内部逻辑结构图

图 10-19 为 TLC2543 的内部逻辑结构图。

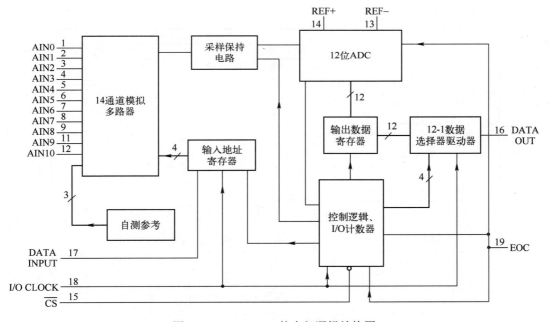

图 10-19　TLC2543 的内部逻辑结构图

4. 工作过程

TLC2543 的工作过程分为两个周期：I/O 周期和转换周期。

（1）I/O 周期

I/O 周期由外部提供的 I/O CLOCK 定义，延续 8、12 或 16 个时钟周期，决定于选定的输出数据长度。器件进入 I/O 周期后同时进行两种操作。

在 I/O CLOCK 前 8 个脉冲的上升沿，以 MSB 前导方式从 DATA INPUT 端输入 8 位数据流到输入寄存器。其中前 4 位为模拟通道地址，控制 14 通道模拟多路器从 11 个模拟输入和 3 个内部测电压中选通一路送到采样保持电路，该电路从第 4 个 I/O CLOCK 脉冲的下降沿开始对所选信号进行采样，直到最后一个 I/O CLOCK 脉冲的下降沿。I/O 周期的时钟脉冲个数与输出数据长度（位数）同时由输入数据的 D3、D2 位（见图 10-20）选择为 8 位、12 位或 16 位。当工作于 12 位或 16 位时，在前 8 个时钟脉冲之后，DATA INPUT 无效。

在 DATA OUT 端串行输出 8 位、12 位或 16 位数据。当 $\overline{CS}$ 保持为低电平时，第一个数据出现在 EOC 的上升沿。若转换由 $\overline{CS}$ 控制，则第一个输出数据发生在 $\overline{CS}$ 的下降沿。这个数据串是前一次转换的结果，在第一个输出数据位之后的每个后续位均由后续的 I/O 时钟下降沿输出。

（2）转换周期

在 I/O 周期的最后一个 I/O CLOCK 下降沿之后，EOC 变为低电平，采样值保持不变，转换周期开始，片内转换器对采样值进行逐次逼近式 AD 转换，其工作由与 I/O CLOCK 同步的内部时钟控制。转换完成后 EOC 变高电平，转换结果锁存在输出数据寄存器中，待下一个 I/O 周期输出。I/O 周期和转换周期交替进行，从而可减小外部的数字噪声对转换精度的影响。

功能选择	输入数据（命令字格式）							
	模拟通道地址选择位				L1	L0	LSBF	BIP
	D7 (MSB)	D6	D5	D4	D3	D2	D1	D0 (LSB)
选择模拟通道								
AIN0	0	0	0	0				
AIN1	0	0	0	1				
AIN2	0	0	1	0				
AIN3	0	0	1	1				
AIN4	0	1	0	0				
AIN5	0	1	0	1				
AIN6	0	1	1	0				
AIN7	0	1	1	1				
AIN8	1	0	0	0				
AIN9	1	0	0	1				
AIN10	1	0	1	0				
选择测试电压								
$(V_{REF+}-V_{REF-})/2$	1	0	1	1				
V_{REF-}	1	1	0	0				
V_{REF+}	1	1	0	1				
软件掉电	1	1	1	0				
输出数据长度				无关位，0、1均可				
8位					0	1		
12位					xt	0		
16位					1	1		
输出数据格式								
高位在前							0	
低位在前							1	
单极性：二进制格式								0
双极性：二进制补码的格式								1

图 10-20　TLC2543 的输入控制命令寄存器格式

5. 使用方法

（1）控制字的格式

如图 10-20 所示，控制字为从 DATA INPUT 端串行输入的 8 位数据，它规定了

TLC2543 要转换的模拟量通道、转换后的输出数据长度、输出数据的格式。

高 4 位（D7～D4）决定通道号。对于 0 通道～10 通道，该 4 位分别为 0000H～1010H。当 D7～D4 为 1011～1101H 时，用于对 TLC2543 的自检，分别测试$(V_{\text{REF}+}+V_{\text{REF}-})/2$、$V_{\text{REF}-}$、$V_{\text{REF}+}$的值；当 D7～D4 为 1110 时，TLC2543 进入休眠状态。

低 4 位（D3～D0）决定输出数据长度及格式。D3、D2 决定输出数据长度，01 表示输出数据长度为 8 位，11 表示输出数据长度为 16 位，其他为 12 位。D1 决定输出数据是高位在前，还是低位在前，为 0 表示高位在前。D0 决定输出数据是单极性（二进制）还是双极性（2 的补码），若为单极性，该位为 0，反之为 1。

（2）转换过程

① 上电后，片选 $\overline{CS}$ 必须从高电平到低电平，才能开始一次工作周期。此时，EOC 为高电平，输入数据寄存器被置为 0，输出数据寄存器的内容是随机的。

② 开始时，片选 $\overline{CS}$ 为高电平，I/O CLOCK、DATA INPUT 被禁止，DATA OUT 呈高阻状态，EOC 为高电平。

③ 使 $\overline{CS}$ 变低，I/OCLOCK、DATA INPUT 使能，DATA OUT 脱离高阻状态。12 个时钟信号从 I/OCLOCK 端依次加入，随着时钟信号的加入，控制字从 DATA INPUT 一位一位地在时钟信号的上升沿时被送入 TLC2543（高位在前），同时上一周期的 AD 结果，即输出数据寄存器中的数据从 DATA OUT 一位一位地移出（下降沿）（在 $\overline{CS}=0$ 时输出第 1 位，其他的在下降沿输出）。

6. 时序图

图 10-21 是 TLC2543 的时序图，为 12 位模式，高位在前，输出为二进制格式。

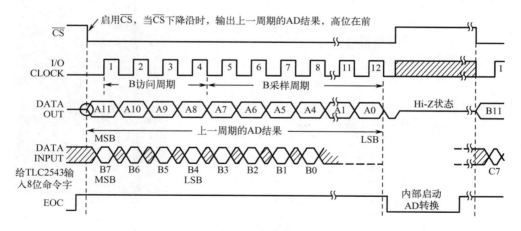

图 10-21　TLC2543 的 12 时钟转换方式下的时序（启用 $\overline{CS}$，高位在前）

10.8.2　制作 4 位并联数码管的封装 ZSEG-4

4 位共阳数码管 YK-5461BG 的封装尺寸及引脚配置如图 10-22 所示。

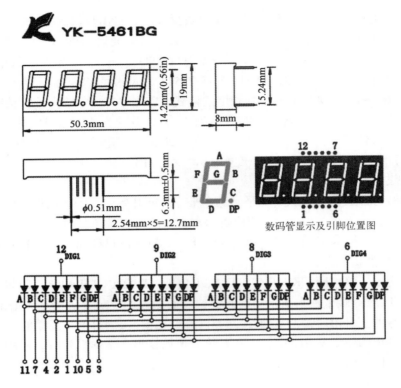

图 10-22　4 位共阳数码管 YK-5461BG 的封装尺寸及引脚配置

请参考图 10-23 自行设计封装，并保存为 ZSEG-4。

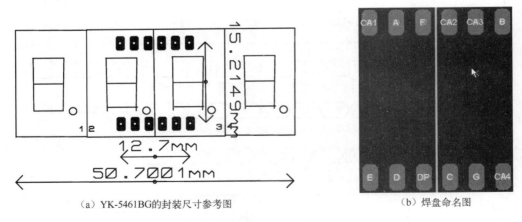

（a）YK-5461BG的封装尺寸参考图　　　　（b）焊盘命名图

图 10-23　自制 4 位数码管 YK-5461BG 的封装尺寸及焊盘命名图

项目 11 你问我答——AI 语音播报温湿度检测系统

对于可 AI 语音对话的电子产品，我们只需动动嘴，就能方便地操控。简单的如 USB 语音灯，说"开灯"，灯便打开；说"关灯"，灯便关闭；甚至还可语音改变颜色等。稍复杂一点的如语音故事机，可语音命令其播放音乐、讲故事，还可简单对话。再复杂的如智能电视等，说话即可开/关设备、调整亮度、更换频道等。

11.1 产品案例

两款 AI 语音播报电子时钟产品如图 11-1 所示，图（a）所示可语音设置闹钟，询问天气情况，播放音乐等；图（b）所示可语音提醒该做某事了。

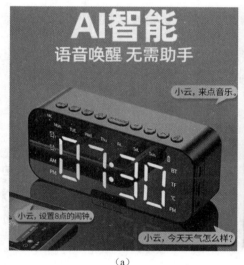
（a）

（b）

图 11-1 两款 AI 语音播报电子时钟产品案例

11.2 项目要求与分析

扫码看视频

1. 目标与要求

本项目将设计与制作一款 AI 语音播报温湿度检测系统，教学目标、项目要求与建议教学方法见表 11-1。

表 11-1　AI 语音播报温湿度检测系统的教学目标、项目要求与建议教学方法

	知识	技能	素养
教学目标	① 理解字符的点阵构成及 LCD12864 显示原理； ② 理解温湿度数据传输时序； ③ 理解语音对话机制	① 掌握 LCD12864、温湿度模块、语音模块的接口电路； ② 学会使用语音模块； ③ 学会 LCD12864 显示程序设计； ④ 能正确完成 AI 语音播报温湿度检测系统的 PCB 设计	① 妙语对话，沟通无阻； ② 作品即产品，品质第一； ③ 有序思维，有序做事； ④ 学有所用，学有所创
项目要求	检测湿度在 20%～90%，温度在 0～50℃。 ① 温湿度监测：实时监测，温度精度为±2℃，湿度精度为±5%。 ② 温湿度显示：在 LCD12864 上显示。 ③ 温湿度播报：对话式语音播报，语音给出"报温度""报湿度"指令，系统即会播报相应内容		
建议教学方法	析—设—仿—做—评		

2. 自上而下进行项目分析

根据项目要求，划分功能模块，构建系统框架，如图 11-2 所示。

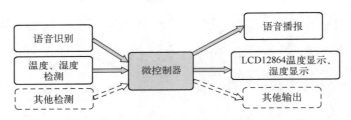

图 11-2　AI 语音播报温湿度检测系统框架图

11.3　任务 1：系统电路设计

扫码看视频

温湿度检测可用一体化的传感器，如 DHT11、SHT 系列等；也可分别用温度传感器和湿度传感器，如数字式的 18B20 或模拟式的 PT100、热敏电阻、湿敏电阻。本项目属于非工业的民用范围，从电路简便性和可靠性上来说，一体化的传感器较为方便。数字信号温湿度传感器主要有单总线和 I^2C 两种接口。此处选用性价比较高的 DHT11。检测结果用 LCD12864 来显示。

AI 语音播报温湿度检测系统完整的电路设计如图 11-3 所示。

单片机引脚资源分配：LCD12864 占用 15 个引脚，分配在 P0 口、P2 口；DHT11 为单总线，只占用一个引脚，分配在 P3.7 口；P3 口的串口留作串口通信，接受指令及发送温湿度信息；还考虑到拓展功能，在外部中断引脚增加三个按钮。

注意：图 11-3 中粗斜体字为网络标号。

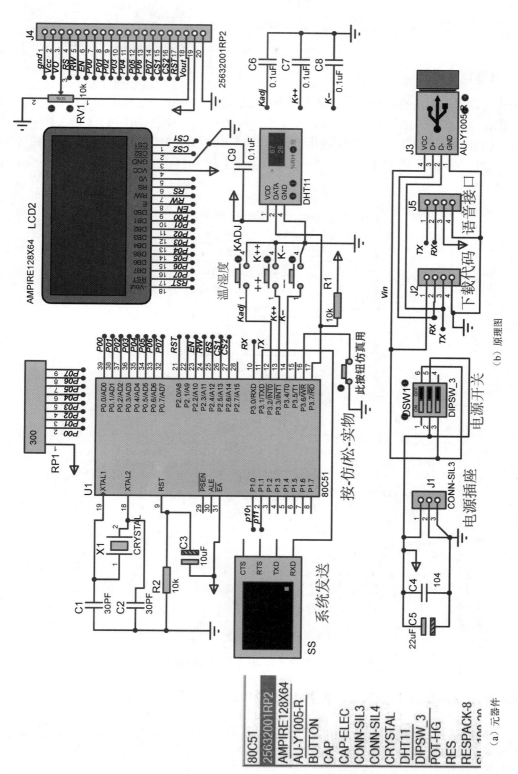

图 11-3　AI 语音播报温湿度检测系统完整的电路设计

扫码看视频　　扫码看视频

11.4　任务 2：LCD12864 测试

1. 程序设计思路

在开发较复杂项目的软件时，最好进行模块化的设计与测试，然后再综合设计。本项目将先对显示、检测、语音三大模块分别进行设计。各模块的仿真测试如图 11-3（b）所示。

对 LCD12864 测试时也进行模块化设计，其在 Keil 开发环境下的工程结构如图 11-4 所示。LCD12864 简介见 11.11.2 节。在 Keil 中创建工程 zn11-12864-test，其中两个头文件如图 11-5 所示。

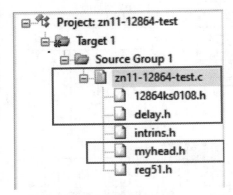

图 11-4　LCD12864 测试程序的工程结构

```
delay.h*                              ▼ ×
 1  #include "myhead.h"
 2
 3  #ifndef _delay_h__
 4  #define _delay_h__
 5  //延时10us
 6  void  delay10us(void)
 7  {
 8      U8 i=5;
 9      while(--i);
10  }
11  //延时1*nms
12  void Dly_nms(U16 time)
13  { U8 i;
14    for(;time>0;time--)
15     { for(i=0;i<247;i++)
16         { NOP; }
17     }
18  }
19  #endif
```

（a）delay.h

```
myhead.h*
 1  //常用定义头文件
 2  #ifndef __myhead_h__
 3  #define __myhead_h__
 4  #include <reg51.h>
 5  #include <intrins.h>
 6
 7  typedef  unsigned char U8;
 8  typedef  unsigned int U16;
 9
10  #define NOP _nop_()
11
12  #endif
13
14
15
16
```

（b）myhead.h

图 11-5　两个头文件 delay.h、myhead.h

2. 设计 LCD12864 读/写操作头文件 12864ks0108.h

```
#ifndef _12864ks1008_h__
#define _12864ks0108_h__

#include "delay.h"          //见图 11-5
```

```
#define   lcdrow              0xc0      //设置起始行，64 点行，0xc0～0xff
#define   lcdpage             0xb8      //设置起始页、0～7、8 页，0xb80～0xbf
#define   lcdcolumn           0x40      //设置起始列，左右两半各 64 列，故 0x40～0x7f
#define   c_page_max          0x08      //页数最大值
#define   c_column_max        0x40      //列数最大值
//端口定义
#define   bus   P0
sbit  rst=P2^0;
sbit  e=P2^2;
sbit  rw=P2^3;
sbit  rs=P2^4;
sbit  cs1=P2^5;
sbit  cs2=P2^6;
sbit  r_v=P3^6;                         //赋值 1，为实物；赋值 0，为仿真
//函数声明
void   select(U8);                      //选择屏幕
void   send_cmd(U8);                    //写命令
void   send_data(U8);                   //写数据
void   clear_screen(void);              //清屏
void   lcd_initial(void);               //LCD 初始化
void   display_zf(U8,U8,U8,U8);         //显示字符
void   display_hz(U8,U8,U8,U8);         //显示汉字

// 字符点阵数组表：0 ～ 9，T，:，`c，R，H，%
// 用取模软件 zimo2。取模方式为纵向、倒序，即从上到下，从左到右取模，下高位
// 字号 12，对应的英文字符点阵为宽×高=8×16

U8  code  table_zf[]={
0x00,0xE0,0x10,0x08,0x08,0x10,0xE0,0x00,0x00,0x0F,0x10,0x20,0x20,0x10,
0x0F,0x00, /*-- 0 --*/
0x00,0x00,0x10,0x10,0xF8,0x00,0x00,0x00,0x00,0x00,0x20,0x20,0x3F,0x20,
0x20,0x00, /*--1 --*/
0x00,0x70,0x08,0x08,0x08,0x08,0xF0,0x00,0x00,0x30,0x28,0x24,0x22,0x21,
0x30,0x00, /*-- 2 --*/
0x00,0x30,0x08,0x08,0x08,0x88,0x70,0x00,0x00,0x18,0x20,0x21,0x21,0x22,
0x1C,0x00,/*-- 3 --*/
0x00,0x00,0x80,0x40,0x30,0xF8,0x00,0x00,0x00,0x06,0x05,0x24,0x24,0x3F,
0x24,0x24, /*--4 --*/
0x00,0xF8,0x88,0x88,0x88,0x08,0x08,0x00,0x00,0x19,0x20,0x20,0x20,0x11,
0x0E,0x00,/*-5 --*/
0x00,0xE0,0x10,0x88,0x88,0x90,0x00,0x00,0x00,0x0F,0x11,0x20,0x20,0x20,
0x1F,0x00, /*-- 6 --*/
0x00,0x18,0x08,0x08,0x88,0x68,0x18,0x00,0x00,0x00,0x00,0x3E,0x01,0x00,
0x00,0x00, /*-- 7 --*/
0x00,0x70,0x88,0x08,0x08,0x88,0x70,0x00,0x00,0x1C,0x22,0x21,0x21,0x22,
0x1C,0x00, /*-- 8 --*/
0x00,0xF0,0x08,0x08,0x08,0x10,0xE0,0x00,0x00,0x01,0x12,0x22,0x22,0x11,
0x0F,0x00, /*-- 9 --*/
```

```
        0x18,0x08,0x08,0xF8,0x08,0x08,0x18,0x00,0x00,0x00,0x20,0x3F,0x20,0x00,
0x00,0x00, /*-- T --*/
        0x00,0x00,0x00,0xC0,0xC0,0x00,0x00,0x00,0x00,0x00,0x00,0x30,0x30,0x00,
0x00,0x00, /*-- : --*/
        0x06,0x09,0x09,0xE6,0xF8,0x0C,0x04,0x02,0x00,0x00,0x00,0x07,0x1F,0x30,
0x20,0x40, /*-- ℃ --*/
        0x08,0xF8,0x88,0x88,0x88,0x88,0x70,0x00,0x20,0x3F,0x20,0x00,0x03,0x0C,
0x30,0x20, /*-- R --*/
        0x08,0xF8,0x08,0x00,0x00,0x08,0xF8,0x08,0x20,0x3F,0x21,0x01,0x01,0x21,
0x3F,0x20, /*-- H --*/
        0xF0,0x08,0xF0,0x80,0x60,0x18,0x00,0x00,0x00,0x31,0x0C,0x03,0x1E,0x21,
0x1E,0x00, /*-- % --*/
        0x00,0x00,0x00,0x00,0x00,0x00,0x00,0x00,0x00,0x30,0x30,0x00,0x00,0x00,
0x00,0x00 /*-- . --*/
        };
    //汉字点阵数据表
    // 用取模软件 zimo2。取模方式为纵向、倒序，即从上到下，从左到右取模，下高位
    // 字号 12，汉字对应的点阵为宽×高=16×16

    U8 code table_hz[ ]={
    /*-- 文字: 温 --
    0x10,0x60,0x02,0x8C,0x00,0x00,0xFE,0x92,0x92,0x92,0x92,0x92,0xFE,0x00,0x00,0x00,
        0x04,0x04,0x7E,0x01,0x40,0x7E,0x42,0x42,0x7E,0x42,0x7E,0x42,0x42,0x7E,
0x40,0x00,
    /*-- 文字: 湿 --*/
        0x10,0x60,0x02,0x8C,0x00,0xFE,0x92,0x92,0x92,0x92,0x92,0x92,0xFE,0x00,
0x00,0x00,
        0x04,0x04,0x7E,0x01,0x44,0x48,0x50,0x7F,0x40,0x40,0x7F,0x50,0x48,0x44,
0x40,0x00,
    /*-- 文字: 度 --*/
        0x00,0x00,0xFC,0x24,0x24,0x24,0xFC,0x25,0x26,0x24,0xFC,0x24,0x24,0x24,
0x04,0x00,
        0x40,0x30,0x8F,0x80,0x84,0x4C,0x55,0x25,0x25,0x25,0x55,0x4C,0x80,0x80,
0x80,0x00 ,
    /*-- 文字: 检 --*/
        0x10,0x10,0xD0,0xFF,0x90,0x50,0x20,0x50,0x4C,0x43,0x4C,0x50,0x20,0x40,
0x40,0x00,
        0x04,0x03,0x00,0xFF,0x00,0x41,0x44,0x58,0x41,0x4E,0x60,0x58,0x47,0x40,
0x40,0x00,
    /*-- 文字: 测 --*/
        0x10,0x60,0x02,0x8C,0x00,0xFE,0x02,0xF2,0x02,0xFE,0x00,0xF8,0x00,0xFF,
0x00,0x00,
        0x04,0x04,0x7E,0x01,0x80,0x47,0x30,0x0F,0x10,0x27,0x00,0x47,0x80,0x7F,
0x00,0x00
        };
    //屏幕选择: cs=0, 选择双屏; cs=1, 选择左半屏; cs=2, 选择右半屏
    void  select(U8 cs)
    {   r_v=1;   //r_v=1 表示实物显示, r_v=0 表示仿真显示
```

```
        if(cs==0)

            {cs1=1;cs2=1;}
            else if(cs==1)            //cs1=1,cs2=0;选择右半屏
                { cs1=1;cs2=0; }
                else
                    { cs1=0;cs2=1;}
        if(r_v==0)
        {cs1=~cs1;cs2=~cs2;}
}
//写命令
void  send_cmd(U8 cmd)
{   rs=0;rw=0; bus=cmd;delay10us();e=1;e=0;  }
//写数据
void  send_data(U8 dat)
{   rs=1;rw=0; bus=dat;delay10us();e=1;e=0;   }
//清屏
void  clear_screen(void)
{ U8 c_page,c_column;
   select(0);
   for(c_page=0;c_page<c_page_max;c_page++)

        {
        send_cmd(c_page+lcdpage);
        send_cmd(lcdcolumn);
        for(c_column=0;c_column<c_column_max;c_column++)
            {      send_data(0X00);          }
        }
}
//LCD 初始化
void  lcd_initial(void)
{  select(0);
   rst=0;Dly_nms(10);rst=1;
   clear_screen(); Dly_nms(100);
   send_cmd(lcdrow);
   send_cmd(lcdcolumn);
   send_cmd(lcdpage);
   send_cmd(0x3f); //显示开    3e 屏幕关
}
//写字符参数依次为页 0～7，列 0～63，字符数量 1～8，在数组中的序号
//c_page 为当前页，c_column 为当前列，num 为字符数，
//offset 为所取字符在显示缓冲区中的偏移单位，第几个字符，从 0 编号
void  display_zf(U8 c_page,U8 c_column,U8 num,U8 offset)
{  U8 c1,c2,c3;
   for(c1=0;c1<num;c1++)
        {for(c2=0;c2<2;c2++)
            {for(c3=0;c3<8;c3++)
                {
                send_cmd(lcdpage+c_page+c2);
```

```
                    send_cmd(lcdcolumn+c_column+c1*8+c3);
                    send_data(table_zf[(c1+offset)*16+c2*8+c3]);
                }
            }
        }
    }
//写汉字参数依次为页 0～7，列 0～63，字符数量 1～4，在数组中的序号
//c_page 为当前页，c_column 为当前列，num 为字符数，
//offset 为所取汉字在显示缓冲区中的偏移单位，第几个汉字，从 0 编号
void  display_hz(U8 c_page,U8 c_column,U8 num,U8 offset)
{
    U8 c1,c2,c3;
    for(c1=0;c1<num;c1++)
        {for(c2=0;c2<2;c2++)
            {for(c3=0;c3<16;c3++)
                {
                    send_cmd(lcdpage+c_page+c2);
                    send_cmd(lcdcolumn+c_column+c1*16+c3);
                    send_data(table_hz[(c1+offset)*32+c2*16+c3]);
                }
            }
        }
    }
#endif
```

3. 设计 LCD12864 测试的主程序 zn11-12864-test.c

```
#include "myhead.h"
#include "delay.h"
#include "12864ks0108.h"

void main()
{   Dly_nms(1000);
    clear_screen();
    Dly_nms(100);
//为解决实物上左右上角有多余的显示
    lcd_initial();
//写字符参数依次为页 0～7，列 0～63，字符数量 1～8，在数组中的序号（从 0 编号）-
    select(1);  //左半屏
    display_zf(0,0,3,0) ;
    display_zf(2,24,3,3) ;
    display_zf(4,48,1,6) ;
    display_zf(6,56,1,9);
    select(2);  //右半屏
//写汉字参数依次为页 0～7，列 0～63，字符数量 1～4，在数组中的序号（从 0 编号）
display_zf(0,40,3,7) ;
    display_zf(2,10,3,4) ;
    display_hz(4,32,1,0) ;
```

```
        display_hz(6,48,1,2);
        while(1) ;
}
```

4. 对 LCD12864 进行仿真测试

① 编辑编译以上程序并生成目标代码文件 zn11-12864-test.hex。

② 将 zn11-12864-test.hex 加载到单片机中。

③ 单击仿真工具按钮 ▶ 启动仿真，按下图 11-3 所示单片机 P3.6 脚所接按钮，可看到图 11-6 所示的内容。

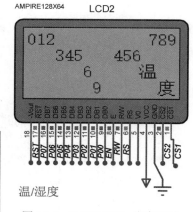

图 11-6   LCD12864 仿真测试

11.5   任务 3：DHT11 测试

扫码看视频

本项目采用温度、湿度检测一体的传感器 DHT11（见 11.11.11 节），这是广州奥松电子股份有限公司 2009 年自主研发生产的一款电容式温湿度传感器，是一线制的输出为数字量的低成本传感器。如图 11-7 所示，类似的产品还有 DHT21（AM2301）（温度精度为±0.5℃，湿度精度为±3%）、DHT22（AM2302）（温度精度为±0.3℃，湿度精度为±2%）、IIC 接口的 DHT20、AHT 系列等。DHT11 的详情请参见 11.11.11 节。

1. 设计 DHT11 测试程序的工程结构

DHT11 测试程序的工程结构如图 11-8 所示，将从 DHT11 读取数据的模块设计为一个头文件 dht11.h，获取的温湿度信息从串口输出，串口初始化函数设计在如图 11-9 所示的头文件 serial_init.h 中。系统晶振频率为 11.059MHz，波特率为 9600bps。

图 11-7   温湿度传感器

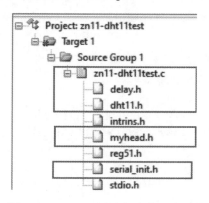

图 11-8   DHT11 测试程序的工程结构

2. 设计 DHT11 读/写头文件 dht11.h

温湿度传感器 DHT11 的操作流程如图 11-10 所示。

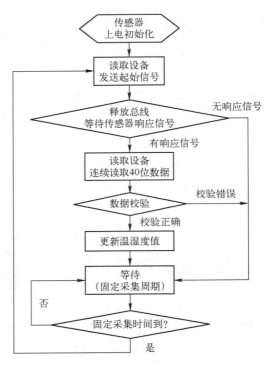

```
1  ⊟#ifndef _serial_init_h__
2   #define _serial_init_h__
3   #include <reg51.h>
4   void serial_init(void)
5  ⊟{    SCON  = 0x50;
6        TMOD |= 0x20;
7        TH1   = 0xfd;
8        TL1   = 0xfd;
9        TR1   = 1;
10       TI    = 1;
11 ⊦}
12  #endif
```

图 11-9　串口初始化头文件　　　　　　　图 11-10　温湿度传感器 DHT11 的操作流程

```
#ifndef _dht11_h__
#define _dht11_h__
#include "delay.h"
sbit TRH = P3^7;                      //温湿度传感器 DHT11 数据接入
U8  S[]={"        "};
U8  T[]={"         "};
//读到的数据：高字节为整数部分，低字节为小数部分
U8  TH_data,TL_data,RH_data,RL_data,CK_data;
U8  TH_temp,TL_temp,RH_temp,RL_temp,CK_temp;ding
U8  com_data,untemp,temp;
U8  respond;
void read_TRH();
char receive();

//收/发信号检测，数据读取
char receive()
{   U8 i;
    com_data=0;
    for(i=0;i<=7;i++)
    {
        respond=2;
        while((!TRH)&&respond++);
        delay10us();
        delay10us();
        delay10us();
        if(TRH)
```

```
{    temp=1;
        respond=2;
        while((TRH)&&respond++);
     }
    else
   {   temp=0;  }
   com_data<<=1;
   com_data|=temp;
  }
 return(com_data);
}
/*********************/
//湿度读取子程序
//TH_data 为温度高 8 位，整数；TL_data 为温度低 8 位，小数
//RH_data 为湿度高 8 位，整数；RL_data 为湿度低 8 位，小数
// CK_data 为校验 8 位
//调用的程序有 delay();、 Delay_5us();、RECEIVE();
void read_TRH()
{   //主机拉低 18ms
    U16 xx;
    TRH=0;
    Dly_nms(18);
    TRH=1;
    //DATA 总线由上拉电阻拉高，主机延时 20μs
    delay10us();
    delay10us();
    delay10us();
    delay10us();
    //主机设为输入，判断从机响应信号
    TRH=1;
    //判断 DHT11 是否有低电平响应信号，如不响应则跳出，如响应则向下运行
if(!TRH)
{   respond=2;
        //判断 DHT11 发出 80μs 的低电平响应信号是否结束
    while((!TRH)&& respond++);
    respond=2;
        //判断从机是否发出 80μs 的高电平信号，如发出则进入数据接收状态
    while(TRH && respond++);
    //数据接收状态
    RH_temp = receive();
    RL_temp = receive();
    TH_temp = receive();
    TL_temp = receive();
    CK_temp = receive();
    TRH=1;
            //数据校验
    untemp=(RH_temp+RL_temp+TH_temp+TL_temp);
    if(untemp==CK_temp)
    {   RH_data = RH_temp;
        RL_data = RL_temp;
```

```
                TH_data = TH_temp;
                TL_data = TL_temp;
                CK_data = CK_temp;
            }
    }
    //湿度整数部分各位数的 ASCII 码，方便串口输出
    S[0] = '%'; //"%"
    S[1] = (char)(0X30+RH_data/10);
    S[2] = (char)(0X30+RH_data%10);
    S[3] = '.';// 0x2e; //小数点
    //湿度小数部分各位数的 ASCII 码
    S[4] = (char)(0X30+RL_data/10);
    //温度整数部分各位数的 ASCII 码
    T[0] = (char)(0X30+TH_data/10);
    T[1] = (char)(0X30+TH_data%10);
    T[2] = '.';//0x2e; //小数点
    //温度小数部分各位数的 ASCII 码
    T[3] = (char)(0X30+TL_data/10);
    T[4] = 0X27;  //"'"
    T[5] = 'C';    //0X43;
}
#endif
```

3. 设计 DHT11 测试主程序 zn11-dht11-test.c

```
#include "myhead.h"
#include "dht11.h"
#include "serial_init.h"
#include <stdio.h>

void main()
{   U8 i;
    Dly_nms(1000);
    serial_init(); //
    while(1)
    {   read_TRH();
 //波特率 9600bps 下，由串口助手以文本方式接收
 //显示第一行字符  %xx
        printf("\n\nRH:");
        for(i=0;i<=4;i++)
          { printf("%c",S[i]);  } //将数字变为对应的 ASCII 码
        //第二行，写温度数据 xx.x^C
        printf("\n\nT :");          //在 STC 下，串口助手中以字符形式看到数据
        for(i=0;i<=5;i++)
          { printf("%c",T[i]); }
        Dly_nms(2500);
    }
}
```

4. 仿真测试

设置单片机的晶振为 11.059MHz，如图 11-11 所示，设置虚拟终端的波特率为 9600bps。编译以上程序，加载代码文件，启动仿真，应该看到如图 11-12 所示的仿真片段，仿真数据应该与程序处理后输出到串口的一致。

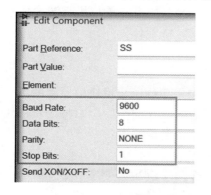

图 11-11　设置虚拟终端波特率　　　　　　　　　图 11-12　仿真片段

11.6　任务 4：设计、测试语音问答

本项目中要通过语音对话来获取温度、湿度信息，选择功能丰富的 ASRPRO 模块（Automatic Speech Recognition，ASR），如图 11-13 所示。 ASRPRO 模块的语音识别基于深度学习技术，将音频中的语音转成文字，可用于识别多种音频编码格式、多种场景和不同长短的语音，广泛应用于智能客服、会议访谈转写、游戏语音输入、课堂内容分析等场景。

扫码看视频

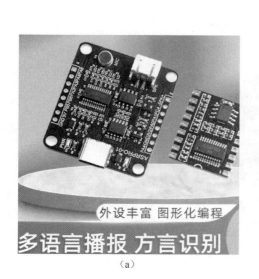

（a）

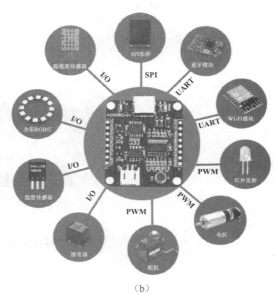

（b）

图 11-13　ASRPRO 语音模块及其应用领域

ASRPRO 语音模块的开发采用杭州好好搭搭公司提供的图式编程开发环境——天问51，请登录官网获取。

本测试程序的设计思路：

① 对语音模块说："报温度"→语音模块串口发"T"给单片机→单片机将温度值经串口发给语音模块→播报。

② 对语音模块说："报湿度"→语音模块串口发"H"给单片机→单片机将湿度值经串口发给语音模块→播报。

1. 图式开发语音模块程序

参考图 11-14～图 11-16 进行语音模块的程序开发，如果唤醒语与模块中原有的不一样，则要先"生成模型"。参考图 11-14 右上角，若唤醒语、命令词不变，则将语音模块与计算机连接后，直接进行"2M编译下载"，程序可下载到语音模块中。

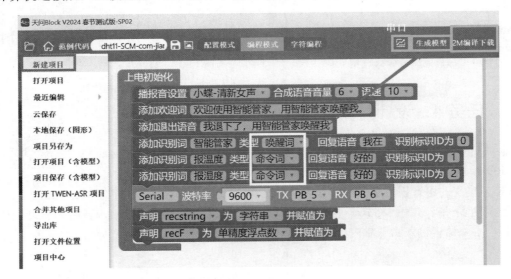

图 11-14　图式开发语音程序 1

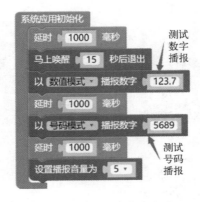

图 11-15　图式开发语音程序 2

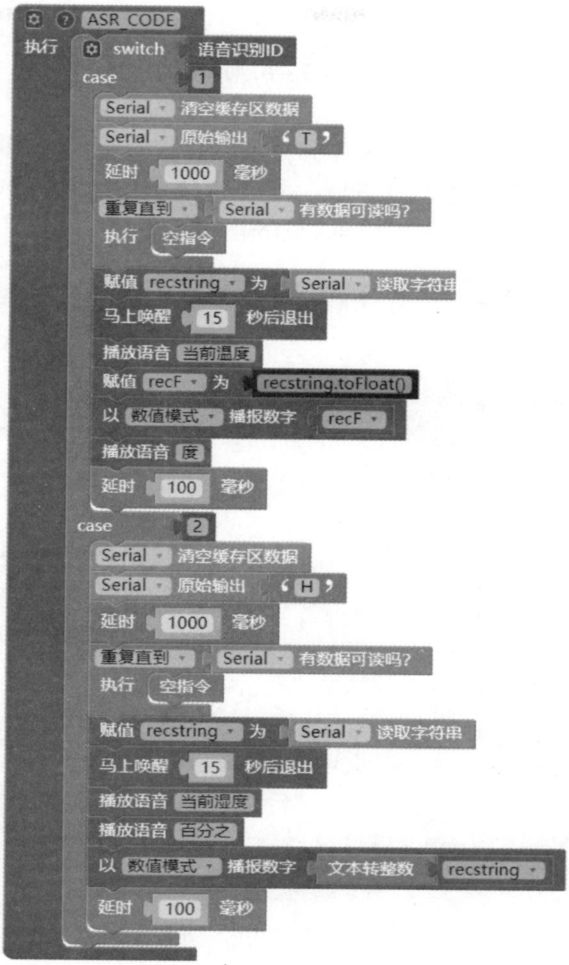

图 11-16　图式开发语音程序 3

每次修改程序后，单击图 11-14 右上角"2M 编译下载"按钮，将语音代码下载到语音芯片中。

2．在天问 51 中测试语音程序

单击图 11-14 右上角串口图标 ☑，弹出如图 11-17 所示的串口调试窗口。说"报温度"，串口接收区可看到语音模块发来的字符 T，此时在串口调试窗口右上侧输入温度值 26，单击发送，则听到语音播报"当前温度 26 度"。说"报湿度"，串口接收区可看到语音模块发来的字符 H，此时在串口调试窗口右上侧输入湿度值 40，单击发送，则听到语音播报"当前湿度%40"。

图 11-17　用天问 51 的串口测试语音模块

11.7　任务 5：系统程序设计与仿真测试

在 11.4 节~11.6 节的基础上，再进行综合程序开发。在 Keil 软件中创建工程文件 zn11-dht11-yuying-12864，源程序命名为 zn11-dht11-yuying-12864.c。综合程序的工程结构如图 11-18 所示。各个头文件参考 11.4 节~11.5 节

扫码看视频

1. 设计主程序

图 11-18　综合程序的工程结构

```
#include " dht11.h"
#include "12864ks0108.h"
#include "serial_init.h"

void main( )
{
    unsigned char i,recvdata;
    serial_init();
    clear_screen(); Dly_nms(1000);
    lcd_initial();
//c_page 为当前页，c_column 为当前列，num 为字符数，
//offset 为所取汉字在显示缓冲区中的偏移量，第几个汉字，从 0 编号
    select(1);          //select 1/2，实物与仿真左右相反，此为实物
        display_hz(0,16,3,0); //显示温湿度：左半边从第 2 个汉字、第 16 列的位置
开始;
    select(2);
    display_hz(0,0,2,3); //右半边从第 1 个汉字、第 0 列的位置开始显示
    while(1)
    {   read_TRH();
        select(1);
        //RH:%__._
        display_zf(4,0,2,13) ;            // RH
        display_zf(4,16,1,11) ;           // :
        display_zf(4,24,1,15) ;           // %
        display_zf(4,32,1,S[1]-0x30) ;    // 十位
        display_zf(4,40,1,S[2]-0x30) ;    // 个位
        display_zf(4,48,1,16) ;           // .
        display_zf(4,56,1,S[4]-0x30) ;    //小数
        //T:__._
        display_zf(6,0,1,10) ;            //T
        display_zf(6,8,1,11) ;            // :
        display_zf(6,16,1,T[0]-0x30) ;    // 十位
        display_zf(6,24,1,T[1]-0x30) ;    // 个位
        display_zf(6,32,1,16) ;           // .
        display_zf(6,40,1,T[3]-0x30) ;    //小数
        display_zf(6,48,1,12) ;           // 。C
```

```
    if(RI==1)
    { recvdata=SBUF;
     NOP; NOP;
     RI=0;
     if (recvdata=='T')
        { for(i=0;i<4;i++)
            { SBUF=T[i];
              while (TI==0 )
                 { ; }
                  TI=0;
            }
        }
     else if(recvdata=='H')
        { for(i=1;i<3;i++)
            { SBUF=S[i];
              while (TI==0 )
                 { ; }
                  TI=0;
            }
        }
    }
    Dly_nms(1000);
  }
}
```

2. 仿真测试

① 电路中所有的接插件无需仿真，双击接插件，在弹出的对话框中勾选 ☑ Exclude from Simulation 。

② 编辑编译单片机控制端程序并生成目标代码文件 zn11-dht11-yuying-12864.hex。

③ 双击单片机，加载目标代码文件 Program File: s\zn11-dht11-yuying-12864.hex ，设置频率为 11.059MHz Clock Frequency: 11.059MHz 。虚拟终端、串口模型的波特率均为 9600bps。

④ 进行语音模块实物与温湿度检测仿真系统之间的连接测试。语音模块的串口与 USB-TTL 连接，如图 11-19 所示电源、地线各自对应连接，TX-RX 连接。为了监测计算机串口收、发数据状态，在仿真电路中连接串口模型，并设置串口号与波特率，如图 11-20 所示。按下图 11-3 所示单片机 P3.6 脚所接按钮。

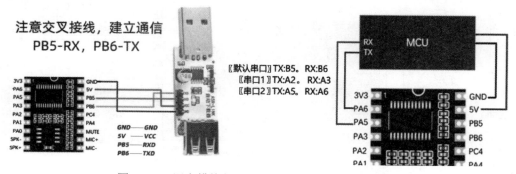

图 11-19　语音模块与 USB-TTL 下载器、单片机连接

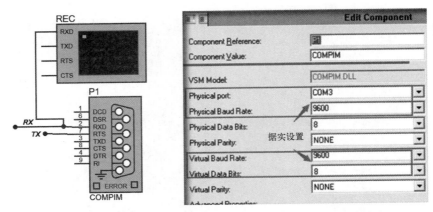

图 11-20　设置串口模型的串口号（与实物串口相同）、波特率

⑤ 启动仿真，重新给语音模块上电，填写表 11-2。仿真效果如图 11-21 所示。系统接收到语音系统发来的"T"，则发出"当前温度 26℃"；若系统接收到语音系统发来的"H"，则发出"当前湿度%67"。如果虚拟终端的窗口未弹出，则在虚拟终端上右击，在弹出快捷菜单中选中 ✓ Virtual Terminal - SERIAL-OUT 。对输出的数据进行观测识别，若 DHT11 传感器仿真模型上的数据与 LCD 及虚拟终端一样，说明数据采集正确。

表 11-2　可调时钟仿真测试记录

测试内容	现象	是否达标	若有问题，试分析并解决
LCD 上显示	如图 11-21 所示		
语音播报	欢迎使用智能管家，用智能管家唤醒我		
稍后，语音播报	我退下了，用智能管家唤醒我		
说"报温度"	串口接收到"T"，并听到语音"当前温度（　）度"		
说"报湿度"	串口接收到"H"，并听到语音"当前湿度%（　）"		
把温度调到 32℃，说"报温度"	听到： LCD 显示：		
把湿度调到 80%RH 说"报湿度"	听到： LCD 显示：		

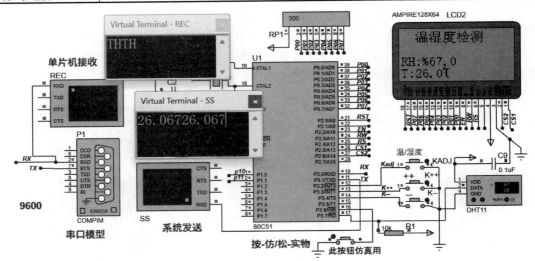

图 11-21　AI 语音播报温湿度检测系统仿真图

11.8　任务 6：PCB 设计

扫码看视频

1. 设计准备

（1）补充元器件编号

参考图 11-3、图 11-22 对按键编号。编号就像每个元器件的身份证号一样，不能重复，具有唯一性。

Reference	Type	Value	Package	Grou
X1 (CRYSTAL)	CRYSTAL	CRYSTAL	XTAL18	
U2-DHT11 (DHT11)	DHT11	DHT11	CONN-SIL4	
U1 (80C51)	80C51	80C51	DIL40	
RV1 (10k)	POT-HG	10k	PRE-SQ1	设置封装
RP1 (300)	RESPACK-8	300	RESPACK-8	
R2 (10k)	RES	10k	RES40	
R1 (10k)	RES	10k	RES40	
KADJ	BUTTON	自制或	BUT-6MM	参考4.8节，
K-- 设置编号	BUTTON	选用sil-100-20	BUT-6MM	自制封装
K++	BUTTON		BUT-6MM	
J6 (SIL-100-20)	SIL-100-20	SIL-100-20	CONN-SIL20	
J4 (25632001RP2)	25632001RP2	25632001RP2	CON20_1X20_U_2563	
J3 (AU-Y1005-R)	AU-Y1005-R	AU-Y1005-R	CON4_1X4_USB_AM	
J2 (CONN-SIL4)	CONN-SIL4	CONN-SIL4	CONN-SIL4	
J1 (CONN-SIL3)	CONN-SIL3	CONN-SIL3	3PIN-POWER	参考4.8节，
DSW1 (DIPSW_3)	DIPSW_3	DIPSW_3	ZBUT6	自制封装
C9 (0.1uF)	CAP	0.1uF	CAP10	
C8 (0.1uF)	CAP	0.1uF	CAP10	
C7 (0.1uF)	CAP	0.1uF	CAP10	
C6 (0.1uF)	CAP	0.1uF	CAP10	
C5 (22uF)	CAP-ELEC	22uF	ELEC-RAD10	
C4 (104)	CAP	104	CAP10	
C3 (10uF)	CAP-ELEC	10uF	ELEC-RAD10	
C2 (30PF)	CAP	30PF	CAP10	
C1 (30PF)	CAP	30PF	CAP10	

图 11-22　在设计浏览器中查看封装等信息

（2）确认元器件是否参与 PCB 设计

确认虚拟终端、串口模型、LCD 不参与 PCB 设计 ☑ Exclude from PCB Layout ；对于其他应该出现在 PCB 上的元器件，不能勾选 ☐ Exclude from PCB Layout 。

（3）合理设置封装

单击设计浏览器按钮 ▦，打开如图 11-22 所示的元器件列表，可查看元器件编号、类型、值、封装等信息。参考图 11-23～图 11-26 设置按键、电源插座、可调电阻、6 脚自锁开关的封装。

参考 4.8 节设计按键和电源插座的封装。

注意：若已连入电路中的元器件禁止设置封装，则在空白处放置相应元器件，再设置封装。设置封装后，元器件各引脚旁可能出现对应的焊盘编号。

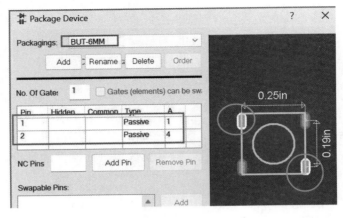

图 11-23　设置按键的封装

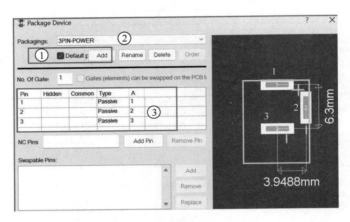

图 11-24　设置电源插座的封装

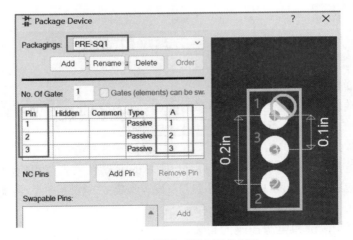

图 11-25　设置可调电阻的封装

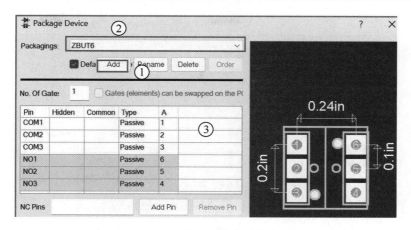

图 11-26 设置 6 脚自锁开关的封装

2．布局、布线、3D 预览

（1）设置布局、布线等规则

设置布局、布线等规则的步骤见图 1-20 及其相关内容。

（2）布局、3D 预览

布局时应先放置核心器件单片机，最小系统中的电阻、电容等应围绕单片机进行布局，特别是振荡电路中的晶振、滤波电容紧挨着单片机的振荡引脚。考虑到操作的便捷性，接插件尽量布局在电路板周边。各元器件的布局位置应该与原理图一致，疏朗有序。

布局时往往以手动布局为主，可根据需要，自动布局部分元器件，单击布局按钮 进行相应操作。PCB 的布局结果如图 11-27 所示。

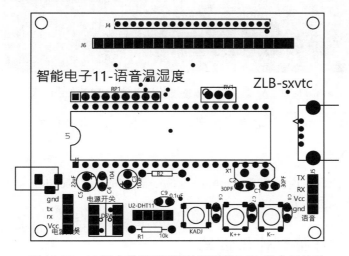

图 11-27 AI 语音播报温湿度检测系统 PCB 的布局结果

单击 3D 预览按钮 ，进行 3D 预览，如图 11-28 所示。

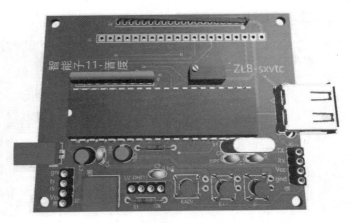

图 11-28　AI 语音播报温湿度检测系统 PCB 的 3D 预览

（3）布线及完善

单击布线按钮，各参数采用默认值进行布线，结果如图 11-29 所示。

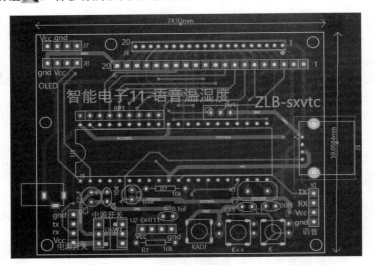

图 11-29　AI 语音播报温湿度检测系统 PCB 的布线结果

如果要在 PCB 上绘制一些非电气图案，可参考图 1-24 及其相关内容。

3．输出生产文件

单击 PCB 设计窗口中的菜单 Output→Generate Gerber/Excellon Output，输出生产文件。具体操作参考 A.2.6 节。

11.9　任务 7：作品制作与调试

将 PCB 生产文件压缩包送制板厂，加工出 PCB，如图 11-30 所示。AI 语音播报温湿度检测系统实物运行时的照片如图 11-31 所示。

扫码看视频

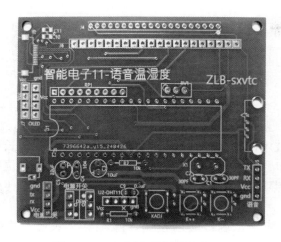

图 11-30　AI 语音播报温湿度
检测系统的 PCB

图 11-31　AI 语音播报温湿度检测系统
实物运行时的照片

参考表 11-3 进行实物测试、排除故障，直至成功。

表 11-3　AI 语音播报温湿度检测系统实物测试记录

测试内容	方法、工具	测试结果 （完成则打勾√）	若有问题，试分析并解决
检查电路板	目测，万用表等		
元器件识别与装配	目测，万用表等		
焊接	电烙铁、万用表等		
检查线路通、断	万用表等		
代码下载	工具：单片机、下载器。 代码文件：zn11-dht11-yuying-12864.hex。 下载方法参考附录 C		
功能测试，参考表 11-2	连接语音模块。 电源、万用表等		
其他必要的记录			
判断单片机是否工作：工作电压为 5V 的情况下，振荡脚电平约为 2V，ALE 脚电平约为 1.7V			
给自己的实践评分：	反思与改进：		

11.10　拓展设计——呼应有礼

资料查阅与讨论：找几款不同的温湿度模块，试比较它们的特点。

① 尝试将接收到的数据显示在并联数码管上或是 LCD1602 上。

② 增加温湿度上限设置与超限报警功能。

③ 尝试多路温湿度检测。

④ 尝试修改为某范围内的恒温恒湿系统，考虑增加升温、降温、加湿、除湿模块。

11.11　技术链接

11.11.1　DHT11 简介

　　DHT11 数字温湿度传感器是一款含有已校准数字信号输出的温湿度复合传感器，应用专用的数字模块采集技术和温湿度传感技术，确保产品具有极高的可靠性与卓越的长期稳定性。传感器包括一个电容式感湿元件和一个 NTC 测温元件，并与一个高性能 8 位单片机相连接。温度范围为-20～60℃，相对湿度范围为 5%～95%。DHT11 数字温湿度传感器的引脚分布如图 11-32 所示。

引脚说明

1—VDD，供电，DC3.3~5.5V
2—DATA，串行数据，单总线
3—NC，空脚
4—GND，接地，电源负极

1 2 3 4

图 11-32　DHT11 实物图及引脚说明

　　应用范围：暖通空调、除湿器、农业、冷链仓储、测试及检测设备、消费品、汽车、自动控制、数据记录器、气象站、家电、湿度调节器、医疗、其他相关湿度检测控制。

　　特点：成本低、长期稳定、品质卓越、超快响应、抗干扰能力强、超长的信号传输距离、数字信号输出、精确校准。

　　（1）主要参数（见表 11-4～表 11-6）

表 11-4　相对湿度性能表

参　　数	条　　件	最　小　值	典　型　值	最　大　值
量程范围（%RH）		5		95
精度（%RH）	25℃		±5	
重复性（%RH）			±1	
互换性		完全互换		
响应时间（s）	1/e（63%）		<6	
迟滞（%RH）			±0.3	
漂移（%RH/年）	典型值		<±0.5	

注：e 是自然常数。

表 11-5　温度性能表

参　　数	条　　件	最　小　值	典　型　值	最　大　值
量程范围（℃）		-20		60
精度（℃）	25℃		±2	
重复性（℃）			±1	
互换性		完全互换		
响应时间（s）	1/e（63%）		<10	
迟滞（℃）			±0.3	
漂移（℃/年）	典型值		<±0.5	

表 11-6　电气特性

参　　　数	条　　件	最　小　值	典　型　值	最　大　值
供电电压（V）		3.3	5.0	5.5
供电电流（mA）		0.06（待机）	—	1.0（测量）
采样周期（s/次）	测量		>2	

（2）接口说明

① 典型应用电路中，建议连接线长度短于 5m 时，用 4.7kΩ 上拉电阻；长于 5m 时，根据实际情况降低上拉电阻的阻值。

② 使用 3.3V 电压供电时，连接线尽量短。接线过长会导致传感器供电不足，造成测量偏差。

③ 每次读出的温湿度数值是上一次测量的结果，欲获取实时数据，需连续读取 2 次，但不建议连续多次读取传感器，每次读取间隔大于 2s 即可获得准确的数据。

④ 电源部分如有波动，会影响到温度。例如，所使用开关电源纹波过大，温度会出现跳动。

（3）串行通信说明

① 单总线说明。

DHT11 器件采用简化的单总线通信。单总线即只有一根数据线，系统中的数据交换、控制均由单总线完成。设备（主机或从机）通过一个漏极开路或三态端口连至该数据线，以允许设备在不发送数据时能够释放总线，而让其他设备使用总线；单总线通常要求外接一个约 4.7kΩ 的上拉电阻，这样，当总线闲置时，其状态为高电平。由于它们是主从结构，只有主机呼叫从机时，从机才能应答，因此主机访问器件都必须严格遵循单总线序列，如果出现序列混乱，器件将不响应主机。

单总线传送数据位定义 DATA 用于微处理器与 DHT11 之间的通信和同步，采用单总线数据格式，一次传送 40 位数据，高位先出。

数据格式：8 位湿度整数数据、8 位湿度小数数据、8 位温度整数数据、8 位温度小数数据、8 位校验位。

注：其中湿度小数部分为 0。

校验位数据："8 位湿度整数数据+8 位湿度小数数据+8 位温度整数数据+8 位温度小数数据"和的末 8 位。

【示例一】接收到的 40 位数据为

00110101	00000000	00011000	00000100	01010001
↓	↓	↓	↓	↓
湿度高 8 位	湿度低 8 位	温度高 8 位	温度低 8 位	校验位

校验位计算：00110101+00000000+00011000+00000100=01010001，则接收数据正确。

湿度：00110101（整数）=0x35=53%RH，00000000（小数）。

温度：00011000（整数）=0x18=24℃，00000100（小数）=0.4℃ ⇒ 24℃+0.4℃=24.4℃。

特殊说明：当温度低于0℃时，温度数据低8位的最高位置为1。

例如，-10.1℃表示为 **0000 1010** 1000 0001

0000 1010（整数）=0x0A=10℃

00000001（小数）=0x01=0.1℃ ⇒ -（10℃+0.1℃）=-10.1℃

【示例二】接收到的40位数据为

00110101	00000000	00011000	00000100	01001001
↓	↓	↓	↓	↓
湿度高8位	湿度低8位	温度高8位	温度低8位	校验位

校验位计算：00110101+00000000+00011000+00000100=0101000101010001，末8位不等于01001001，本次接收的数据不正确，放弃，重新接收数据。

② 数据时序图。

用户主机（如单片机）发送一次开始信号后，DHT11从低功耗模式转换到高速模式，待主机开始信号结束后，DHT11发送响应信号，送出40位的数据，并触发一次信号采集。DHT11数据时序如图11-33所示。

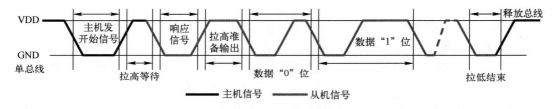

图11-33 DHT11数据时序图

③ 外设读取步骤。

主机和从机之间的通信[外设（如微处理器）读取DHT11的数据]可通过如下几个步骤完成。时序中涉及的时间数据可参看表11-7。

表11-7 DHT11的单总线信号特性

符 号	参 数	最 小 值	典 型 值	最 大 值
Tbe	主机起始信号拉低时间（ms）	18	20	30
Tgo	主机释放总线时间（μs）	10	13	35
Trel	响应低电平时间（μs）	78	83	88
Treh	响应高电平时间（μs）	80	87	92
Tlow	信号"0""1"低电平时间（μs）	50	54	58
TH0	信号"0"高电平时间（μs）	23	24	27
TH1	信号"1"高电平时间（μs）	68	71	74
Ten	传感器释放总线时间（μs）	52	54	56

步骤1：DHT11上电后（DHT11上电后要等待1s以越过不稳定状态，在此期间不能发送任何指令），测试环境温湿度数据，并记录数据，同时DHT11的DATA数据线由

上拉电阻拉高一直保持高电平；此时 DHT11 的 DATA 引脚处于输入状态，时刻检测外部信号。

步骤 2：单片机的 I/O 口设置为输出同时输出低电平，且低电平保持时间不能小于18ms（最大不得超过 30ms），然后单片机的 I/O 口设置为输入状态，由于上拉电阻，单片机的 I/O，即 DHT11 的 DATA 数据线也随之变高，等待 DHT11 作出回答，发送信号。

步骤 3：DHT11 的 DATA 引脚检测到外部信号有低电平时，等待外部信号低电平结束，延迟后 DHT11 的 DATA 引脚处于输出状态，输出 83μs 的低电平作为应答信号，紧接着输出 87μs 的高电平通知外设准备接收数据，单片机的 I/O 口此时处于输入状态，检测到 I/O 口有低电平（DHT11 回应信号）后，等待 87μs 的高电平后的数据接收，主机发送起始信号（见图 11-34），从机响应信号（图 11-35）。

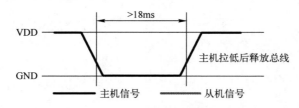

图 11-34　主机发送起始信号

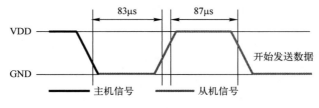

图 11-35　从机响应信号

步骤 4：由 DHT11 的 DATA 引脚输出 40 位数据，单片机根据 I/O 电平的变化接收40 位数据。位数据"0"的格式为 54μs 的低电平和 23～27μs 的高电平。位数据"1"的格式为 54μs 的低电平和 68～74μs 的高电平。位数据"0""1"格式信号如图 11-36所示。

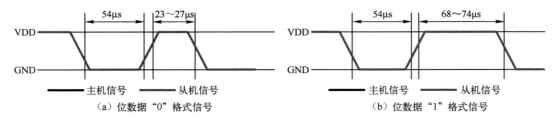

图 11-36　DHT11 位数据"0""1"的格式信号

结束信号：DHT11 的 DATA 引脚输出 40 位数据后，继续输出低电平 54μs 后转为输入状态，由于上拉电阻随之变为高电平，但 DHT11 内部重测环境温湿度数据，并记录数据，等待外部信号的到来。

11.11.2 LCD12864 简介

扫码看视频

LCD12864 横向可以显示 128 个点，纵向可以显示 64 个点，可显示图形，也可显示 8×4 个（16×16 点阵）中文汉字。带字库的 LCD12864 常用 ST7290 作为驱动芯片，内置 8192 个 16×16 点汉字，以及 128 个 16×8 点 ASCII 字符集。目前 Proteus 库中 LCD12864 驱动芯片有 SED1565、SED1520、KS0108，它们都不带字库，所以要显示汉字、字符，需要自己手动编程。本项目选择驱动芯片为 KS0108 的 LCD12864，如图 11-37 所示。

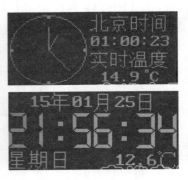

图 11-37　LCD12864 液晶实物图

（1）主要参数

① 工作电压（VDD）：3.3V 或 5.5V（只支持一种电压）。

② 逻辑电平：2.7～5.5V。

③ LCD 驱动电压（VO）：0～7V。

④ 工作温度（TOP）：0～55℃（常温）/-20～70℃（宽温）。

保存温度（TST）：-10～65℃（常温）/-30～80℃（宽温）。

KS0108 控制的 LCD12864 内部有两个控制器，如图 11-38 所示分别控制左半屏和右半屏，通过片选 CS1 和 CS2 来选择左右屏。如果两个同时选通，则相当于两块 64×64 的液晶，左右显示内容一样。取模方式是纵向 8 点下高位。列的范围是 0～63。行是不能按位来写的，而是写"页"。一个页相当于 8 个点，也就是 8 位，即 1 个字节，高位在下面，那么页的范围是 0～7，共 8 页，8 页×8 个点正好 64 个点。

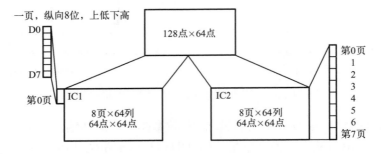

图 11-38　KS0108 控制的 LCD12864 的结构

（2）引脚定义

不带字库的 LCD12864 引脚定义见表 11-8。

表 11-8　不带字库的 LCD12864 引脚定义

引　脚　号	引　脚　名　称	功　能　说　明
1	VSS	电源地（0V）
2	VDD	电压输入（+5V）
3	VO	LCD 驱动电压输入端（对比度调节）
4	RS	寄存器选择端，高电平为数据寄存器，低电平为命令寄存器
5	R/W	读/写信号，高电平为读操作，低电平为写操作
6	E	使能信号
7～14	DB0～DB7	数据总线
15	CS1	片选信号 1，高电平有效，对应左半屏 64×64 点
16	CS2	片选信号 2，高电平有效，对应右半屏 64×64 点
17	$\overline{RST}$	复位信号，低电平有效
18	VOUT	负压输入输出端
19	LED-A	背光正极
20	LED-K	背光负极

（3）主要命令（见表 11-9）

表 11-9　LCD2864 的主要命令

指令名称	控制信号		控制代码								
	R/W	RS	DB7	DB6	DB5	DB4	DB3	DB2	DB1	DB0	说明
显示开关	0	0	0	0	1	1	1	1	1	1/0	3E/3F 关，开显示
显示起始行设置	0	0	1	1	×	×	×	×	×	×	起始行：C0～FF
页设置	0	0	1	0	1	1	1	×	×	×	页：B8～BF
列地址设置	0	0	0	1	×	×	×	×	×	×	列：40～7F
读状态	1	0	BUSY	0	ON/OFF	RST	0	0	0	0	
写数据	0	1	写数据								
读数据	1	1	读数据								

（4）封装尺寸

轮廓为 93mm×70mm 的 LCD12864 的封装尺寸如图 11-39 所示，引脚间距为 2.54mm。轮廓为 54mm×50mm 的 LCD12864 的封装引脚间距为 2mm。

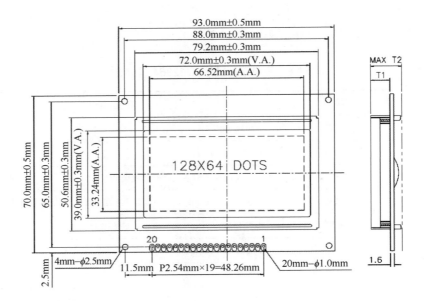

图 11-39   封装尺寸

11.11.3   设计六脚自锁开关（外形 8mm×8mm）的封装

图 11-40 是六脚自锁开关的外形、结构尺寸及引脚电气连线图。

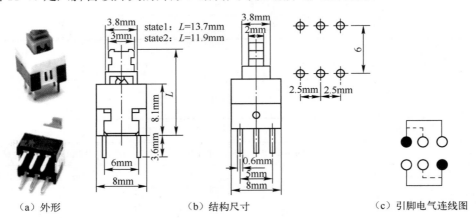

（a）外形   （b）结构尺寸   （c）引脚电气连线图

图 11-40   六脚自锁开关的外形、结构尺寸及引脚电气连线图

六脚自锁开关的电气连接如图 11-40（c）所示，从上方看引脚，若开关松开，实线通、虚线断；若压下开关，虚线通、实线断。设计 PCB 时应特别注意。

根据图 11-40（b）可知，每排 3 个引脚的间距是标准通孔式封装引脚间距 2.54mm，两排引脚的中心间距为 6mm，轮廓为 8mm×8mm。据此参考 4.8 节绘制如图 11-41 所示的封装，焊盘选用 S-80-40。封装命名为 ZBUT6。

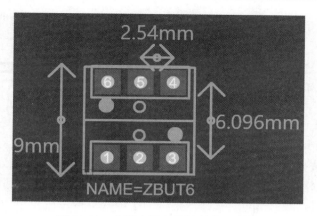

图 11-41　六脚自锁开关的封装示意图

不同大小、不同厂家的开关引脚的电气连接方式可能不一样，在购买元器件、设计 PCB 时要注意开关封装及引脚连接。使用前要用万用表测试开关引脚的电气连接。

项目 12　天涯比邻——蓝牙通信 LED 点阵屏

　　LED 点阵屏是一种由发光二极管（LED）组成的显示装置：按颜色分，有单色屏、双基色屏、彩色屏；按亮度分，有室内屏、半室外屏、室外屏；按大小分，有出租车顶屏、店铺顶屏的小型条幅屏，以及室外广场、路边的大型户外屏。LED 点阵屏具有高亮度、低功耗、寿命长等优点。

12.1　产品案例

　　图 12-1（a）所示为一公共服务场合简单的双基色的三色条屏，图 12-1（b）所示为一室外大型曲面全彩 LED 屏。

　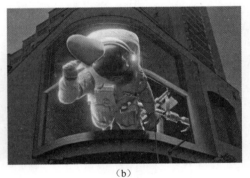

　　　　　　（a）　　　　　　　　　　　　　　　　　　　（b）

图 12-1　LED 点阵屏产品案例

　　LED 点阵屏聚点成面，一般按行列式构成点阵平面。较小的显示单元有 8×8、5×7，较大的有 16×16、16×32 等规格。LED 显示屏除了有显示模块，还有控制系统及电源系统。控制系统控制 LED 的亮灭来显示文字、图片、动画和视频等内容。各部分模块化设计更便于制作和安装。

12.2　项目要求与分析

1. 目标与要求

　　本项目将设计与制作一款 LED 点阵屏，可显示一个 16×16 的点阵汉字，有多个汉字时依次轮流显示，且通过蓝牙无线通信的方式改变显示内容，教学目标、项目要求与建议教学方法见表 12-1。

扫码看视频

表 12-1　蓝牙通信 LED 点阵屏项目的教学目标、项目要求与建议教学方法

	知识	技能	素养
教学目标	① 认识蓝牙通信； ② 理解点阵显示原理； ③ 理解点阵码取模软件	① 掌握 16×16 点阵的接口电路； ② 学会使用蓝牙模块； ③ 学会汉字点阵显示程序设计； ④ 能正确完成点阵模块的封装设计、PCB 设计	① 人无诚信不立，技术跨越距离； ② 作品即产品，品质第一； ③ 有序思维，有序做事； ④ 学有所用，学有所创
项目要求	通过蓝牙改变显示内容，分为发送与接收两部分： ① 接收端：用 4 个 8×8 LED 点阵组成一个 16×16 汉字显示点阵，由单片机控制能循环显示 4 个汉字。间隔时间自定（例如 0.5s）。 ② 发送端：由单片机的串口经蓝牙模块将汉字点阵信息发送到接收端。设 4 组汉字，分别为"仿真技术""前途宽广""电类专业""成效显著"		
建议教学方法	析—设—仿—做—评		

2. 自上而下进行项目分析

根据项目要求，划分功能模块，构建系统框架，如图 12-2 所示。

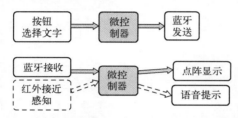

图 12-2　蓝牙通信 LED 点阵屏系统框架图

12.3　任务 1：16×16 点阵显示

1. 认识 8×8 点阵模块

通用的点阵模块像素点为 8×8，如图 12-3 所示，每个像素点为一个 LED。一般以行共阴或阳区分为共阴点阵或共阳点阵。同一行阳极连在一起、同一列阴极连在一起，为共阳点阵；同一行阴极连在一起、同一列阳极连在一起，为共阴点阵。故任一个像素点要亮，就需要行、列两个控制信号，一般同一行或同一列同时控制某些点的亮灭。例如，8×8 点阵，一位行信号配合 8 位一个字节的列数据。

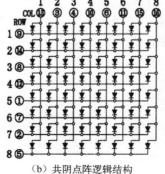

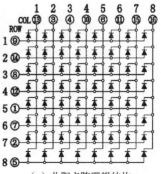

（a）点阵实物　　　　　（b）共阴点阵逻辑结构　　　　　（c）共阳点阵逻辑结构

图 12-3　8×8 点阵模块实物及逻辑结构

2. 认识 8×8 点阵仿真模型

选择绿色 8×8 点阵的仿真模型为MATRIX-8X8-GREEN，行、列及控制引脚如图 12-4（a）所示。每个 LED 的亮灭由一根行线、一根列线配合控制，8 行、8 列共控制 64 个 LED 的亮灭，亮灭的不同组合形成丰富的字符、图案显示。由 4 块 8×8 点阵构成一块 16×16 点阵，如图 12-4（b）所示。

注意：图 12-4（b）中粗斜体字为网络标号。

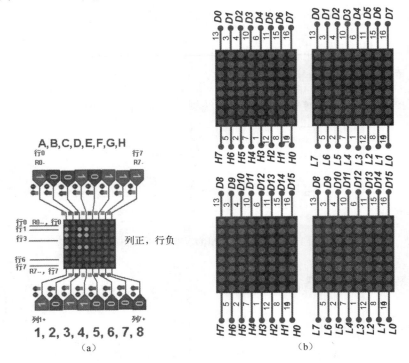

图 12-4   8×8 点阵仿真模型及拼成的 16×16 点阵

3. 获取 16×16 点阵显示码

16×16 点阵需要 4 块 8×8 点阵拼接，如此就有 16 行、16 列的控制数据。或根据需要设计成 16 行扫描或 16 列扫描，每行或每列共 16 点，即 16 位共两个字节的显示数据。某一时刻只显示一行或一列，根据视觉暂留原理，16 行或 16 列依次显示，每行或每列显示后稍作延时，再重复若干次，就能看到稳定的画面了。

如在 16×16 点阵的平面上，分割成 16 行、16 列，最小显示单位就是一个 LED 像素点。如图 12-5 所示，以逐行扫描为例，从上到下，分成 16 行，每行有 16 列的点，先点亮第 1 行的某些点，再点亮第 2 行的某些点，……，最后点亮第 16 行的某些点，一般在 24Hz 频率内完成一个扫描周期，即可看到一个完整的画面。重复若干次可看到稳定的显示。

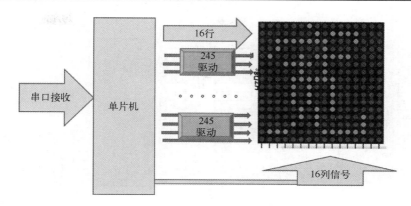

图 12-5 16×16 点阵行、列控制示意图

本设计采用共阴的行扫描，如图 12-4（b）所示，D0～D15 为行信号，低电平有效；H7～H0、L7～L0 为 16 位列信号，高电平有效。显示内容的点阵码为共阴码。一般用小软件获得点阵码，也叫取模。本设计用 zimo 小软件，如图 12-6 所示，横向取模，每行 16 点共两个字节的列数据，16 行共 32 字节的字模点阵码数据。

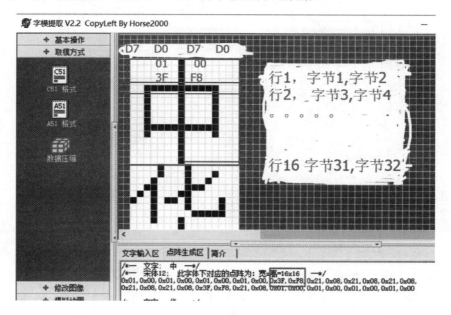

图 12-6 对汉字取 16×16 点阵码

4. 设计 16×16 点阵显示电路

16 行的扫描信号一般用两块 3-8 译码器 74××138 或一块 4-16 译码器 74××154 实现。如图 12-7 所示，本项目中采用 74××154 进行共阴式扫描。共阴扫描也符合单片机输出低电平时电流较大的特性。列信号由单片机输出高电平才能点亮 LED，故需要增加驱动，并行驱动可用 74××245 或 74××574 等。

注意：图 12-7（b）中粗斜体字为网络标号。

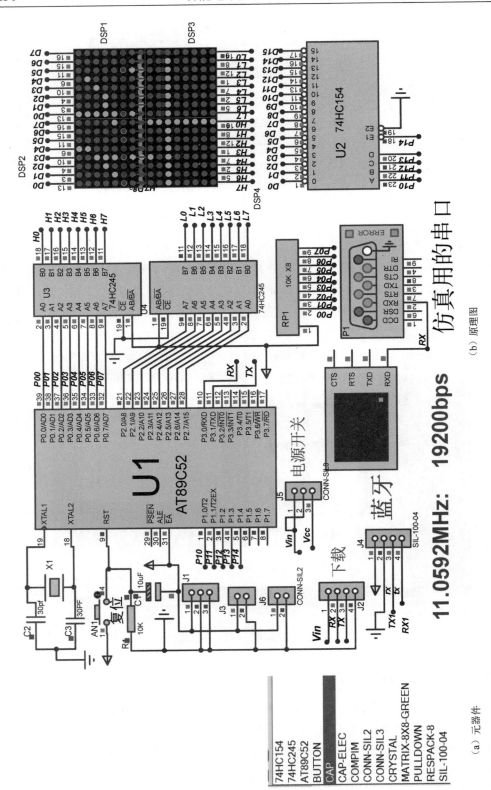

(a) 元器件

(b) 原理图

图 12-7　16×16 点阵显示电路设计

5. 设计 16×16 点阵显示"中华"测试程序

（1）程序设计思路

测试程序的工程结构如图 12-8 所示，其中两个头文件 myhead.h、dly_nms.h 如图 12-9 所示。

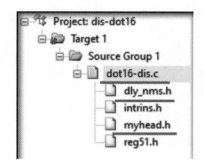

图 12-8　16×16 点阵显示测试程序的工程结构

```
 1 ┌ #ifndef  __myhead_H__
 2   #define  __myhead_H__
 3
 4
 5   #include <reg52.h>
 6   #include   <intrins.h>
 7   typedef  unsigned char U8 ;
 8   typedef  unsigned int U16;
 9
10   #endif
11
```

（a）myhead.h

```
 1   //延时nm秒程序定义
 2   #include  "myhead.h"
 3   #define  NOP  _nop_()
 4
 5 ┌ #ifndef  _Dly_nms_h__
 6   #define  _Dly_nms_h__
 7
 8   void Dly_nms(U16 time)
 9 ┌ { U8 i;
10      for( ; time>0; time--)
11 ┌     { for( i=0; i<182; i++)
12          { NOP; NOP;}
13        }
14 ┘ }
15   #endif
16
```

（b）dly_nms.h

图 12-9　两个头文件 myhead.h、dly_nms.h

（2）主程序 dot16-dis.c

```
#include  "dly_nms.h"

#define  scan154  P1        //P1 扫描
#define  dataH  P0          //段码高 8 位 P0
#define  dataL  P2          //段码低 8 位 P2


U8  code  zhong[]={
/*-- zimo  文字：中  横向取模，无倒序--*/
/*-- Fixedsys12; 此字体下对应的点阵为：宽×高=16×16  --*/
    0x01,0x00,0x01,0x00,0x01,0x00,0x01,0x00,0x3F,0xF8,0x21,0x08,0x21,0x08,
0x21,0x08,
    0x21,0x08,0x21,0x08,0x3F,0xF8,0x21,0x08,0x01,0x00,0x01,0x00,0x01,0x00,
0x01,0x00 };
    U8  code  hua[]={
    /*--  文字：华  --*/
```

```
/*-- Fixedsys12;  此字体下对应的点阵为: 宽×高=16×16   --*/
0x08,0x80,0x08,0x88,0x10,0x90,0x30,0xE0,0x51,0x80,0x96,0x84,0x10,0x84,
0x10,0x7C,
0x11,0x00,0x01,0x00,0xFF,0xFE,0x01,0x00,0x01,0x00,0x01,0x00,0x01,0x00,
0x01,0x00 } ;
void    dlay ( ) ;
void    dis_dot16( U8   *p );

void    main ( )
{ U8  scannb;
  Dly_nms(1000) ;          //11.059MHz
    //点阵测试, 点亮第1行、第2行……第16行
    for ( scannb =0 ; scannb<16 ; scannb++  )
        {   scan154=scannb ;
            dataH = 0xff ;
            dataL = 0xff ;
            Dly_nms(300) ;
        }
    while ( 1 )              //依次显示"中""华"两个字
    {   dis_dot16(zhong);
        dis_dot16(hua);
    }
}
void    dlay ( )          //11.059MHz  500μs
{ U8  i, j ;
    for ( i =0 ; i<1 ; i++ )
        for ( j =0 ; j<150 ; j++ )
            { ; }
}

void  dis_dot16(U8  *p)
{ U8  *tmp, line, looptime ;
    tmp=p;
    for ( looptime =0 ; looptime<100 ; looptime++ )
    { p=tmp;
        for ( line =0 ; line<16 ; line++  )
        {   dataH = *p++ ;
            dataL = *p++ ;
            scan154  = line ;
            dlay( ) ;
            scan154 =0xff ; dataH=0;dataL=0;  //消隐要彻底
        }
    }
}
```

（3）仿真测试

① 编辑编译以上程序并生成目标代码文件 dis-dot16-dis.hex。

② 双击单片机，将 dis-dot16-dis.hex 加载到单片机中。

③ 单击仿真工具按钮 ▶ 启动仿真，可看到从上到下，一行 16 点全亮，先显示 "中"，再显示 "华"，然后 "中" "华" 两个字依次轮流循环显示。

12.4　任务 2：蓝牙模块测试与配对

蓝牙是一种支持设备短距离通信（一般 10m 内，因产品而异）的无线电技术，能在包括移动电话、PDA、无线耳机、笔记本电脑、相关外设等众多设备之间进行无线信息交换。本项目中采用如图 12-10 所示的 HC-05 收/发一体蓝牙模块对点阵屏系统传输点阵码。

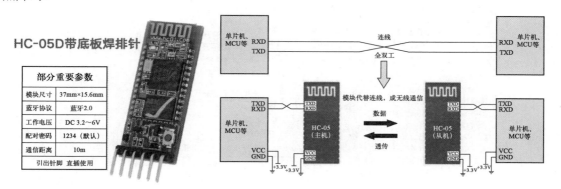

图 12-10　HC-05 收/发一体蓝牙模块

1. 进入 AT 模式，获取模块信息

以有两个 LED 指示灯的蓝牙模块为例，未匹配时两个 LED 快闪；配对成功后，双方基本同步闪，快速双闪两下，暂停约 5s 再闪再停如此循环，但只能 1∶1 配对。

若要进入 AT 命令状态，长按模块上的按钮再上电，等只有一个红 LED 由快闪变为慢闪，即可松开按钮，此时两 LED 慢闪，波特率为 38400bps，发指令即可。指令字母要大写，末尾回车。

HC-05 蓝牙模块是一种常用的串口蓝牙模块，它支持 AT 指令，可以通过 AT 指令配置其工作模式和参数。下面介绍几个常用的 AT 指令：

① AT：测试指令，检查蓝牙模块是否正常工作，返回 OK 表示正常。

② AT+RESET：重置蓝牙模块，返回 OK。

③ AT+NAME?：查询模块的名称；命名模块 AT+NAME=HC-05\r\n，设置模块名为 "HC-05"。

④ AT+PSWD？：查询模块的密码；设置密码 AT+PSWD=XXXX\r\n。

⑤ AT+ROLE？：查询模块的角色，0 为从机，1 为主机，2 为自动回环模式，即接收到再发回。设置角色 AT+ROLE=X\r\n（X 为 0、1、2）。

⑥ AT+UART？：查询模块的波特率和停止位（0 为 1 位，1 为 2 位）、校验位（0 为无校验，1 为奇校验，2 为偶校验），返回为

```
+UART:9600,0,0    OK
```

表示波特率为 9600bps，1 位停止位，无校验位。

设置波特率时格式为

AT+UART=<波特率>,<停止位>,<校验位>

⑦ AT+ADDR？：查询蓝牙地址，如图 12-11 所示，返回为

+ADDR:1234:56:abcdef （16 进制） OK

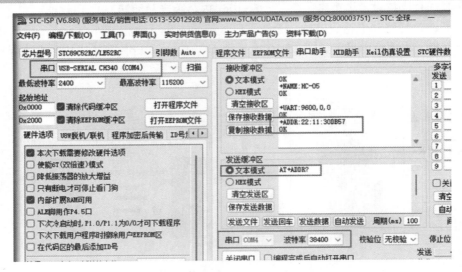

图 12-11　在 STC-ISP 软件中用 AT 命令获取蓝牙模块的信息

也可用蓝牙模块提供的测试软件获取或设置模块信息，如图 12-12 所示。

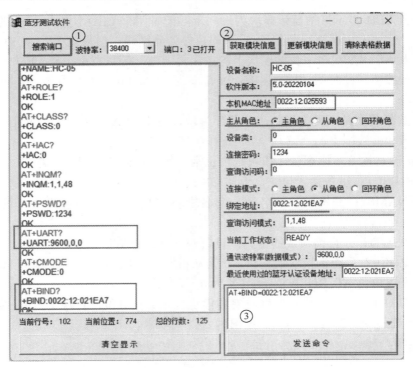

图 12-12　用蓝牙模块提供的测试软件获取或设置模块信息

⑧ AT+BIND？：查询绑定的蓝牙地址用 AT+BIND?\r\n，将返回

```
+BIND:1234:56:abcdef    OK
```

设置波特率的格式为

```
AT+BIND=1234,56,abcdef\r\n
```

以上仅为几个常用的 AT 指令，更多详细内容可以参考 HC-05 蓝牙模块的数据手册。

2．在 AT 模式下，配置主从蓝牙模块

将两个 HC-05 蓝牙模块进行配对，设置相同的波特率，主模块绑定从模块的地址。

① 如图 12-13 所示将蓝牙模块与 USB-TTL 连接，注意 RX-TX 连接。查看计算机中，可看到如图 12-14 所示的串口，串口号因计算机而异。

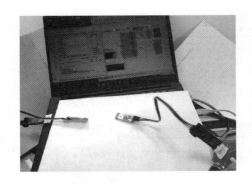

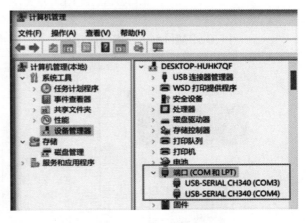

图 12-13　用通用的 USB-TTL 连接两个蓝牙　　　　图 12-14　查看计算机串口设备

② 通过 AT 指令获取作为从机模块的名称、密码（有的称为 PIN 码）、地址，设置波特率为 9600bps，设置为从机。

③ 通过 AT 指令获取作为主机模块的名称、密码，设置波特率为 9600bps，并在主模块中绑定从模块地址、设置为主机。

3．用一对（两个）蓝牙模块进行无线数据传输

发送数据：计算机串口助手→USB-TTL→蓝牙模块。

接收数据：蓝牙模块→USB-TTL→Protues 仿真。

测试效果：发送端发送数字 0～F，接收端将数字显示在数码管上。

① 对两个蓝牙模块重新上电，使其进入通信状态，两个模块的 LED 会同步闪烁。如图 12-15 所示，以 9600bps 波特率发送数字 0～F 任一数字。

② 接收端电路如图 12-16 所示。参考图 12-17 设置串口模型 compin 参数。

注意：串口模型的 COMx 要与接收端蓝牙所接的实际串口号一致。

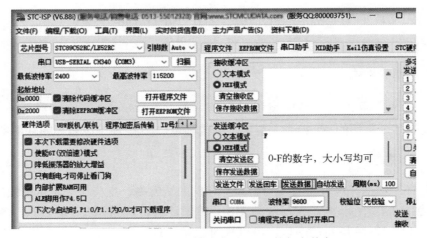

图 12-15　以 HEX 模式发送 0～F 的任意数字

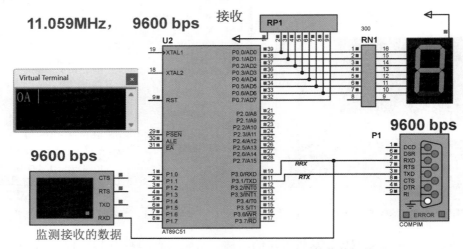

图 12-16　经蓝牙模块-USB-TTL-串口-Proteus 接收数据并显示

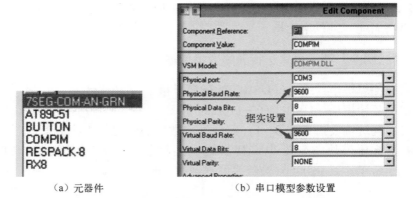

（a）元器件　　　　　　　　　（b）串口模型参数设置

图 12-17　蓝牙接收测试电路元器件及串口模型参数设置

4. 设计蓝牙收/发测试程序

```
#include<REG51.H>
```

```
//共阳数码管的显示码: 0～F
unsigned char code seg7b[ ]={ 0xC0,0xF9,0xA4,0xB0,0x99,0x92,0x82,
                              0xF8,0x80,0x90, 0x88,0x83,0xC6,0xA1,
                              0x86,0x8E };
void serial() interrupt 4 using 1
{ RI=0;
  P0=seg7b[SBUF];                    //蓝牙直接发数字, 在数组取其显示码
}
void main(void)
{
  TMOD=0X20;
  TH1=0XFD;TL1=0XFD;                 //11.0592MHz, 9600bps
  SCON=0X50;
  TR1=1;
  EA=1; ES=1; RI=0;
  while(1);
}
```

5. 串口助手发送，仿真软件接收、显示

将以上程序编译生成代码，加载到单片机中并启动仿真，在串口助手的发送框中敲"a"，代表 16 进制的 0x0a，发送后，则 Proteus 电路中接收到 a，从 P0 口输出 10 的显示码，数码管显示 A。

串口助手发送数字 0，则 Proteus 中的数码管显示（　　　）？
串口助手发送数字 3，则 Proteus 中的数码管显示（　　　）？
串口助手发送数字 8，则 Proteus 中的数码管显示（　　　）？

12.5　任务 3：汉字点阵码发送端电路设计

如图 12-18 所示，4 个按键 AJ1～AJ4 分别代表 4 个汉字，点击按钮时将从串口发送相应汉字的点阵码。

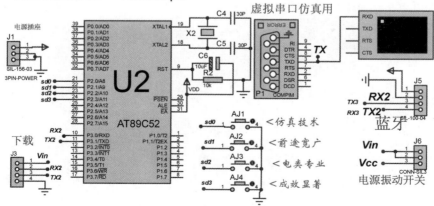

图 12-18　汉字点阵码发送端电路

注意：图 12-18 中粗斜体字为网络标号。

12.6　任务 4：系统程序设计与仿真测试

扫码看视频

1．程序设计思路

本项目为一个 16×16 点阵显示系统，分成显示数据与发送显示数据两部分，通信波特率为 19200bps，应用蓝牙技术实现无线通信。通信发送端、接收端程序的工程结构如图 12-19 所示。分别创建发送端与接收端的工程文件 zn12-send、zn12-recv，并分别创建、编写、添加源程序文件，发送端程序命名为 send.c，接收端文件命名为 recv.c。参考图 12-9 设计两个头文件。

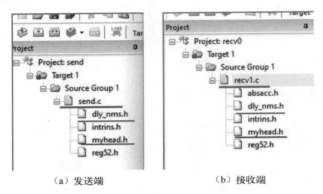

（a）发送端　　　　　　　　（b）接收端

图 12-19　通信发送端、接收端程序的工程结构

2．发送端程序 zn12-send.c

```c
#include "dly_nms.h"

U8  code  TAB1[32];
U8  code  TAB2[32];
U8  code  TAB3[32];
U8  code  TAB4[32];
#define  flag  F0
#define  keyin  P2          //P2 按键发送

void  main( )
{ U8  tmp;
  U8  *readtab;
  keyin=0xFF;
  SCON=0x50;               //串行 1 方式，8 位异步
  TMOD=0x20;               // 设定计数器 1 方式 2
  PCON |=0x80;             //波特率加倍
  TH1=0xFD;                //22.118MHz，波特率 38400bps
  TL1=0xFD;                //11.059MHz，波特率 19200bps
  TR1=1;                   //启动计数器 1
  while(1)
```

```
      { keyin=0xff;
         tmp=keyin;
         switch(tmp)
            { case 0xfe:
                 Dly_nms(10);if(keyin==0xff) break;
                      else { readtab=TAB1;flag=1;break; }
              case 0xfd:
                 Dly_nms(10);if(keyin==0xff) break;
                      else { readtab=TAB2;flag=1;break; }
              case 0xfb:
                 Dly_nms(10);if(keyin==0xff) break;
                      else { readtab=TAB3;flag=1;break; }
              case 0xf7:
                 Dly_nms(10);if(keyin==0xff) break;
                      else { readtab=TAB4;flag=1;break; }
            }
         if(flag==1)
         { TI=0;RI=0;
           TR1=1;
           for(tmp=0;tmp<128;tmp++)
           {    SBUF= *readtab++;
                while(TI==0)
                   { ; }
                TI=0;
           }
           TR1=0;flag=0;
         }
      }
   }
/* 四组，每组四字点阵表 */
U8 code TAB1[ ]={
0x00,0x00,0x08,0xC0,0x08,0x20,0x10,0x00,0x10,0x1E,0x33,0xE0,0x50,0x40,
0x90,0x70,
    0x10,0x90,0x11,0x10,0x12,0x10,0x14,0x20,0x10,0xA0,0x10,0x40,0x00,0x00,
0x00,0x00, //;"仿",0
    0x01,0x00,0x01,0xE0,0x0F,0x00,0x02,0x00,0x07,0xC0,0x08,0x40,0x0F,0x40,
0x08,0x40,
    0x0F,0x40,0x08,0x40,0x0F,0xFC,0xF8,0x00,0x04,0x40,0x08,0x20,0x30,0x20,
0x00,0x00, //;"真",1
    0x10,0x40,0x10,0x40,0x10,0x40,0x10,0x70,0x1D,0xC0,0x70,0x40,0x10,0x70,
0x19,0x90,
    0x30,0x20,0xD1,0x20,0x10,0xC0,0x11,0x20,0x36,0x18,0x10,0x0E,0x00,0x00,
0x00,0x00, //;"技",2
    0x02,0x00,0x02,0x20,0x02,0x10,0x02,0x00,0x03,0xE0,0x3E,0x00,0x03,0x00,
0x06,0x80,
    0x0A,0x40,0x12,0x20,0x22,0x18,0x42,0x0E,0x02,0x00,0x02,0x00,0x02,0x00,
0x00,0x00 //;"术",3
    };
U8 code TAB2[]={
0x00,0x20,0x0C,0x40,0x04,0x80,0x03,0xFE,0x7C,0x00,0x00,0x10,0x0E,0x90,
```

```
0x12,0x90,
        0x1A,0x90,0x12,0x90,0x1A,0x90,0x12,0x10,0x16,0x50,0x00,0x30,0x00,0x00,
0x00,0x00,        //;"前",0
        0x00,0x80,0x20,0x80,0x11,0x40,0x01,0x20,0x02,0xDC,0x35,0x80,0xD0,0xF0,
0x27,0x80,
        0x20,0xA0,0x22,0x90,0x15,0x80,0xF8,0x00,0x07,0x80,0x00,0x7E,0x00,0x00,
0x00,0x00,        //;"途",1
        0x01,0x00,0x00,0x80,0x00,0x80,0x00,0x78,0x0F,0x80,0x08,0x00,0x08,0x00,
0x08,0x00,
        0x02,0x00,0x01,0x78,0x3F,0x88,0x20,0x80,0x45,0xF0,0x1E,0x80,0x04,0x80,
0x0F,0xC0,        //;"宽",2
        0x0A,0x40,0x0A,0x40,0x0A,0x40,0x05,0x40,0x05,0x04,0x09,0x04,0x70,0xFC,
0x00,0x00,
        0x08,0x00,0x08,0x00,0x10,0x00,0x10,0x00,0x20,0x00,0x20,0x00,0x40,0x00,
0x00,0x00        //;"广",3
    };
    U8  code  TAB3[ ]={
        0x02,0x00,0x02,0x00,0x02,0x00,0x03,0xE0,0x3E,0x20,0x22,0x20,0x23,0x20,
0x2E,0x20,
        0x13,0xC0,0x1E,0x00,0x02,0x04,0x02,0x04,0x02,0x04,0x01,0xF8,0x00,0x00,
0x00,0x00,        //;"电",0
        0x01,0x00,0x01,0x20,0x09,0x40,0x05,0xF0,0x1F,0x00,0x05,0x80,0x09,0x60,
0x11,0x00,
        0x01,0xFC,0x7F,0x00,0x02,0x80,0x04,0x40,0x08,0x30,0x30,0x1C,0x00,0x00,
0x00,0x00,        //;"类",1
        0x01,0x00,0x01,0x00,0x01,0x00,0x01,0xE0,0x0E,0x00,0x02,0x00,0x03,0xFC,
0x7E,0x00,
        0x04,0xE0,0x07,0x20,0x00,0x40,0x04,0x80,0x03,0x00,0x01,0x80,0x00,0x80,
0x00,0x00,        //;"专",2
        0x00,0x00,0x00,0x80,0x04,0x80,0x04,0x80,0x04,0x80,0x04,0x88,0x24,0x98,
0x14,0xA0,
        0x14,0xC0,0x04,0x80,0x04,0x80,0x07,0xFC,0x7C,0x00,0x00,0x00,0x00,0x00,
0x00,0x00        //;"业",3
    };
    U8  code  TAB4[ ]={
        0x02,0x00,0x02,0x20,0x02,0x10,0x01,0x00,0x01,0xE0,0x1F,0x00,0x11,0x10,
0x10,0x90,
        0x1E,0xA0,0x12,0x40,0x22,0x40,0x2A,0xA2,0x45,0x12,0x80,0x0A,0x00,0x06,
0x00,0x00,        // ;"成",0
        0x00,0x00,0x08,0x20,0x04,0x20,0x00,0x40,0x0E,0x5C,0x70,0xF0,0x15,0x10,
0x22,0x10,
        0x54,0xA0,0x08,0x40,0x14,0xA0,0x21,0x18,0x42,0x0E,0x00,0x00,0x00,0x00,
0x00,0x00,        //;"效",1
        0x00,0x00,0x01,0xE0,0x1E,0x20,0x11,0xA0,0x0E,0x20,0x09,0xC0,0x0E,0x00,
0x04,0x90,
        0x04,0x90,0x24,0xA0,0x14,0xC0,0x04,0x80,0x07,0xFC,0xF8,0x00,0x00,0x00,
0x00,0x00,        // ;"显",2
        0x00,0x40,0x04,0x78,0x3F,0x80,0x04,0x80,0x02,0x20,0x03,0xA0,0x0E,0x40,
0x03,0xFC,
        0x7D,0x00,0x03,0xC0,0x0C,0x40,0x37,0x40,0xC4,0x40,0x07,0xC0,0x04,0x40,
0x00,0x00        //;"著",3
    };
```

3. 接收端程序 zn12-recv.c

以下程序中的头文件 dly_nms.h、myhead.h 请参考图 12-9 设计。

```c
#include "dly_nms.h"
#include <absacc.h>

typedef  unsigned  char  Uchar ;
typedef  unsigned  int  Uint ;
#define scan154 P1                //P1 扫描
#define dataH P0                  //段码高 8 位 P0
#define dataL P2                  //段码低 8 位 P2

Uchar idata Recvdata[128] _at_ 0x7f ;
void  dlay( ) ;
void main ( )
{   Uchar chartnumb,tmp,line,looptime ;
    scan154 =0xFF ;
    SCON = 0x50 ;                 //串行 1 方式，8 位异步
    TMOD = 0x20 ;                 //设定计数器 1 方式 2
    PCON |= 0x80 ;                //波特率加倍
    TH1 = 0xFD ;                  //22.118MHz，波特率 38400bps
    TL1 = 0xFD ;                  //11.059MHz，波特率 19200bps
    TR1 = 1 ;                     //启动计数器 1
    RI =0 ;
    dlay( ) ;
    scan154 =0x0 ; dataH = 0xff ; dataL =0xff ; //可作为点阵测试，亮第一行
    //接收 4 个汉字的点阵码，共 128 字节
    for ( chartnumb =0 ; chartnumb<128 ; chartnumb++ )
      { while (RI ==0 )
          { ; }
        Recvdata[chartnumb] =SBUF ;
        RI =0 ;
      }
    while ( 1 )
    {
      for ( chartnumb =0 ; chartnumb<4 ; chartnumb++ )
        { for ( looptime =0 ; looptime<60 ; looptime++ )
            { for (line =0 ; line<16 ; line++  )
                {   tmp  = chartnumb*32+line*2 ;
                    dataH = Recvdata[tmp] ;
                    dataL = Recvdata[tmp+1] ;
                    scan154  = line ;
                    dlay( ) ;
                    scan154 =0xff ; dataH=0;dataL=0; //消隐
                }
            }
        }
    }
```

```
}
void dlay ( )
{ Uchar  i, j ;
  for (i =0 ; i<1 ; i++ )
    for (j =0 ; j<150 ; j++ )
      { ; }
}
```

4．仿真测试

① 电路中所有的接插件无需仿真，双击接插件，在弹出的对话框中勾选 ☑ Exclude from Simulation 。

② 分别编辑编译发送端、接收端程序生成目标代码文件 zn12-send.hex、zn12-recv.hex。

③ 双击单片机，发送端添加 Program File: Objects\zn12-send.hex ，接收端添加 Program File: Objects\zn12-recv.hex ，设置频率 Clock Frequency: 11.059MHz 。虚拟终端、串口模型的波特率均为 19200bps。

因为没有蓝牙模块的仿真模型，但它本质上相当于无线串口，故用串口间的通信替代蓝牙通信。可用以下几种方案进行测试。

① 将发送电路、接收电路绘制在同一张电路图中，发送端中单片机的 P31（TX）与接收端单片机的 P30（RX）连接，即可进行通信仿真。

② 计算机上安装虚拟串口，在 Proteus 软件中分别打开发送端、接收端的电路文件，发送端与接收端的串口模型的串口编号为一对虚拟串口号（因计算机而异）。启动仿真，即可通信。仿真效果如图 12-20 所示。

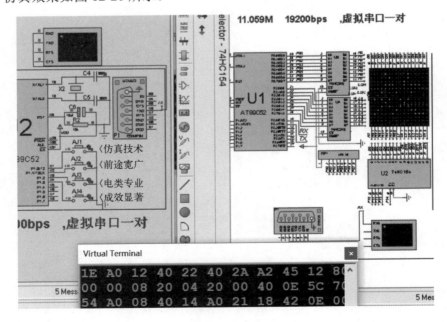

图 12-20 用虚拟串口进行仿真测试

启动发送端、接收端仿真，完成仿真测试并填写表 12-2。

表 12-2　蓝牙通信 LED 点阵屏仿真测试记录

测试内容	点阵屏显示现象记录	测试结果（正确则打勾 √）	若有问题，试分析并解决
接收端、发送端上电运行	第一行 16 点全亮		
在发送端，点击第一个按钮	依次循环显示：仿真技术		
接收端复位，点击发送端第二个按钮	依次循环显示：前途宽广		
接收端复位，点击发送端第三个按钮	依次循环显示：电类专业		
接收端复位，点击发送端第四个按钮	依次循环显示：成效显著		

12.7　任务 5：PCB 设计

扫码看视频

1．设计准备

（1）补充元器件编号

参考图 12-7 对点阵设置编号。参考图 12-18 对四个按键分别设置编号，为 AJ1、AJ2、AJ3、AJ4。编号就像每个元器件的身份证号一样，不能重复，具有唯一性。

（2）确认元器件是否参与 PCB 设计

确认对于应该出现在 PCB 上的元器件，不能勾选 ☐ Exclude from PCB Layout 。

而虚拟终端、串口模型不参与 PCB 设计。

（3）合理设置封装

分别在发送端、接收端单击设计浏览器按钮，打开如图 12-21 和图 12-22 所示的元器件列表，可查看元器件编号、类型、值、封装等信息。图 12-22 中画框的点阵要自制封装。参考图 12-23、图 12-24 设置按键、电源插座的封装。参考 4.8 节设计按钮和电源插座的封装。

AN1	BUTTON		BUT-6MM	To
C1 (10uF)	CAP-ELEC	10uF	ELEC-RAD10	To
C2 (30pf)	CAP	30pf	CAP10	参考4.8节　To
C3 (30PF)	CAP	30PF	CAP10	To
DSP1	MATRIX-8X8-GREEN		ZZ7088B	To
DSP2	MATRIX-8X8-GREEN		ZZ7088B	自制封装　To
DSP3	MATRIX-8X8-GREEN		ZZ7088B	To
DSP4	MATRIX-8X8-GREEN		ZZ7088B	To
J1 (SIL-156...	SIL-156-03	SIL-156-03	3PIN-POWER	To
J2 (SIL-100...	SIL-100-04	SIL-100-04	CONN-SIL4	To
J3 (CONN-...	CONN-SIL2	CONN-SIL2	CONN-SIL2	参考4.8节　To
J4 (SIL-100...	SIL-100-04	SIL-100-04	CONN-SIL4	To
J5 (CONN-...	CONN-SIL3	CONN-SIL3	CONN-SIL3	To
J6 (CONN-...	CONN-SIL2	CONN-SIL2	CONN-SIL2	To
R1 (10K)	PULLDOWN	10K	RES40	To
RP1 (10K ...	RESPACK-8	10K X8	RESPACK-8	To
U1 (AT89C...	AT89C52	AT89C52	DIL40	To
U2 (74HC1...	74HC154	74HC154	DIL24	To
U3 (74HC2...	74HC245	74HC245	DIL20	To
U4 (74HC2...	74HC245	74HC245	DIL20	To
X1 (CRYST...	CRYSTAL	CRYSTAL	XTAL18	To

图 12-21　在设计浏览器中查看接收电路元器件的封装等信息

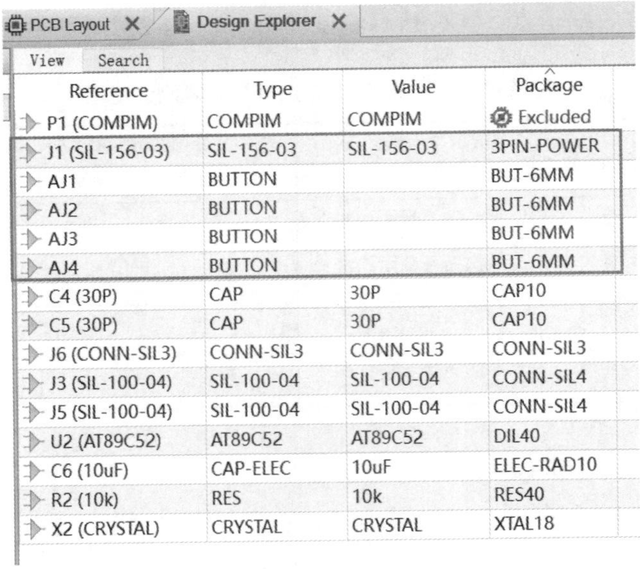

图 12-22 用设计浏览器查看发送电路元器件的封装

注意：若已连入电路中的元器件禁止设置封装，则在空白处放置相应元器件，再设置封装。设置封装后，元器件各引脚旁可能出现对应的焊盘编号。

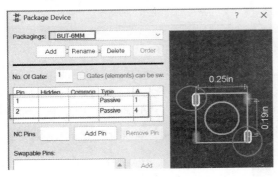

图 12-23 设置按键的封装

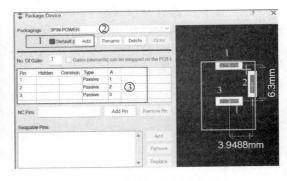

图 12-24 设置电源插座的封装

参考 12.10 节设计、设置点阵的封装。

2．布局、布线、3D 预览

（1）设置布局、布线等规则

设置布局、布线等规则的步骤见图 1-20 及其相关内容。

（2）布局、3D 预览

布局时应先放置核心器件单片机，最小系统中的电阻、电容等应围绕单片机进行布局，特别是振荡电路中的晶振、滤波电容紧挨着单片机的振荡引脚。考虑到操作的便捷性，接插件尽量布局在电路板周边。各元器件的布局位置应该与原理图一致，疏朗有序。

布局时往往以手动布局为主，可根据需要，自动布局部分元器件，单击布局按钮 进行相应操作。PCB 的布局结果如图 12-25 所示。

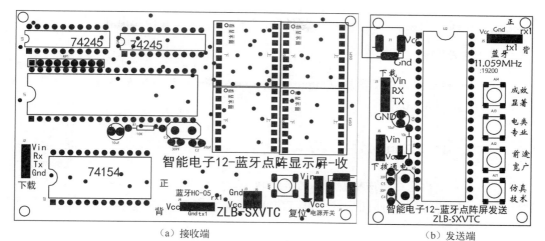

（a）接收端 （b）发送端

图 12-25 蓝牙通信 LED 点阵屏 PCB 的布局结果

单击 3D 预览按钮，进行 3D 预览，如图 12-26 所示。

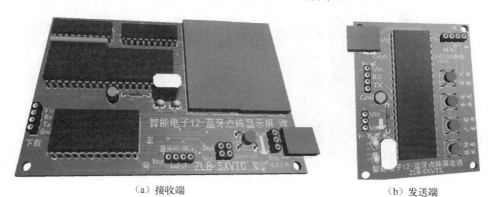

（a）接收端 （b）发送端

图 12-26 蓝牙通信 LED 点阵屏 PCB 的 3D 预览

（3）布线及完善

单击布线按钮，各参数采用默认值进行布线，结果如图 12-27 所示。

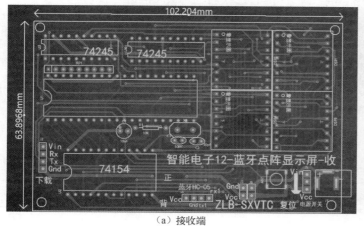
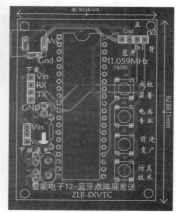

（a）接收端 （b）发送端

图 12-27 蓝牙通信 LED 点阵屏 PCB 的布线结果

如果要在 PCB 上绘制一些非电气图案，可参考图 1-24 及其相关内容。

3．输出生产文件

单击 PCB 设计窗口中的菜单 Output→Generate Gerber/Excellon Output，输出生产文件。具体操作参考 A.2.6 节。

12.8　任务 6：作品制作与调试

将 PCB 生产文件压缩包送制板厂，加工出 PCB，如图 12-28 所示。蓝牙通信 LED 点阵屏实物运行时的照片如图 12-29 所示。参考表 12-3 进行实物测试、排除故障，直至成功。

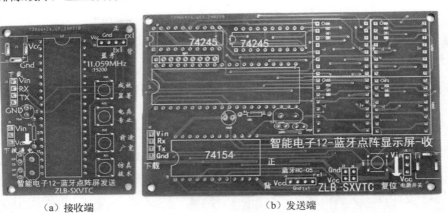

（a）接收端　　　　　　　　　　（b）发送端

图 12-28　蓝牙通信 LED 点阵屏的 PCB

图 12-29　蓝牙通信 LED 点阵屏实物运行时的照片

表 12-3　蓝牙通信 LED 点阵屏实物测试记录

测试内容	方法、工具	测试结果 （完成则打勾√）	若有问题，试分析并解决
检查电路板	目测，万用表等		
元器件识别与装配	目测，万用表等		
焊接	电烙铁、万用表等		

续表

测试内容	方法、工具	测试结果 （完成则打勾✓）	若有问题，试分析并解决
检查线路通、断	万用表等		
代码下载	工具：单片机、下载器。 代码文件：zn12-send.hex、zn12-recv.hex。 下载方法参考附录 C		
功能测试，参考表 12-2	电源、万用表等		
其他必要的记录			
判断单片机是否工作：工作电压为 5V 的情况下，振荡脚电平约为 2V，ALE 脚电平约为 1.7V			
给自己的实践评分：	反思与改进：		

12.9 拓展设计——无线畅连

资料查阅与讨论：找几款不同的蓝牙模块，试比较它们的特点。

① 尝试每个按钮能发送一句五言诗句。接收端能相应显示五个字。

② 尝试接收端不用复位，便可接收新的显示内容。

③ 尝试在接收端启用串口中断来接收点阵码。

尝试用双基色的点阵块，可实现三色显示。如此列数据要增加到 32 根，需要修改硬件电路、软件。考虑到单片机引脚数量，将列向的数据由并行改为串行，可用 74HC595 级联。

12.10 技术链接

1. 制作 8×8 点阵的封装及分配引脚

8×8 点阵模块 788B 的封装尺寸如图 12-30 所示，其像素点的直径为 1.9mm，点阵轮廓为 20mm×20mm，上下两排引脚间距为 15mm，同一排的脚间距为标准的通孔间距 2.54mm。该点阵实际的引脚分布如图 12-31 所示。

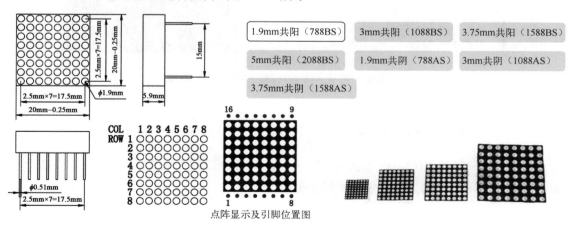

点阵显示及引脚位置图

图 12-30 8×8 点阵模块 788B 的封装尺寸

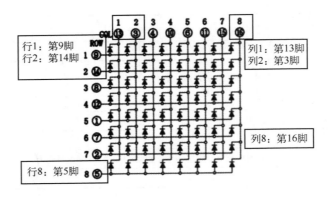

图 12-31　8×8 点阵模块 788B 的行、列与引脚对应关系

参考图 12-30，可设计出如图 12-32 右侧所示的封装，参照图 12-31 正确配置焊盘。

说明：不同厂家相同大小的点阵块命名有差异，在选用时注意封装数据；在购买元器件、设计 PCB 时，要注意元器件的封装及引脚分配。

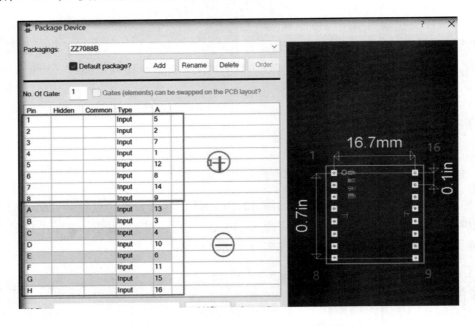

图 12-32　设置 8×8 点阵模块封装并匹配焊盘

2．16×16 点阵模块、16×32 点阵驱动电路

16×16 点阵模块 71616BS 如图 12-33 所示，它是共阳的 16×16 点阵，引脚共 32 个；相比用 4 块 8×8 拼接的方式在电路实现上更便捷。

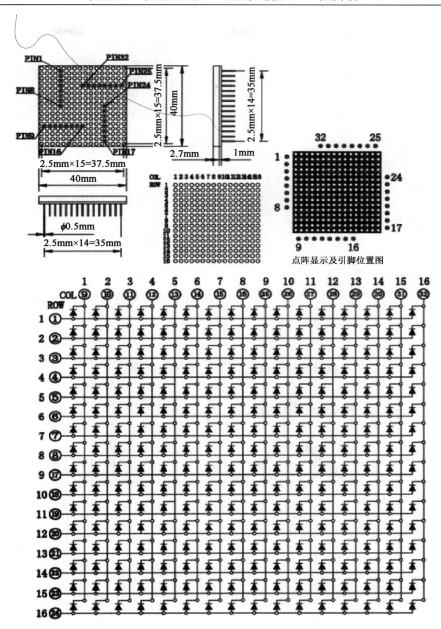

图 12-33　16×16 点阵模块 71616BS

　　一种 16×32 点阵的控制逻辑电路如图 12-34 所示，仍为 16 行扫描，但每一行需要传输 32 位点阵码，即两个汉字的各 2 个字节共 4 个字节的点阵码。这就要求两个汉字并排横向排列，取点阵码时横向取码，一行共 4 个字节，如图 12-35 所示，若非如此，则需要进一步处理。

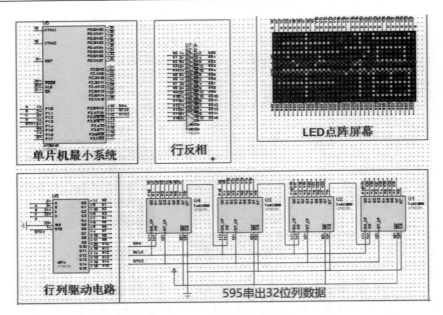

图 12-34   16×32 点阵的控制逻辑电路

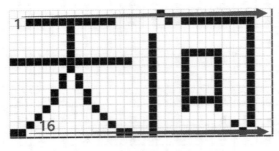

图 12-35   16×32 点阵取码示意

附录 A　智能电子产品 Proteus EDA 基础

A.1　Proteus EDA 概述

A.1.1　基本结构体系

Proteus 是英国 Labcenter Electronics 公司研发的电子设计自动化（EDA）系统，主要由原理图设计仿真平台、ProSPICE（模电、数电混合模式）仿真器、VSM 单片机/嵌入式系统协同仿真器、PCB 设计平台等模块构成。这些模块之间无缝连接，Proteus 是从原理图设计、程序设计、仿真、调试直至 PCB 设计的一气呵成由概念到产品的 EDA 系统。Proteus 基本结构体系如图 A-1 所示。Proteus 有高级图表仿真（ASF）、众多虚拟仪器（示波器、逻辑分析仪等）、信号源，为高效、高质、高速完成智能电子产品设计、制作、制造提供了检测、调试、分析等手段。

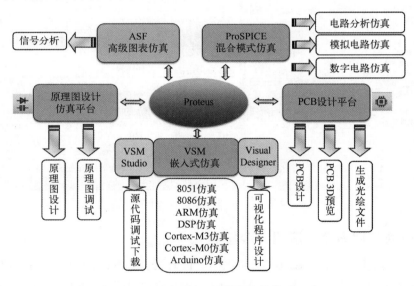

图 A-1　Proteus 的基本结构体系

注：VSM（Virtual System Modelling）：Proteus 虚拟系统模型。
ProSPICE：混合模式仿真器。
ASF：（Advanced Simulaton Feature）：高级图表仿真,提供了一套完整的基于图表的分析工具。

本书采用 Proteus 8.15 版。Proteus 8 较以前版本最大的区别就是集成，把电路设计、PCB 设计、代码编辑编译、仿真都集成在一个开发环境中，打开软件，它所包含的对象及功能都可一键方便地访问到。

本书主要以国产 8 位 51 架构的 STC 单片机为主控芯片。

A.1.2 软件大门——主页

在计算机中安装好 Proteus 后，单击快捷图标打开软件；或单击"开始"→ Proteus 8 Professional → Proteus 8 Professional，打开如图 A-2 所示主页，集合了 Proteus 的帮助信息、升级、不同版本的更新说明及工程入口等。主页左上角是入门教程 Getting Started、详细帮助 Help；右上角是一体化设计的入口，可打开已有工程或 Proteus 自带的例程，也可按向导新建工程。若微控制器是 Arduino，则单击"新建流程图"按钮，可对 Arduino 应用系统进行流程图式编程。右下角是各个版本更新内容的说明以及英国 Labcenter 公司的入门演示视频。

Proteus 试用版及汉化版可从其中国总代理广州风标公司的论坛下载。

图 A-2 原理图设计窗口

A.1.3 公有的工程命令、应用命令按钮

A-2 左上角的工具栏，是 Proteus 原理图设计、PCB 设计等所有应用模块共有的工具栏。不论 Proteus 窗口中哪个标签页面处于激活状态，单击该栏任意按钮都将打开相应的应用窗口。单击工程命令按钮（从左到右依次为新建工程、打开工程、保存工程、关闭工程）中某一个按钮，可对工程进行相应操作；单击应用命令按钮中某一个按钮，可进入主页、原理图设计、PCB 设计等模块。在不同的应用模块下，窗口有不同的工具按钮。

A.1.4 原理图设计窗口及其特性

1．窗口结构

单击主页的按钮可创建或切换到原理图设计窗口，如图 A-3 所示。

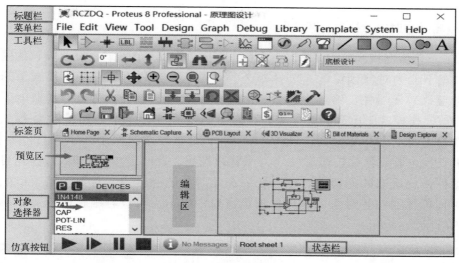

图 A-3 原理图设计窗口

2. 工具按钮

原理图设计窗口主要工具按钮含义如图 A-4 所示。

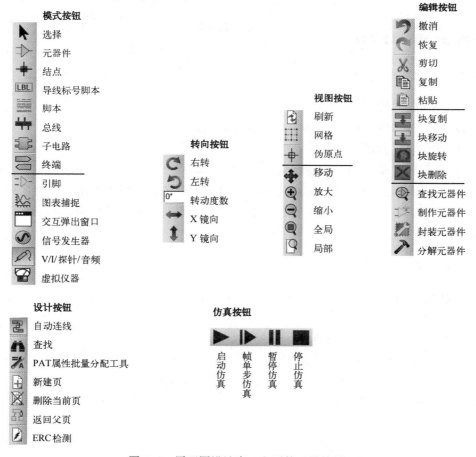

图 A-4 原理图设计窗口主要的工具按钮

3．编辑区、对象选择器、预览区

界面右下侧大面积区域为编辑区，也称工作区，是原理图设计、仿真调试的区域。

界面左下侧为对象预览区、选择器区。对象选择器列出各种操作模式下的具体对象。操作模式有元器件、终端、图表、激励源、虚拟仪器等。对象选择器上方条形标签表明当前操作模式下所列的对象类型。如图 A-5 所示，当前为元器件▶模式，所以对象选择器上方的条形标签为"DEVICES"。该标签左边有两个按钮 P L，其中"P"为从库中查找选取元器件按钮，"L"为库管理按钮。此时若单击"P"按钮则可从库中选取元器件，已选取的元器件名称一一列在此对象选择器中。对象预览窗口配合对象选择器可预览元器件等对象。在对象预览窗口中单击，可查看编辑区的局部或全局，如图 A-6 所示。

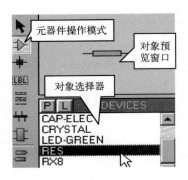

图 A-5　在预览窗预览元器件

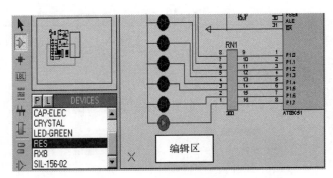

图 A-6　在对象预览窗口预览编辑区

（1）预览元器件等对象

单击对象选择器区中电阻 RES，对象预览窗口就显示该对象的图符。

（2）移动编辑区视图

当鼠标在编辑区操作时，预览窗口中一般会出现蓝色方框和绿色方框。蓝色方框内是编辑区的全貌，绿色方框内是窗口中可见的编辑区。在预览窗口中单击，移动鼠标则绿色方框会改变位置，窗口中的编辑区随之变化。如图 A-6 所示，可见编辑区显示的是预览窗口中绿框包围部分。

4．原理图设计模块特性

① 个性化编辑环境：可编辑模板、图形线宽及颜色、文字的字体字色等，生成高质量原理图。

② 模糊搜索元器件，快捷查找、放置元器件。

③ 自动捕捉、自动连线：鼠标驱动绘图过程，以器件为导向自动连线。

④ 丰富的元器件库和封装库，还提供第三方库链接供搜索。

⑤ 可视化 PCB 封装工具：可对元器件进行 PCB 封装定义及 PCB 预览。

⑥ 层次化设计：支持子电路和参数电路的层次设计。

⑦ 总线支持：支持模块电路端口、器件引脚和终端总线化的设计。

⑧ 属性管理：支持自定义元器件属性、全局编辑属性和引入外数据库属性。

⑨ 电气规则检查 ERC、元器件报告清单 BOM 等。

⑩ 支持多种格式的网表：除本身 SDF 外，还支持 SPICE（-AGE）、Tango、BoardMaker、RealPcb 等。

⑪ 支持多种格式图形输出：通过剪贴板输出 Windows 位图、图元文件，输出 HPGL、DXF 和 EPS 等格式图形文件，还可输出到绘图机、彩色打印机等打印设备。

A.1.5　PCB 设计窗口及其特性

1. 窗口结构

单击 PCB 设计按钮，创建或切换到如图 A-7 所示的 PCB 设计窗口，其布局与原理图设计窗口一样。

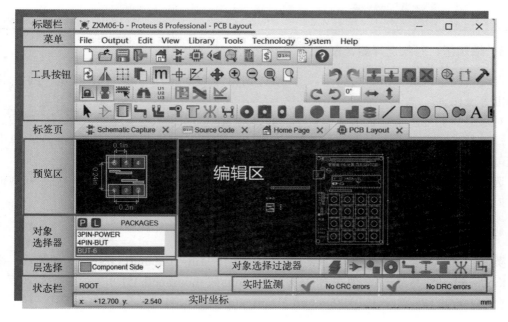

图 A-7　PCB 设计窗口

2. 工具按钮

PCB 设计窗口下的常用工具按钮及其功能见表 A-1。

表 A-1　PCB 设计窗口下的工具按钮及其功能

按钮分类	工具按钮栏（除工程命令、应用命令外的工具按钮）		
显示命令	m 单位切换，伪原点切换，极坐标 mm/th 单位切换，伪原点切换，极坐标		刷新，左右镜像，网格，层色及可见性
	移动，放大，缩小，全局，局部		

按钮分类	工具按钮栏（除工程命令、应用命令外的工具按钮）
编辑命令	撤销，恢复　　块复制，移动，转向，删除　　查找，封装，分解元器件
设计工具	锁定线角度，缩颈，线型　　查找，编号，自动布局　　自动布线，布线规则设置
主要对象模式	选择，元器件，封装　　导线，差分线，过孔　　覆铜，看飞线，看布线网络
焊盘	通孔焊盘：圆，方，椭　　表贴焊盘：边沿接口，圆，长方，多边形　　焊盘栈
2D 图形	2D 图形模式：直线，矩形，圆，弧，多边形，文字 2D 图形符号，2D 图形标记　　尺寸线，将元器件通过 Room 分组
转向、镜像	右转，左转，任意角度，X 镜像，Y 镜像

3．编辑区、对象选择器、预览区

在编辑区中可进行手工布局、自动布局、手工布线、自动布线、3D 预览、PCB 设计图输出等操作。

对象选择器列出了各种操作模式下的具体对象，操作模式有元器件、封装、导线、过孔、焊盘等。单击封装按钮，对象选择器上方出现条形标签 P L　PACKAGES，单击 P 按钮可查找封装，单击 L 按钮可进行封装库管理。

选中对象选择器中的某对象，预览区将显示可预览的对象，如封装、焊盘、布线网络等。如果光标点在编辑区，则预览区显示编辑区的预览图。

4．设计单位

英制：in，即 inch（英寸），1 英寸=1000 毫寸：1in=1000th [th 为 thou 的简写，毫英寸，thou=mil（旧式为 mil，现在 IPC 标准为 thou 或 thousandth）]

公制：mm（毫米），1in = 25.4mm，1mm=40th

5．PCB 设计模块的特征

Proteus 是基于高性能网表的 PCB 设计系统，能高效、高质地完成 PCB 设计。基于形状的自动布线技术、冲突减少运算法能更有效地利用布线面积，更适合于处理高密度 PCB。PCB 设计模块的主要特性如下：

① 符合人机工程学的用户界面，具有非模态选择、可视化助手及快捷菜单。

② 16 个铜箔层、2 个丝印层、4 个机械层、板框、禁止布线层、阻焊层和锡膏层；32 位高精度数据库，线性分辨率为 10nm，角度分辨率为 0.1°，最大工作区可达 10m×10m。

③ 有丰富的标准元器件库和封装库，且提供了方便地导入第三方元器件库的方法。

④ 基于实时网表的原理图与 PCB 保持一致，元器件编号、引脚及门交换实时更新。

⑤ 强大的路径编辑功能，支持拓扑路径编辑、颈缩、长度匹配、动态泪滴和曲线。

⑥ 任意角度放置元器件、焊盘栈，有引导布局的飞线和力向量，通过原理图、PCB 剪辑（局部电路）实现设计重用。

⑦ 自动网络协调和蛇形线建立长度匹配高速布线，包括组件内部长度的说明。

⑧ 理想的基于网表的自动&手动布局、布线，并实时进行规则及连线检查。

⑨ 完全由用户控制层栈、过孔的合理钻孔深度。

⑩ PCB 生产文件可输出到普通的打印机和绘图仪，文件格式可以是 Valor ODB++、Gerber X2 和传统的 Gerber/Excellon，还可将 PCB 图输出为 DXF、PDF、EPS、WMF 和 BMP 等格式的图形文件。

⑪ 3D 视图，兼容于 Solidworks 的 IDF、STL 输出以及 3D DXF 和 3DS 输出。

⑫ Gerber 查看器和拼板可以在制板前检查 Gerber 输出文件。

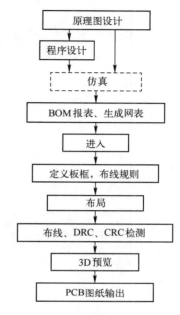

图 A-8　应用 Proteus 进行电子产品设计的基本流程

A.1.6　Proteus EDA 基本流程

应用 Proteus 进行电子产品设计的基本流程如图 A-8 所示。若只是模电、数电及它们的混合设计、仿真，则跳过"程序设计"；若无需"仿真"，则跳过"仿真"。

A.2　Proteus EDA 快速入门——LED 流水灯设计与制作

本节以简单的单片机控制的 LED 流水灯为例讲解 Proteus EDA 的快速入门，以及简单介绍 Proteus 原理图设计、源程序设计、仿真调试和 PCB 设计的流程和技术。

A.2.1　跟着向导新建电路工程

新建工程及内部所含电路图、程序、微控制器等设置如图 A-9～图 A-14 所示。

(a)　　　　　　　　　　(b)　　　　　　　　　　(c)

图 A-9　给工程起名并指定保存路径，建原理图并选模板，建 PCB 并选模板

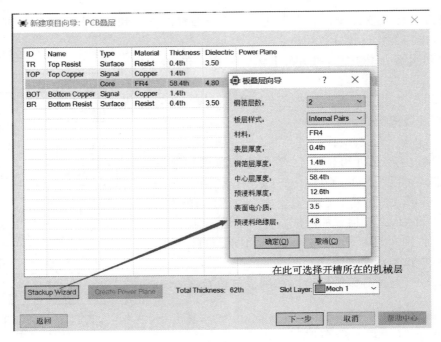

图 A-10　根据选择的 PCB 配置各个层厚

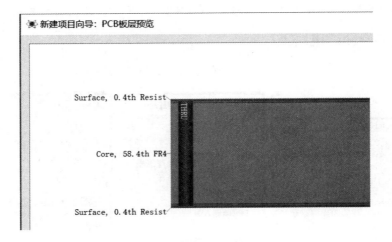

图 A-11　双层板的通孔对

图 A-12　根据设置预览板层

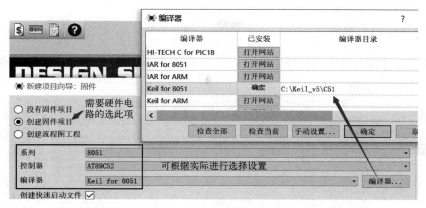

图 A-13　是否需要微控制器（先选系列，再选具体型号及已安装好的编译器）

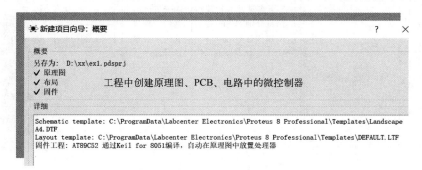

图 A-14　结果是工程中包含三个对象：原理图、PCB、微控制器（需编程）

A.2.2　原理图设计

1. LED 流水灯原理图

LED 流水灯电路设计如图 A-15 所示。

该设计采用 STC89C51 等兼容的 51 内核单片机，采用 12MHz 晶振，其 PCB 设计采用单层 PCB 设计。

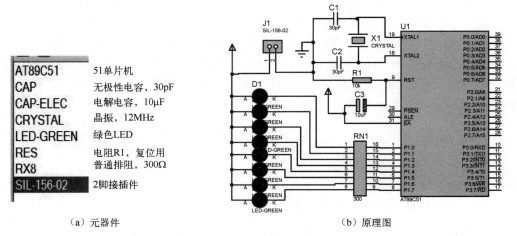

（a）元器件　　　　　　　　　　　　　　　　（b）原理图

图 A-15　LED 流水灯电路设计

2．从库中选取元器件

敲键盘"P"或在对象选择器中双击，打开如图 A-16 所示的元器件查找选取窗口。

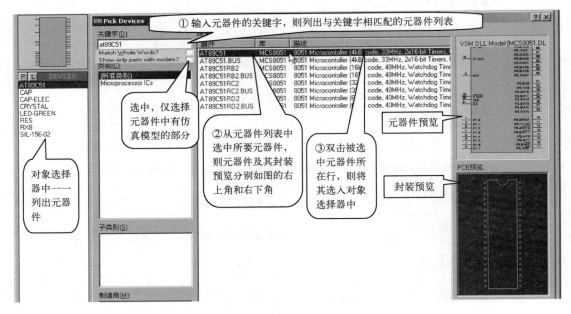

图 A-16　从库中选取元器件

（1）输入关键字

在"关键字"栏中输入元器件的关键字，可看到与关键字相匹配的元器件列表。

（2）查看模型及封装

在列表中选中 AT89C51，图 A-16 右上角表明其有仿真模型，图 A-16 右下角的封装预览中有其封装（DIL40）。

（3）选取

双击 AT89C51 所在行，将其选入对象选择器中。照此操作并特别注意选择既有"仿真模型"又有"封装"的元器件，将 LED、电阻等元器件一一选入对选择器中。

元器件选取完毕，单击选取框右上角■×退出。

Proteus 库中元器件模型分为可仿真和非仿真两种，可查看图 A-16 右上角元器件预览的相关说明，若说明为"No Simulator Model"，则无仿真功能。图 A-14 中除接插件 J1 外的七种元器件因要参加仿真，所以要选用有仿真模型的元器件。原理图中所有元器件都参与 PCB 设计，故都选用有封装的元器件。

3．放置元器件操作

参考图 A-17 进行元器件布局。

（1）放置

将光标移至对象选择器中要放置的元器件，单击选中（出现背景），再在编辑区目标位置双击放置。

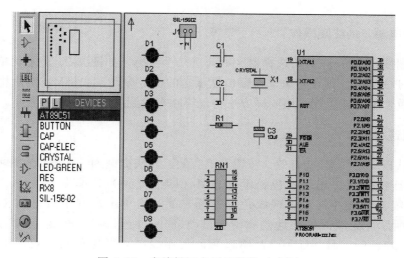

图 A-17　在编辑区布局元器件（对象）

（2）选中

将光标移至编辑区某元器件并单击，该元器件被选中（红色高亮显示）；若要取消选中，在编辑区空白处单击则可，高亮显示消失。

（3）移动

将光标移至编辑区中该元器件，单击选中，再单击按住鼠标拖动元器件，到目标位置后松开鼠标。

（4）转向

① 对象选择器的对象转向：单击 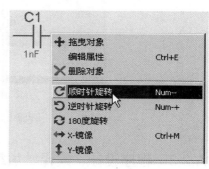 中相应按钮即可在对象预览窗口中看到对象相应的转向。

② 编辑区的对象转向：右击对象，从弹出的快捷菜单（见图 A-18）中单击相应转向按钮。

图 A-18　转向操作

（5）删除

将光标移至对象并右双击，或者右击，在弹出的快捷菜单中单击命令 ╳ 。

（6）元器件编辑（属性设置）

将光标移至元器件，双击则弹出 Edit Component 对话框。根据对话框中选项进行属性设置操作。如图 A-19 所示，设置电容 C1 的电容值为 30pF。如法炮制，一一设置其他元器件的属性。对非仿真模型元器件，如接插件 J1 设置为不参与仿真，如图 A-20 所示。

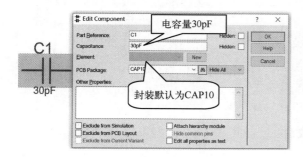

图 A-19　电容器 C1 的属性设置

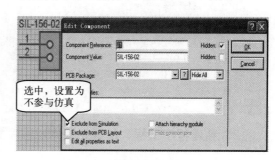

图 A-20　设置接插件不参与仿真

4．放置电源、地终端操作

单击终端按钮，在对象选择器区中列出 7 个终端，如图 A-21 所示。单击选中其中的电源终端 POWER，则在对象预览窗口显示它的符号，默认+5V，然后将光标移至编辑区目标位置，单击放置。用同样方法将地终端放到编辑区中目标位置。

5．电气连线操作

系统默认自动连线器有效（按钮下陷有效，其快捷键为 W ）。移动鼠标到连线起点，出现绿色铅笔标志（即捕捉到）时单击，再移动鼠标（随之有移动的走线）到连线终点出现绿色铅笔标志时再单击，则生成直角转向的连线，如图 A-22 所示。走线时，若遇到障碍会自动绕开。所有参与 PCB 设计的元器件都有标号（D1、D2、…、J1、U1…）。弹起，则连线自动直角转向失效，将以任意角度走线。

连线要点：对待连接的两个元器件引脚依次单击。

图 A-21　终端

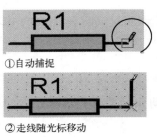

①自动捕捉

②走线随光标移动

图 A-22　智能连线

A.2.3　程序设计、编译、加载

1．C51 语言程序（参考）

```
// 文件名：znex0.C , 12 MHz
#include<reg51.h>
#define uchar unsigned char
#include      <intrins.h>
void delay( )
{ uchar i,j;
   for(i=0;i<178;i++)
   for(j=0;j<255;j++)
      { _nop_( ); _nop_( );
        _nop_( ); _nop_( );
  _nop_( ); _nop_( );
      _nop_( ); _nop_( );
       }
   }
}
void main(void)
{  uchar a=0x7f;
for(;;)
  { a=_crol_(a,1);
    P1=a;  delay( );
  }
}
```

2．新建程序工程、加载并编译源程序文件

（1）打开程序设计页

单击，则出现程序设计标签栏。同时出现与程序设计相关的

工具按钮 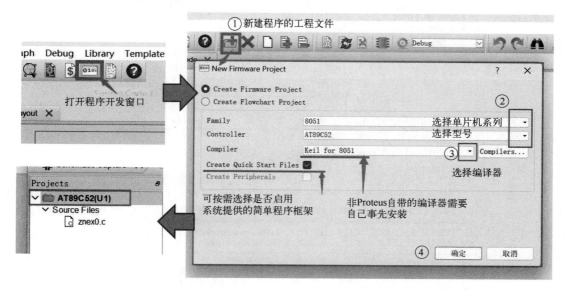 。

（2）创建程序设计工程

如图 A-23 所示，四步即可完成程序工程创建，根据采用的编程语言选择合适的编译器。程序工程名与电路中的单片机型号相同。

图 A-23 新建程序工程、配置工程

（3）新建程序文件

如图 A-24 所示，单击新建源程序按钮 🗋，在弹出的对话框中输入文件名，例如 znex0.c，将文件自动添加在程序设计标签页左侧的工程管理框中。如果增加已有文件，单击 🗃，选择合适的文件即可。

单击 🔨，进行程序编译，结果出现在窗口底部的输出栏。无误，就可以仿真测试。

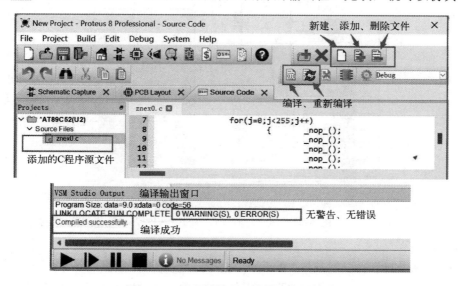

图 A-24 新建源程序、编辑、编译结果

（4）定位错误行

若程序有错，则如图 A-25 所示在输出栏列出可能出错的行号，双击可定位到程序出错处，修改后再编译，直到编译成功。

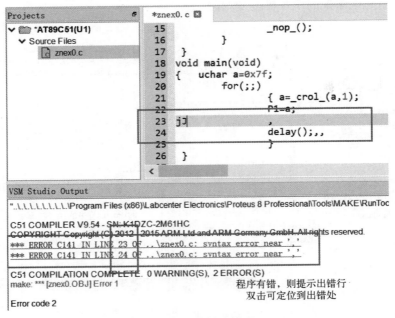

图 A-25　编译出错时

A.2.4　软、硬件协同仿真

单击仿真按钮 ▶ 启动仿真。仿真片段如图 A-26 所示。

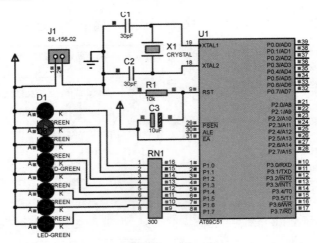

图 A-26　流水灯软硬件协同仿真片段

说明：

① 以上生成的代码文件保存在 Proteus 安装时设置的应用数据路径下。

C:\Users\hury_zlb\AppData\Local\Temp\VSM Studio\6d2b9975d06a4072b33e6fabc7b9c744\AT89C51_1\Debug\Debug.OMF

② 若单独使用程序开发软件，如 Keil，则在其中完成程序设计，并编译生成代码文件*.hex，或带调试格式的*.omf 文件，此文件与在 Keil 中创建的工程文件在同一文件夹中。将代码文件加载到单片机中，如图 A-27 所示。

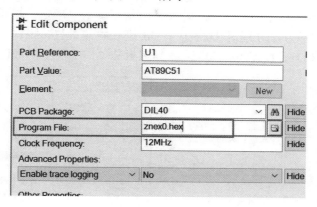

图 A-27　对单片机添加代码文件

A.2.5　PCB 设计

1. 设计前的准备

（1）通过设计浏览器查看元器件封装等信息

单击设计浏览器按钮，弹出如图 A-28 所示的设计浏览器窗口。图 A-26 中。左侧为参与 PCB 设计的元器件列表，右边窗口中四列依次是元器件编号、类型、值、封装。它们应该完整。由图 A-28 可看出，D1～D8 的封装为红色高亮"missing"，表示封装缺失。因系统封装库已有可用的封装 LED，只是未做匹配设置，在原理图中设置即可。若库中无可用的封装，要自己制作封装或从第三方下载。

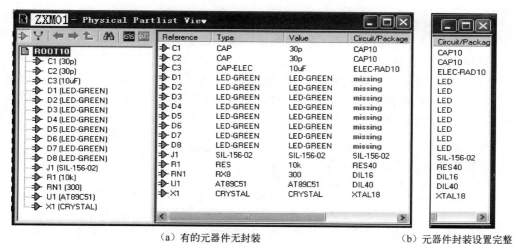

（a）有的元器件无封装　　　　　　（b）元器件封装设置完整

图 A-28　设计浏览器窗口

（2）为 LED 配置库中的封装

返回原理图，双击无封装的元器件（如 D1），打开图 A-29（a）所示属性对话框，其中 PCB Package 栏为 Not Specified，这时单击右边按钮，打开图 A-29（b）所示 Pick Packages 对话框。在 Keywords 栏中输入 "led" 后，出现与关键字相匹配的封装列表，在目标封装所在行单击选中封装，则在左下侧预览框中可看到封装，在该行双击则将封装加入 D1 的 PCB Package 栏中，如图 A-29（c）所示。单击 "确定" 按钮退出，完成该元器件的封装设置。用同样方法分别对 D2、…、D8 进行封装设置。操作完成后，再打开设计浏览器，原无封装的 D1、D2、…、D8 现在都有封装 "LED" 了，如图 A-28（b）所示。

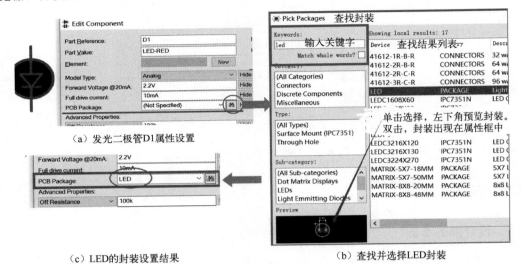

（a）发光二极管 D1 属性设置

（c）LED 的封装设置结果

（b）查找并选择 LED 封装

图 A-29　为 D1（发光二极管）指定封装

（3）生成网表并进入 PCB

单击 PCB 设计按钮，弹出 PCB 设计工作标签页，如图 A-7 所示。

2．绘制板框、布局元器件

（1）绘制板框

如图 A-30（a）所示，先单击 2D 绘图按钮，再单击层选择器，然后在弹出层列表中选中板框层 Board Edge（默认黄色），最后在编辑窗口适当处单击，拖出一个合适方框，再单击，则完成 PCB 板框绘制。元器件和 PCB 布线都不能超越板框。对板框双击，可直接修改其长、宽尺寸，注意尺寸单位，in 表示英寸，th 表示毫英寸，mm 表示毫米，如图 A-30（b）所示。

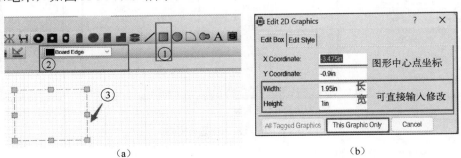

（a）

（b）

图 A-30　绘制板框层并设置大小

单击元器件按钮 ，参与 PCB 设计的元器件标注——列在对象选择器中，如图 A-31（a）所示。

（2）手动布局

元器件布局可将手动布局、自动布局结合应用。先手动布局占用面积较大的元器件 U1 和 RN1，操作与原理图中放置元器件的操作相似。单击选中对象选择器中的元器件（如 U1，呈现蓝色背景），相应预览区中会显示出它的封装，如图 A-31（a）所示。移动光标到目标位置，单击放置封装，如此再放第二个元器件（如 RN1），结果如图 A-31（b）所示。元器件一旦放入板框内，在对象选择器中相应元器件就消失。在放置过程中，元器件间的连接关系以细绿线表现，称为飞线；而表示方位关系的是黄色细箭头线，称为力向量。对编辑区中的对象进行转向、移动等操作与在原理图中进行的操作相似。进行移动、转向等操作时，飞线、力向量也相应发生变化。

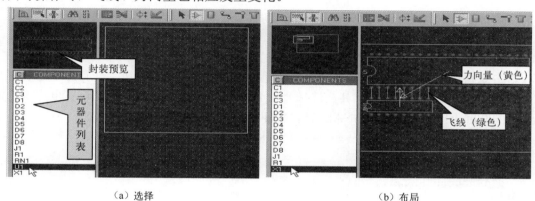

（a）选择　　　　　　　　　　　（b）布局

图 A-31　元器件布局

（3）自动布局

单击布局按钮 ，弹出如图 A-32 所示对话框。本设计采用系统默认设置，直接单击 OK 按钮确定，则对象选择器中的所有元器件自动转移到编辑区内进行自动布局。接着进行手工调整，即右击选中需要调整的元器件，在弹出菜单中选择相关选项，可进行移动、转向等的调整操作。最终的布局结果如图 A-33 所示。

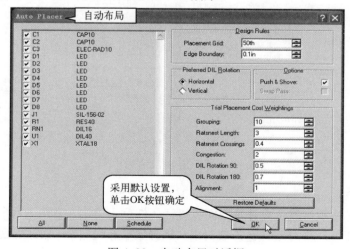

图 A-32　自动布局对话框

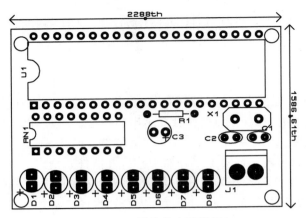

图 A-33　最终的布局结果

3．自动布线

（1）设计规则管理器——线宽、板层等设置

单击规则设置按钮 ，打开设计规则管理器，如图 A-34 左边所示，有三个选项卡。首先选中 Net Classes 选项卡；其次选择此卡中的 POWER（电源网络），设置电源线线宽为 T30；最后选择此卡中的 SIGNAL（信号线网络），设置信号线线宽为 T25。

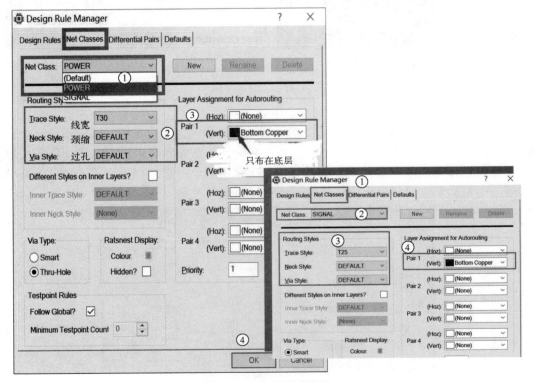

图 A-34　布线规则设置

特别指出，其中板层默认设计是双面板设计，红色为顶层，蓝色为底层。本设计为单面板，需将顶层（红色）改为无 □[None]，层对中只选择底层布线层 (Vert): Bottom Copper ∨ 。其余保持默认设置。最后单击 OK 按钮确定并退出。

（2）自动布线器设置

单击自动布线按钮 ，打开自动布线器对话框，如图 A-35 所示。本设计采用默认设置，直接单击 Begin Routing 按钮，进行自动布线。

图 A-35 自动布线器对话框

可适当进行手工调整，其结果如图 A-36 所示。还可放置纵、横向尺寸线以评估板的大小。单击尺寸线按钮 📏，在预期的尺寸线起点单击，再移到终点单击即可。还可在板四角放置安装孔，先在 PCB 窗口左下角选择板框层 Board Edge ，再单击画图按钮 ⭕ 画圆。如图 A-37 所示对圆右击，选择编辑属性命令，设置其半径为 1.5mm（见图 A-38）。

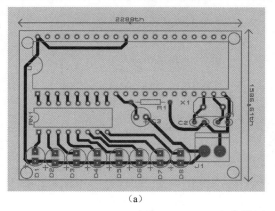

（a）

选择板框层

（b）

图 A-36 PCB 布线结果

图 A-37 右击圆，选择编辑属性命令

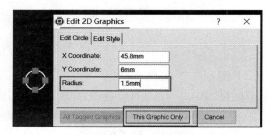

图 A-38 设置圆的半径

4．调整板框

根据实际情况，单击板框，界框上出现调整句柄，移动句柄将板框调整到期望大小和目标位置。

A.2.6　3D 视图、PCB 输出

1．3D 预览

完成布线后，单击 3D 预览按钮 ，打开 3D 预览窗口。操作该窗口左下角预览工具条 的各相应按钮，可实现 PCB 以光标为中心显示、放大、缩小、左右翻转、俯视图、前视图、左视图、后视图、右视图、高度限制和裸板等各种 3D 预览，如图 A-39 所示。

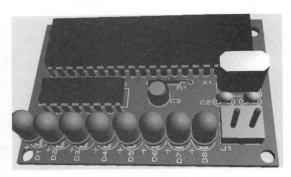

图 A-39　LED 流水灯 3D 预览

2．输出可送制板厂制板的压缩文件

（1）输出前检查

PCB 设计、3D 预览满意后，可输出生产文件。如图 A-40 所示，单击 PCB 设计窗口中的菜单 Output→Generate Gerber/Excellon Output，弹出生产文件输出前的检查提示框，单击 Yes 按钮，将进行检查并给出结果。

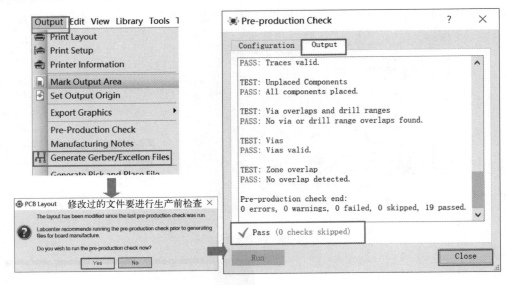

图 A-40　生产文件输出前检查

（2）输出生产文件压缩包

关闭图 A-40 右侧的检查提示框，将弹出图 A-41 所示的输出对话框，输入生产文件名、路径，选择以压缩包输出 ⦿ Output to a single ZIP file?，其他项保持默认设置。单击 OK按钮，输出可送制板厂制板的压缩文件 znex0，如图 A-42 所示。

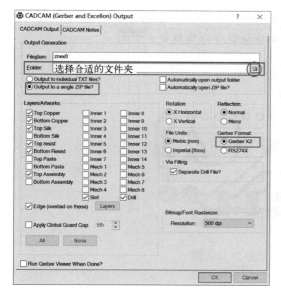

图 A-41　生产文件输出对话框

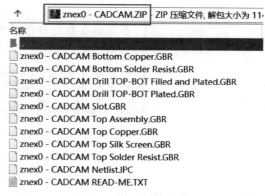

图 A-42　生产文件压缩包中的 Gerber 文件

3. 输出可在实验（训）室制板的版图

如图 A-43 所示选择打印命令，弹出如图 A-44 所示的打印版图设置框。这里只打印底层，输出比例设置为 100%（1：1）。接好打印机，装上硫酸纸，单击 OK 按钮则打印出可在实验（训）室制板的版图。注意要选用质量较好的打印机、硫酸纸。只打印了底层的 PCB 版图，如图 A-45 所示，可用小型制板机制板。

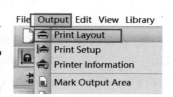

图 A-43　选择打印命令

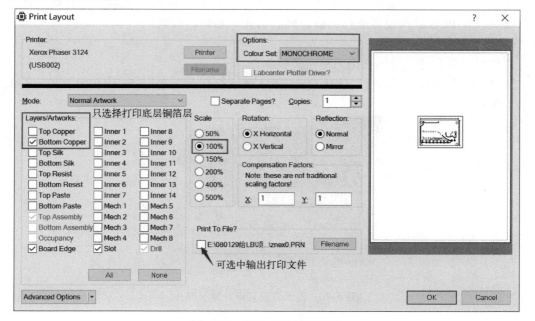

图 A-44　PCB 图纸打印设置

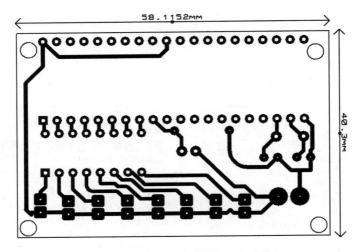

图 A-45 只打印了底层的 PCB 版图

A.2.7 实物制作

实物作品的制作,有以下三种方式。

(1) 送 PCB 制板厂制作

将 znex0.zip 压缩文件送制板厂制成 PCB。选择合适的元器件,细心安装。经检查无误后,细心焊接。焊接完成后,细心检查有无漏焊、搭连等情况;必要时,采用万用表等进行检查。最后,通电运行。如发生异常,则要用万用表、示波器等仪器进行检查,直到成功为止。

(2) 用实验(训)室小型制板机制作

用实验(训)室小型制板机制作要选用质量较好的打印机、硫酸纸。打印好底版图后,根据现有 PCB 制作设备进行制板,然后钻孔、安装、调试。

(3) 用万能实验板制作

若制板条件欠佳,可用通用万能实验板制作。

图 A-46 所示为用洞洞板制作成功的 LED 流水灯作品,采用 51 内核单片机。晶振频率为 12MHz。

图 A-46 流水灯及其运行情况照片

附录 B STC15W4K32S4 简介

STC15W4K32S4 系列单片机是增强型 8051 CPU、1T 单时钟/机器周期的单片机，指令代码完全兼容传统 51 内核的单片机。STC15W4K32S4 的仿真模型如图 B-1 所示，主要特性如图 B-2 所示。当然更新的单片机还有 STC8、STC32 等系列，但 Proteus 只开发了 STC15W4K32S4 的仿真模型，意味着只支持这一型号的 STC 单片机仿真。

U3

59	P0.0/AD0/RxD3	P4.0/MOSI_3	22
60	P0.1/AD1/TxD3	P4.1/MISO_3	41
61	P0.2/AD2/RxD4	P4.2/WR/PWM5_2	42
62	P0.3/AD3/TxD4	P4.3/SCLK_3	43
63	P0.4/AD4/T3CLKO	P4.4/RD/PWM4_2	44
2	P0.5/AD5/T3/PWMFLT_2	P4.5/ALE/PWM3_2	57
3	P0.6/AD6/T4CLKO	P4.6/RxD2_2	58
4	P0.7/AD7/T4/PWM6_2	P4.7/TxD2_2	11
9	P1.0/ADC0/CCP1/RxD2	P5.0/RxD3_2	32
10	P1.1/ADC1/CCP0/TxD2	P5.1/TxD3_2	33
12	P1.2/ADC2/SS/ECI/CMPO	P5.2/RxD4_2	64
13	P1.3/ADC3/MOSI	P5.3/TxD4_2	1
14	P1.4/ADC4/MISO	P5.4/RST/MCLKO/SS_3/CMP-	18
15	P1.5/ADC5/SCLK	P5.5/CMP+	20
16	P1.6/ADC6/RxD_3/XTAL2/MCLKO_2/PWM6		
17	P1.7/ADC7/TxD_3/XTAL1/PWM7		
45	P2.0/A8/RSTOUT_LOW	P6.0	5
46	P2.1/A9/SCLK_2/PWM3	P6.1	6
47	P2.2/A10/MISO_2/PWM4	P6.2	7
48	P2.3/A11/MOSI_2/PWM5	P6.3	8
49	P2.4/A12/ECI_3/SS_2/PWMFLT	P6.4	23
50	P2.5/A13/CCP0_3	P6.5	24
51	P2.6/A14/CCP1_3	P6.6	25
52	P2.7/A15/PWM2_2	P6.7	26
27	P3.0/RxD/INT4/T2CLKO	P7.0	37
28	P3.1/TxD/T2	P7.1	38
29	P3.2/INT0	P7.2	39
30	P3.3/INT1	P7.3	40
31	P3.4/T0/T1CLKO/ECI_2	P7.4	53
34	P3.5/T1/T0CLKO/CCP0_2	P7.5	54
35	P3.6/INT2/RxD_2/CCP1_2	P7.6	55
36	P3.7/INT3/TxD_2/PWM2	P7.7	56

STC15W4K32S4

图 B-1 STC15W4K32S4 的仿真模型

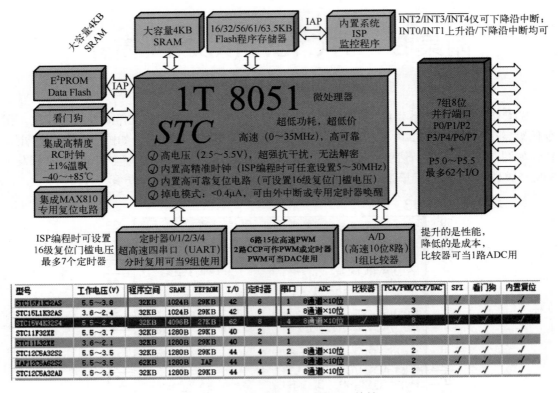

图 B-2　STC15W4K32S4 的主要特性

型号	工作电压(V)	程序空间	SRAM	EEPROM	I/O	定时器	串口	ADC	比较器	PCA/PWM/CCP/DAC	SPI	看门狗	内置复位
STC15F1K32AS	5.5～3.8	32KB	1024B	29KB	42	6	1	8通道×10位	–	3	√	√	√
STC15L1K32AS	3.6～2.4	32KB	1024B	29KB	42	6	1	8通道×10位	–	3	√	√	√
STC15W4K32S4	5.5～2.4	32KB	4096B	27KB	62	8	4	8通道×10位	√	8	√	√	√
STC11F32XE	5.5～3.7	32KB	1280B	29KB	40	2	1	–	–	–	–	√	√
STC11L32XE	3.6～2.1	32KB	1280B	29KB	40	2	1	–	–	–	–	√	√
STC12C5A32S2	5.5～3.5	32KB	1280B	29KB	44	4	2	8通道×10位	–	2	√	√	√
IAP12C5A62S2	5.5～3.5	62KB	1280B	IAP	44	4	2	8通道×10位	–	2	√	√	√
STC12C5A32AD	5.5～3.5	32KB	1280B	29KB	44	4	2	8通道×10位	–	2	√	√	√

附录 C　STC 单片机的代码下载

C.1　下载 STC 单片机的代码下载软件

从 STC 官网下载 STC 单片机的代码下载软件 stc-isp-15xx-v6.92G-zip。

在压缩包中可看到 3 个文件，如图 C-1 所示。查看 PDF 格式的 STC-USB 驱动安装说明。

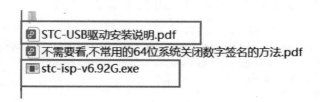

图 C-1　STC 单片机代码下载的软件包

1．STC 免驱下载

芯片内部集成了硬件 USB 接口的 STC 芯片，如 STC8H8K64U 系列、STC32G12K128 系列、STC32F12K54 等。USB 下载使用的是 USB-HID 接口，在 Windows 操作系统中是免驱动的。下载电路如图 C-2 所示。如果 USB 鼠标、键盘等设备能正常使用，说明 USB-HID 正常，在计算机与单片机间连接 USB 线就可下载代码。

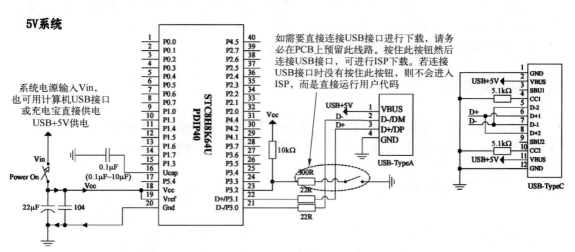

图 C-2　STC 免驱下载的电路图

下载步骤：目标单片机断电→按住 P3.2 口的按钮不松开→给目标单片机上电（此顺序不能错）。直到下载软件中设备列表出现"STC-USB Write(HID1)"就表示单片机已进入硬件 USB 下载模式了。

2. STC 软件模拟 USB 下载

直接在下载软件 STC-ISP 中操作，如图 C-3 所示。具体请查看相关文件。支持的芯片有 STC32G8K64、STC8ACGH 系列、STC12 系列、STC15W4K 系列等。

3. STC 通用 USB 转串口工具驱动下载

STC 通用 USB 转串口工具采用 CH340 USB 转串口芯片（可以外挂晶振，更精准），只要下载通用的 CH340 串口驱动程序进行安装即可。

注意：本附录以下操作都是采用通用 USB 转串口工具的操作。

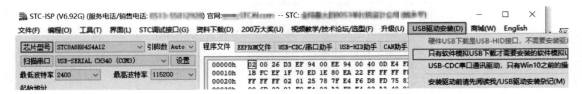

图 C-3　STC 软件模拟 USB 下载

C.2　连接硬件

目前大多数笔记本电脑未配置 9 针的串口，取而代之的是 USB 接口，故从 PC 下载程序代码时要将 USB 转为可与单片机电平兼容的串口。这类接口芯片有 CH340G、CH341G 或 PL2003 等，如图 C-4 所示（摘自 STC89C51 单片机手册），应用时要对接口芯片安装驱动，也可购买成熟的下载模块。注意电源、地、两根串行线 RXD、TXD 的连接，通信的一方 TXD 连接另一方的 RXD，RXD 与另一方的 TXD 相连。

也可选用 USB 转串口下载器，如图 C-5 所示。

C.3　确认串口

连接硬件后右击【我的电脑】，选择【管理】→【设备管理器】→【端口（COM 和 LPT）】应该可看到由 USB 虚拟出的串口，如 USB-SERIAL CH340 (COM4)。

C.4　运行下载软件

安装好驱动后，接入硬件，再运行下载软件，会自动识别串口。代码下载一般步骤：选单片机的型号→选择确认串口→打开格式为 Bin 或 Hex 的代码文件→下载→上电→等待下载完毕，如图 C-6 所示。

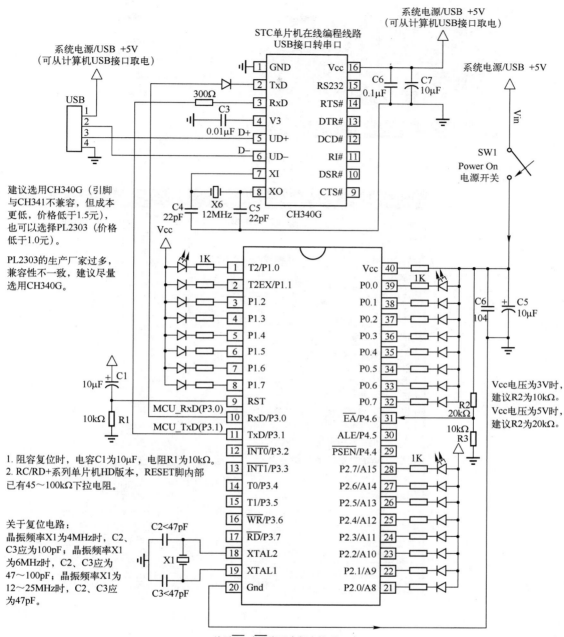

图 C-4 单片机通过 USB 转串口芯片与 PC 连接的下载电路图

图 C-5 USB 转串口下载器

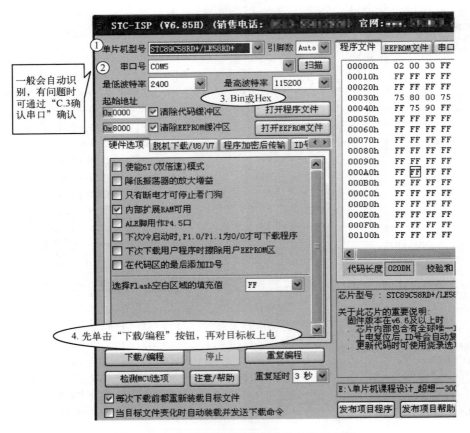

图 C-6 STC 单片机代码下载软件操作示意图

C.5 下载软件的其他功能

STC 代码下载软件的右上侧有许多选项卡，提供了其他丰富的功能。如图 C-7 所示，下载代码或 EEPROM 文件时在相应的选项卡下可见代码数据，还有些工具软件，如串口波特率计算器、软件延时计算器、封装脚位等。

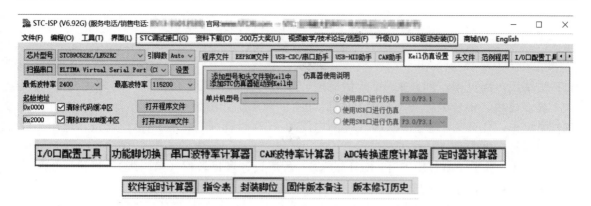

图 C-7　下载软件右上侧选项卡中提供的工具及资源

　　如果控制程序开发使用 Keil 软件，那么 STC 单片机型号及头文件可通过 STC-ISP 软件直接加入，如图 C-8 所示。还有许多的范例程序供参考，Keil 是个非常方便、有用的工具。

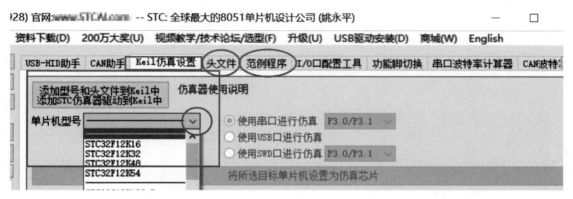

图 C-8　从 STC-ISP 软件直接将 STC 芯片型号及头文件加入 Keil

参 考 文 献

[1] 张靖武，周灵彬，刘兴来. 单片机原理、应用与 PROTEUS 仿真——汇编+C51 编程及其多模块、混合编程（本科版）[M]. 北京：电子工业出版社，2015.

[2] 周灵彬，任开杰. 基于 PROTEUS 的电路与 PCB 设计（第二版）[M]. 北京：电子工业出版社，2021.

[3] 周灵彬. 基于 PROTEUS 和 Keil 的 C51 程序设计项目教程（第二版）：理论、仿真、实践相融合[M]. 北京：电子工业出版社，2021.

[4] 徐爱钧，徐阳. Keil C51 单片机高级语言应用编程与实践[M]. 北京：电子工业出版社，2013.

[5] 刘娟. 智能电子产品设计与制作——单片机技术应用项目教程[M]. 北京：机械工业出版社，2021.

[6] 陈海松. 单片机应用技能项目化教程（第 2 版）[M]. 北京：电子工业出版社，2021.